初級會計實務
（第二版）

主 編　許仁忠、李麗娟、楊洋、劉婷

崧燁文化

前　言

《初級會計實務》共八章，包括資產、負債、所有者權益、收入、費用、利潤、財務報表、成本核算、初級會計實務實訓等內容。初級會計實務是高職高專會計專業必修的專業課程，也是初級會計職稱的考試科目。基於此，我們編寫時既注重了內容選取上的廣泛性和深入性，又兼顧了內容講授上的普遍性和針對性，期望該教材能成為高職高專會計專業學生及在崗財會人員都可以選用的教材。

本書在編寫時既強調初級會計基礎知識的講授，又注重初級會計實務中實際操作能力的訓練，在對資產、負債、所有者權益、收入、費用、利潤等知識的講解中，著重對各類會計要素及相關會計科目在實際會計核算中的運用進行了深入廣泛的講授，重視培養學生的動手能力，以學生畢業上崗即能進行會計帳務處理為目標，引導學生在編製會計分錄與會計核算等實踐、實訓上下功夫。在財務報表和成本核算內容的講授中，也強調對財務報表編製與產品成本核算的實際操作能力的訓練，以能動手編製財務報表與實際進行產品成本核算為培養目標，進行教材內容的選編。為了培養和鍛煉學生的實際動手技能，在書末設置了初級會計實務實訓附錄，讓學生再次學習和練習會計實帳核算的知識與技能。編者期望能通過密切聯繫實際的學習，讓學生能真正學會和掌握初級會計實務的知識與技能，為走上工作崗位即能勝任初級會計工作做好應有的準備，更為取得初級會計職稱打下良好基礎。

編　者

目 錄

第一章 資產 ·· (1)
    第一節 貨幣資金 ·· (1)
    第二節 交易性金融資產 ·· (7)
    第三節 應收及預付款項 ·· (10)
    第四節 存貨 ·· (16)
    第五節 長期股權投資 ··· (34)
    第六節 固定資產 ·· (39)
    第七節 投資性房地產 ··· (51)
    第八節 無形資產及其他資產 ·· (55)

第二章 負債 ·· (67)
    第一節 短期借款 ·· (67)
    第二節 應付及預收款項 ·· (68)
    第三節 應付職工薪酬 ··· (74)
    第四節 應交稅費 ·· (80)
    第五節 應付股利及其他應付款 ······································· (91)
    第六節 長期借款 ·· (92)
    第七節 應付債券及長期應付款 ······································· (94)

第三章 所有者權益 ·· (104)
    第一節 實收資本 ·· (104)
    第二節 資本公積 ·· (108)
    第三節 留存收益 ·· (110)

第四章 收入 ·· (116)
    第一節 銷售商品收入 ··· (116)
    第二節 提供勞務收入 ··· (125)

第三節　讓渡資產使用權收入 …………………………………… (128)
　　第四節　政府補助收入 …………………………………………… (130)

第五章　費用 ……………………………………………………… (141)
　　第一節　營業成本 ………………………………………………… (141)
　　第二節　稅金及附加 ……………………………………………… (144)
　　第三節　期間費用 ………………………………………………… (145)

第六章　利潤 ……………………………………………………… (153)
　　第一節　營業外收支 ……………………………………………… (153)
　　第二節　所得稅費用 ……………………………………………… (157)
　　第三節　本年利潤 ………………………………………………… (159)

第七章　財務報表 ………………………………………………… (163)
　　第一節　資產負債表 ……………………………………………… (163)
　　第二節　利潤表 …………………………………………………… (168)
　　第三節　現金流量表 ……………………………………………… (171)

第八章　成本核算 ………………………………………………… (180)
　　第一節　成本核算概述 …………………………………………… (180)
　　第二節　生產成本的核算 ………………………………………… (182)
　　第三節　生產成本在完工產品和在產品之間的分配 …………… (190)

附錄　初級會計實務實訓 ………………………………………… (199)

第一章 資產

資產是企業的過去交易或事項形成的、由企業擁有或控制的、預期會給企業帶來經濟利益的資源。資產按照是否具有實物形態可以分為有形資產和無形資產，按照來源不同可以分為自有資產和租入資產，按照流動性不同可以分為流動資產和非流動資產。其中流動資產又可分為貨幣資金、交易性金融資產、應收票據、應收帳款、預付款項、其他應收款、存貨等，非流動資產可分為長期股權投資、固定資產、無形資產及其他資產等。

第一節 貨幣資金

貨幣資金是企業生產經營過程中處於貨幣形態的資產，包括庫存現金、銀行存款和其他貨幣資金。

一、庫存現金

庫存現金是通常存放於企業財會部門由出納人員經管的貨幣。庫存現金是企業流動性最強的資產。

(一) 庫存現金的帳務處理

「庫存現金」科目反應庫存現金的收入、支出和結存情況，借方登記現金的增加，貸方登記現金的減少，期末餘額在借方，反應企業實際持有的庫存現金的金額。企業內部各部門週轉使用的備用金，可以單獨設置「備用金」科目進行核算。企業設置現金總帳和現金日記帳，分別進行庫存現金的總分類核算和明細分類核算。

現金日記帳由出納人員根據收付款憑證，按照業務發生順序逐筆登記。每日終了，應當在現金日記帳上計算出當日的現金收入合計額、現金支出合計額和結餘額，並將現金日記帳的帳面結餘額與實際庫存現金額相核對，保證帳款相符；月度終了，現金日記帳的餘額應當與現金總帳的餘額核對，做到帳帳相符。

(二) 現金的清查

現金的清查一般採用實地盤點法，對於清查的結果應當編製現金盤點報告單。如果有挪用現金、白條頂庫的情況，應及時予以糾正；對於超限額留存的現金應及時送存銀行。如果帳款不符，發現的有待查明原因的現金短缺或溢餘，應先通過「待處理財產損溢」科目核算，按管理權限報經批准后處理。

1. 現金短缺

現金短缺屬於應由責任人賠償或保險公司賠償的部分，計入其他應收款；屬於無法查明的其他原因，計入管理費用。

2. 現金溢餘

現金溢餘屬於應支付給有關人員或單位的，計入其他應付款；屬於無法查明原因的，計入營業外收入。

（三）現金管理制度

國務院發布的《現金管理暫行條例》中，現金管理制度包括：

1. 現金的使用範圍

企業可用現金支付的款項有：

（1）職工工資、津貼；

（2）個人勞務報酬；

（3）根據國家規定頒發給個人的科學技術、文化藝術、體育等各種獎金；

（4）各種勞保、福利費用以及國家規定的對個人的其他支出；

（5）向個人收購農副產品和其他物資的款項；

（6）出差人員必需隨身攜帶的差旅費；

（7）結算起點以下的零星支出；

（8）中國人民銀行確定需要支付現金的其他支出。

除上述情況可以用現金支付外，其他款項的支付應通過銀行轉帳結算。

2. 現金的限額

現金的限額是為了保證企業日常零星開支的需要，允許單位留存現金的最高數額，由開戶銀行根據單位的實際需要核定。核定一般按照單位3~5天日常零星開支的需要確定，邊遠地區和交通不便地區開戶單位的庫存現金限額，可按多於5天但不超過15天的日常零星開支的需要確定。核定后的現金限額，開戶單位必須嚴格遵守，超過部分應於當日終了前存入銀行。需要增加或減少現金限額的單位，應向開戶銀行提出申請，由開戶銀行核定。

3. 現金收支的規定

（1）開戶單位收入現金應於當日送存開戶銀行，當日送存確有困難的，由開戶銀行確定送存時間；

（2）開戶單位支付現金，可以從本單位庫存現金中支付或從開戶銀行提取，不得從本單位的現金收入中直接支付，即不得「坐支」現金。因特殊情況需要坐支現金的單位，應事先報經有關部門審查批准，並在核定的範圍和限額內進行，同時，收支的現金必須入帳。

（3）開戶單位從開戶銀行提取現金時，應如實寫明提取現金的用途，由本單位財會部門負責人簽字蓋章，並經開戶銀行審查批准后予以支付。

（4）因採購地點不確定、交通不便、搶險救災及其他特殊情況必須使用現金的單位，應向開戶銀行提出書面申請，由本單位財會部門負責人簽字蓋章，並經開戶銀行

審查批准后予以支付。

（5）不準用不符合國家統一的會計制度的憑證頂替庫存現金，即不得「白條頂庫」；不準謊報用途套取現金；不準用銀行帳戶代其他單位和個人存入或支取現金；不準用單位收入的現金以個人名義存入儲蓄；不準保留帳外公款，即不得「公款私存」，不得設置「小金庫」。

二、銀行存款

銀行存款是企業存入銀行或其他金融機構的各種款項。企業設置銀行存款總帳和銀行存款日記帳，分別進行銀行存款的總分類核算和明細分類核算。

企業按開戶銀行和其他金融機構、存款種類等設置「銀行存款日記帳」，根據收付款憑證，按照業務的發生順序逐筆登記。每日終了，應結出餘額。銀行存款日記帳應定期與銀行對帳單核對。企業銀行存款帳面餘額與銀行對帳單餘額之間如有差額，應編製銀行存款餘額調節表進行調節。如沒有記帳錯誤，調節後的雙方餘額應相等。銀行存款餘額調節表只是為了核對帳目，不能作為調整銀行存款帳面餘額的記帳依據。

【例 1-1】四川鯤鵬有限公司 2016 年 12 月 31 日銀行存款日記帳的餘額為 5,400,000 元，銀行轉來對帳單的餘額為 8,300,000 元。經逐筆核對，發現以下未達帳項：

（1）四川鯤鵬有限公司送存轉帳支票 6,000,000 元，已登記銀行存款增加，但銀行尚未記帳。

（2）四川鯤鵬有限公司開出轉帳支票 4,500,000 元，但持票單位尚未到銀行辦理轉帳，銀行尚未記帳。

（3）四川鯤鵬有限公司委託銀行代收某公司購貨款 4,800,000 元，銀行已收妥並登記入帳，但四川鯤鵬有限公司尚未收到收款通知，尚未記帳。

（4）銀行代四川鯤鵬有限公司支付電話費 400,000 元，銀行已登記企業銀行存款減少，但四川鯤鵬有限公司未收到銀行付款通知，尚未記帳。

完成「銀行存款餘額調節表」（表 1-1）

表 1-1　　　　　　　　　　銀行存款餘額調節表　　　　　　　　　單位：元

項目	金額	項目	金額
企業銀行存款日記帳餘額	5,400,000	銀行對帳單餘額	8,300,000
加：銀行已收、企業未收款	4,800,000	加：企業已收、銀行未收款	6,000,000
減：銀行已付、企業未付款	4,000,000	減：企業已付、銀行未付款	4,500,000
調節後的存款餘額	9,800,000	調節後的存款餘額	9,800,000

企業銀行存款帳面餘額與銀行對帳單餘額之間不一致的原因，是因為存在未達帳項。發生未達帳項的具體情況有四種：一是企業已收款入帳，銀行尚未收款入帳；二是企業已付款入帳，銀行尚未付款入帳；三是銀行已收款入帳，企業尚未收款入帳；四是銀行已付款入帳，企業尚未付款入帳。

三、其他貨幣資金

(一) 其他貨幣資金的內容

其他貨幣資金是企業除庫存現金、銀行存款以外的各種貨幣資金，包括銀行匯票存款、銀行本票存款、信用卡存款、信用證保證金存款、外埠存款等。

1. 銀行匯票存款

銀行匯票是由出票銀行簽發的，由出票銀行在見票時按照實際結算金額無條件支付給收款人或者持票人的票據。銀行匯票的出票銀行為銀行匯票的付款人。單位和個人各種款項的結算，均可使用銀行匯票。銀行匯票可以用於轉帳，填明「現金」字樣的銀行匯票也可以用於支取現金。

2. 銀行本票存款

銀行本票是銀行簽發的，承諾自己在見票時無條件支付確定的金額給收款人或持票人的票據。單位和個人在同一票據交換區域需要支付的各種款項，均可使用銀行本票。銀行本票可以用於轉帳，註明「現金」字樣的銀行本票可以用於支取現金。

3. 信用卡存款

信用卡存款是企業為取得信用卡而存入銀行信用卡專戶的款項。信用卡是銀行卡的一種。信用卡按使用對象分為單位卡和個人卡，按信用等級分為金卡和普通卡，按是否向發卡銀行交存備用金分為貸記卡和準貸記卡。

4. 信用證保證金存款

信用證保證金存款是採用信用證結算方式的企業為開具信用證而存入銀行信用證保證金專戶的款項。企業向銀行申請開立信用證，應按規定向銀行提交開證申請書、信用證申請人承諾書和購銷合同。

5. 外埠存款

外埠存款是企業為了到外地進行臨時或零星採購，而匯往採購地銀行開立採購專戶的款項。該帳戶的存款不計利息、只付不收、付完清戶，除了採購人員可從中提取少量現金外，一律採用轉帳結算。

(二) 其他貨幣資金的核算

企業設置「其他貨幣資金」科目反應和監督其他貨幣資金的收支和結存情況，借方登記其他貨幣資金的增加數，貸方登記其他貨幣資金的減少數，期末餘額在借方，反應企業實際持有的其他貨幣資金。「其他貨幣資金」科目應按其他貨幣資金的種類設置明細科目。

1. 銀行匯票存款

匯款單位（即申請人）使用銀行匯票，應向出票銀行填寫銀行匯票申請書，填明收款人名稱、匯票金額、申請人名稱、申請日期等事項並簽章。出票銀行受理銀行匯票申請書，收妥款項后簽發銀行匯票，並用壓數機壓印出票金額，將銀行匯票和解訖通知一併交給申請人。申請人應將銀行匯票和解訖通知一併交付給匯票上記明的收款人。

收款人受理申請人交付的銀行匯票時，應在出票金額以內，根據實際需要的款項辦理結算，並將實際結算的金額和多餘金額準確、清晰地填入銀行匯票和解訖通知的有關欄內，到銀行辦理款項入帳手續。

　　收款人可以將銀行匯票背書轉讓給被背書人。銀行匯票的背書轉讓以不超過出票金額的實際結算金額為準。未填寫實際結算金額或實際結算金額超過出票金額的銀行匯票，不得背書轉讓。

　　銀行匯票的提示付款期限為自出票日起一個月，持票人超過付款期限提示付款的，銀行將不予受理。持票人向銀行提示付款時，必須同時提交銀行匯票和解訖通知，缺少任何一聯，銀行不予受理。

　　銀行匯票喪失，失票人可以憑人民法院出具的其享有票據權利的證明，向出票銀行請求付款或退款。

　　企業填寫銀行匯票申請書、將款項交存銀行時，借記「其他貨幣資金──銀行匯票」科目，貸記「銀行存款」科目；企業持銀行匯票購貨、收到有關發票帳單時，借記「材料採購」或「原材料」「庫存商品」「應交稅費──應交增值稅（進項稅額）」等科目，貸記「其他貨幣資金──銀行匯票」科目；採購完畢收回剩餘款項時，借記「銀行存款」科目，貸記「其他貨幣資金──銀行匯票」科目。企業收到銀行匯票、填製進帳單到開戶銀行辦理款項入帳手續時，根據進帳單及銷貨發票等，借記「銀行存款」科目，貸記「主營業務收入」「應交稅費──應交增值稅（銷項稅額）」等科目。

　　2. 銀行本票存款

　　銀行本票分為不定額本票和定額本票兩種。定額本票面額為1,000元、5,000元、10,000元和50,000元。銀行本票的提示付款期限自出票日起最長不得超過兩個月。在有效付款期內，銀行見票付款。持票人超過付款期限提示付款的，銀行不予受理。

　　申請人使用銀行本票，應向銀行填寫銀行本票申請書。申請人或收款人為單位的，不得申請簽發現金銀行本票。出票銀行受理銀行本票申請書，收妥款項后簽發銀行本票，在本票上簽章后交給申請人。申請人應將銀行本票交付給本票上記明的收款人。收款人可以將銀行本票背書轉讓給被背書人。

　　申請人因銀行本票超過提示付款期限或其他原因要求退款時，應將銀行本票提交到出票銀行並出具單位證明。出票銀行對於在本行開立存款帳戶的申請人，只能將款項轉入原申請入帳戶；對於現金銀行本票和未到本行開立存款帳戶的申請人，才能退付現金。

　　銀行本票喪失，失票人可以憑人民法院出具的其享有票據權利的證明，向出票銀行請求付款或退款。

　　企業填寫銀行本票申請書、將款項交存銀行時，借記「其他貨幣資金──銀行本票」科目，貸記「銀行存款」科目；企業持銀行本票購貨、收到有關發票帳單時，借記「材料採購」或「原材料」「庫存商品」「應交稅費──應交增值稅（進項稅額）」等科目，貸記「其他貨幣資金──銀行本票」科目。企業收到銀行本票、填製進帳單到開戶銀行辦理款項入帳手續時，根據進帳單及銷貨發票等，借記「銀行存款」科目，

貸記「主營業務收入」「應交稅費——應交增值稅（銷項稅額）」等科目。

3. 信用卡存款

凡在中國境內金融機構開立基本存款帳戶的單位可申領單位卡。單位卡可申領若幹張，持卡人資格由申領單位法定代表人或其委託的代理人書面指定和註銷。單位卡帳戶的資金一律從基本存款帳戶轉帳存入，不得交存現金，不得將銷貨收入的款項存入其帳戶。持卡人可持信用卡在特約單位購物、消費，但單位卡不得用於10萬元以上的商品交易、勞務供應款項的結算，不得支取現金。特約單位在每日營業終了，應將當日受理的信用卡簽購單匯總，計算手續費和淨計金額，並填寫匯（總）計單和進帳單，連同簽購單一併送交收單銀行辦理進帳。

信用卡按是否向發卡銀行交存備用金分為貸記卡、準貸記卡兩類。貸記卡是發卡銀行給予持卡人一定的信用額度，持卡人可在信用額度內先消費、後還款的信用卡。準貸記卡是持卡人須先按發卡銀行要求交存一定金額的備用金，當備用金帳戶餘額不足支付時，可在發卡銀行規定的信用額度內透支的信用卡。

準貸記卡的透支期限最長為60天，貸記卡的首月最低還款額不得低於當月透支餘額的10%。

企業填製信用卡申請表，連同支票和有關資料一併送存發卡銀行，根據銀行蓋章退回的進帳單第一聯，借記「其他貨幣資金——信用卡」科目，貸記「銀行存款」科目；企業用信用卡購物或支付有關費用，收到開戶銀行轉來的信用卡存款的付款憑證及所附發票帳單，借記「管理費用」等科目，貸記「其他貨幣資金——信用卡」科目；企業信用卡在使用過程中，需要向其帳戶續存資金的，借記「其他貨幣資金——信用卡」科目，貸記「銀行存款」科目；企業的持卡人如不需要繼續使用信用卡，應持信用卡主動到發卡銀行辦理銷戶，銷卡時，單位卡科目餘額轉入企業基本存款戶，不得提取現金，借記「銀行存款」科目，貸記「其他貨幣資金——信用卡」科目。

4. 信用證保證金存款

企業填寫信用證申請書，將信用證保證金交存銀行時，應根據銀行蓋章退回的信用證申請書回單，借記「其他貨幣資金——信用證保證金」科目，貸記「銀行存款」科目。企業接到開證通知，根據供貨單位信用證結算憑證及所附發票帳單，借記「材料採購」或「原材料」「庫存商品」「應交稅費——應交增值稅（進項稅額）」等科目，貸記「其他貨幣資金——信用證保證金」科目；將未用完的信用證保證金存款餘額轉回開戶銀行時，借記「銀行存款」科目，貸記「其他貨幣資金——信用證保證金」科目。

5. 存出投資款

企業向證券公司劃出資金時，應按實際劃出的金額，借記「其他貨幣資金——存出投資款」科目，貸記「銀行存款」科目；購買股票、債券等時，借記「交易性金融資產」等科目，貸記「其他貨幣資金——存出投資款」科目。

6. 外埠存款

企業將款項匯往外地時，應填寫匯款委託書，委託開戶銀行辦理匯款。匯入地銀行以匯款單位名義開立臨時採購帳戶，該帳戶的存款不計利息，只付不收，付完清戶，

除了採購人員可從中提取少量現金外，一律採用轉帳結算。

企業將款項匯往外地開立採購專用帳戶時，根據匯出款項憑證，編製付款憑證，進行帳務處理，借記「其他貨幣資金——外埠存款」科目，貸記「銀行存款」科目；收到採購人員轉來供應單位發票帳單等報銷憑證時，借記「材料採購」或「原材料」「庫存商品」「應交稅費——應交增值稅（進項稅額）」等科目，貸記「其他貨幣資金——外埠存款」科目；採購完畢收回剩餘款項時，根據銀行的收帳通知，借記「銀行存款」科目，貸記「其他貨幣資金——外埠存款」科目。

第二節　交易性金融資產

一、交易性金融資產

交易性金融資產是企業為了近期內出售而持有的金融資產，例如企業以賺取差價為目的從二級市場購入的股票、債券、基金等。

二、交易性金融資產的會計科目

企業設置「交易性金融資產」「公允價值變動損益」「投資收益」等科目核算交易性金融資產的取得、收取現金股利或利息、處置等業務。

「交易性金融資產」科目核算企業為交易目的所持有的債券投資、股票投資、基金投資等交易性金融資產的公允價值。企業持有的直接指定為以公允價值計量且變動計入當期損益的金融資產也在「交易性金融資產」科目核算。

「交易性金融資產」科目的借方登記交易性金融資產的取得成本、資產負債表日其公允價值高於帳面餘額的差額等；貸方登記資產負債表日其公允價值低於帳面餘額的差額，以及企業出售交易性金融資產時結轉的成本和公允價值變動損益。企業應當按照交易性金融資產的類別和品種，分別設置「成本」「公允價值變動」等明細科目進行核算。

「公允價值變動損益」科目核算企業交易性金融資產等公允價值變動而形成的應計入當期損益的利得或損失，貸方登記資產負債表日企業持有的交易性金融資產等的公允價值高於帳面餘額的差額；借方登記資產負債表日企業持有的交易性金融資產等的公允價值低於帳面餘額的差額。

「投資收益」科目核算企業持有交易性金融資產等期間取得的投資收益以及處置交易性金融資產等實現的投資收益或投資損失，貸方登記企業出售交易性金融資產等實現的投資收益，借方登記企業出售交易性金融資產等發生的投資損失。

三、交易性金融資產的帳務處理

(一) 交易性金融資產的取得

企業取得交易性金融資產時，應當按照該金融資產取得時的公允價值作為初始確

認金額，記入「交易性金融資產——成本」科目。取得交易性金融資產所支付價款中包含了已宣告但尚未發放的現金股利或已到付息期但尚未領取的債券利息的，應當單獨確認為應收項目，記入「應收股利」或「應收利息」科目。

取得交易性金融資產所發生的相關交易費用應當在發生時計入投資收益。交易費用是可直接歸屬於購買、發行或處置金融工具新增的外部費用，包括支付給代理機構、諮詢公司、券商等的手續費和佣金及其他必要支出。

【例1-2】2016年8月20日，四川鯤鵬有限公司委託證券公司從上海證券交易所購入A上市公司股票100萬股，公允價值為1,000萬元。支付相關交易費用金額為2.5萬元。

取得交易性金融資產所發生的相關交易費用25,000元應當在發生時計入投資收益。四川鯤鵬有限公司作會計處理如下：

(1) 2016年8月20日，購買A上市公司股票時：
借：交易性金融資產——成本　　　　　　　　　　10,000,000
　　貸：其他貨幣資金——存出投資款　　　　　　　　　10,000,000

(2) 支付相關交易費用時：
借：投資收益　　　　　　　　　　　　　　　　　　25,000
　　貸：其他貨幣資金——存出投資款　　　　　　　　　　25,000

取得交易性金融資產所發生的相關交易費用25,000元應當在發生時計入投資收益。

(二) 交易性金融資產的現金股利和利息

企業持有交易性金融資產期間對於被投資單位宣告發放的現金股利或企業在資產負債表日按分期付息、一次還本債券投資的票面利率計算的利息收入，應當確認為應收項目，記入「應收股利」或「應收利息」科目，並計入投資收益。

【例1-3】2016年1月2日，四川鯤鵬有限公司購入成都旺成有限公司發行的公司債券。該筆債券於2015年7月1日發行，面值為2,500萬元，票面利率為4%，債券利息按年支付。四川鯤鵬有限公司支付價款為2,600萬元（其中包含已宣告發放的債券利息50萬元），另支付交易費用30萬元。2016年2月5日，四川鯤鵬有限公司收到該筆債券利息50萬元。2016年2月8日，四川鯤鵬有限公司收到債券利息100萬元。

取得交易性金融資產所支付價款中包含了已宣告但尚未發放的債券利息500,000元，應當記入「應收利息」科目，不記入「交易性金融資產」科目。四川鯤鵬有限公司作會計處理如下：

(1) 2016年1月2日，購入成都旺成有限公司的公司債券時：
借：交易性金融資產——成本　　　　　　　　　　25,500,000
　　應收利息　　　　　　　　　　　　　　　　　　500,000
　　投資收益　　　　　　　　　　　　　　　　　　300,000
　　貸：銀行存款　　　　　　　　　　　　　　　　　26,300,000

(2) 2016年2月5日，收到購買價款中包含的已宣告發放的債券利息時：

借：銀行存款　　　　　　　　　　　　　　　　　　　　　500,000
　　貸：應收利息　　　　　　　　　　　　　　　　　　　　500,000
（3）2016 年 12 月 31 日，確認成都旺成有限公司的公司債券利息收入時：
借：應收利息　　　　　　　　　　　　　　　　　　　　1,000,000
　　貸：投資收益　　　　　　　　　　　　　　　　　　　1,000,000
（4）2016 年 2 月 8 日，收到持有成都旺成有限公司的公司債券利息時：
借：銀行存款　　　　　　　　　　　　　　　　　　　　1,000,000
　　貸：應收利息　　　　　　　　　　　　　　　　　　　1,000,000

（三）交易性金融資產的期末計量

資產負債表日，交易性金融資產應當按照公允價值計量，公允價值與帳面餘額之間的差額計入當期損益。企業應當在資產負債表日按照交易性金融資產公允價值與其帳面餘額的差額，借記或貸記「交易性金融資產——公允價值變動」科目，貸記或借記「公允價值變動損益」科目。

【例 1－4】假定 2016 年 6 月 30 日，【例 1－3】中四川鯤鵬有限公司購買的成都旺成有限公司債券的市價為 2,580 萬元；2016 年 12 月 31 日，四川鯤鵬有限公司購買的成都旺成有限公司債券的市價為 2,560 萬元。

2016 年 6 月 30 日，該筆債券的公允價值為 2,580 元，帳面餘額為 2,550 萬元，公允價值大於帳面餘額 30 萬元，應記入「公允價值變動損益」科目的貸方；2016 年 12 月 31 日，該筆債券的公允價值為 2,560 元，帳面餘額為 2,580 萬元，公允價值小於帳面餘額 20 萬元，應記入「公允價值變動損益」科目的借方。四川鯤鵬有限公司會計處理如下：

（1）2016 年 6 月 30 日，確認該筆債券的公允價值變動損益時：
借：交易性金融資產——公允價值變動　　　　　　　　　　300,000
　　貸：公允價值變動損益　　　　　　　　　　　　　　　300,000
（2）2016 年 12 月 31 日，確認該筆債券的公允價值變動損益時：
借：公允價值變動損益　　　　　　　　　　　　　　　　　200,000
　　貸：交易性金融資產——公允價值變動　　　　　　　　200,000

（四）交易性金融資產的處置

出售交易性金融資產時，應當將該金融資產出售時的公允價值與初始入帳金額之間的差額確認為投資收益，同時調整公允價值變動損益。按出售交易性金融資產時實際收到的金額，借記「銀行存款」等科目，按該金融資產的帳面餘額，貸記「交易性金融資產」科目，按其差額，貸記或借記「投資收益」科目。同時，將原計入該金融資產的公允價值變動轉出，借記或貸記「公允價值變動損益」科目，貸記或借記「投資收益」科目。

【例 1－5】假定 2016 年 2 月 15 日，【例 1－4】中四川鯤鵬有限公司出售了所持有的成都旺成有限公司的公司債券，售價為 2,565 萬元。

出售交易性金融資產時，還應將原計入該金融資產的公允價值變動轉出，即出售

交易性金融資產時，應按「公允價值變動」明細科目的貸方餘額100,000元，借記「公允價值變動損益」科目，貸記「投資收益」科目。四川鯤鵬有限公司應作如下會計處理：

借：銀行存款　　　　　　　　　　　　　　　25,650,000
　　貸：交易性金融資產——成本　　　　　　　　　　25,500,000
　　　　　　　　　　——公允價值變動　　　　　　　　100,000
　　　　投資收益　　　　　　　　　　　　　　　　　　50,000
借：公允價值變動損益　　　　　　　　　　　100,000
　　貸：投資收益　　　　　　　　　　　　　　　　　100,000

第三節　應收及預付款項

應收及預付款項是企業在日常生產經營過程中發生的各項債權，包括應收款項和預付款項。應收款項包括應收票據、應收帳款和其他應收款等；預付款項則是指企業按照合同規定預付的款項，如預付帳款等。

一、應收票據

（一）應收票據概述

應收票據是企業因銷售商品、提供勞務等而收到的商業匯票。

商業匯票是一種由出票人簽發的，委託付款人在指定日期無條件支付確定金額給收款人或者持票人的票據。商業匯票的付款期限，最長不得超過六個月。定日付款的匯票付款期限自出票日起計算，並在匯票上記載具體到期日；出票後定期付款的匯票付款期限自出票日起按月計算，並在匯票上記載；見票後定期付款的匯票付款期限自承兌或拒絕承兌日起按月計算，並在匯票上記載。商業匯票的提示付款期限，自匯票到期日起10日。符合條件的商業匯票的持票人，可以持未到期的商業匯票連同貼現憑證向銀行申請貼現。

根據承兌人不同，商業匯票分為商業承兌匯票和銀行承兌匯票。商業承兌匯票是由付款人簽發並承兌，或由收款人簽發交由付款人承兌的匯票。商業承兌匯票的付款人收到開戶銀行的付款通知，應在當日通知銀行付款。付款人在接到通知日的次日起三日內（遇法定休假日順延）未通知銀行付款的，視同付款人承諾付款，銀行將於付款人接到通知日的次日起第四日（遇法定休假日順延）上午開始營業時，將票款劃給持票人。付款人提前收到由其承兌的商業匯票，應通知銀行於匯票到期日付款。銀行在辦理劃款時，付款人存款帳戶不足支付的，銀行應填製付款人未付票款通知書，連同商業承兌匯票郵寄持票人開戶銀行轉交持票人。

銀行承兌匯票是由在承兌銀行開立存款帳戶的存款人（這裡也是出票人）簽發、由承兌銀行承兌的票據。企業申請使用銀行承兌匯票時，應向承兌銀行按票面金額的

萬分之五交納手續費。銀行承兌匯票的出票人應於匯票到期前將票款足額交存開戶銀行，承兌銀行應在匯票到期日或到期日後的見票當日支付票款。銀行承兌匯票的出票人於匯票到期前未能足額交存票款時，承兌銀行除憑票向持票人無條件付款外，對出票人尚未支付的匯票金額按照每天萬分之五計收利息。

(二) 應收票據的核算

企業設置「應收票據」科目反應和監督應收票據取得、票款收回等經濟業務。「應收票據」借方登記取得的應收票據的面值，貸方登記到期收回票款或到期前向銀行貼現的應收票據的票面餘額，期末餘額在借方，反應企業持有的商業匯票的票面金額。「應收票據」科目可按照開出、承兌商業匯票的單位進行明細核算。企業應設置「應收票據備查簿」，逐筆登記商業匯票的種類、號數和出票日、票面金額、交易合同號和付款人、承兌人、背書人的姓名或單位名稱、到期日、背書轉讓日、貼現日、貼現率和貼現淨額以及收款日和收回金額、退票情況等資料。商業匯票到期結清票款或退票後，在備查簿中應予註銷。

1. 取得應收票據和收回到期票款

因債務人抵償前欠貨款而取得的應收票據，借記「應收票據」科目，貸記「應收帳款」科目；因企業銷售商品、提供勞務等而收到開出、承兌的商業匯票，借記「應收票據」科目，貸記「主營業務收入」「應交稅費——應交增值稅（銷項稅額）」等科目。

【例1-6】四川鯤鵬有限公司2016年3月1日向成都達發有限公司銷售一批產品，貨款為1,500,000元，尚未收到，已辦妥托收手續，適用增值稅稅率為17%。四川鯤鵬有限公司作會計處理如下：

借：應收帳款　　　　　　　　　　　　　　　　　　　1,755,000
　貸：主營業務收入　　　　　　　　　　　　　　　　　　1,500,000
　　　應交稅費——應交增值稅（銷項稅額）　　　　　　　　255,000

2016年3月15日，四川鯤鵬有限公司收到成都達發有限公司寄來一張3個月期的商業承兌匯票，面值為1,755,000元，抵付產品貨款。

成都達發有限公司用商業承兌匯票抵償前欠的貨款1,755,000元，應借記「應收票據」科目，貸記「應收帳款」科目。四川鯤鵬有限公司作會計處理如下：

借：應收票據　　　　　　　　　　　　　　　　　　　1,755,000
　貸：應收帳款　　　　　　　　　　　　　　　　　　　　1,755,000

2. 收回到期票款

商業匯票到期收回款項時，應按實際收到的金額，借記「銀行存款」科目，貸記「應收票據」科目。

【例1-7】2016年6月15日，【例1-6】中四川鯤鵬有限公司應收票據到期收回票面金額1,755,000元存入銀行。

四川鯤鵬有限公司作會計處理如下：

借：銀行存款　　　　　　　　　　　　　　　　　　　1,755,000

　　　　貸：應收票據　　　　　　　　　　　　　　　　　　　　　　　　1,755,000
　　3. 轉讓應收票據

企業可以將自己持有的商業匯票背書轉讓。背書是指在票據背面或者粘單上記載有關事項並簽章的票據行為。

企業將持有的商業匯票背書轉讓以取得所需物資時，按應計入取得物資成本的金額，借記「材料採購」或「原材料」「庫存商品」等科目，按專用發票上註明的可抵扣的增值稅額，借記「應交稅費——應交增值稅（進項稅額）」科目，按商業匯票的票面金額，貸記「應收票據」科目，如有差額，借記或貸記「銀行存款」等科目。

【例1-8】假定四川鯤鵬有限公司【例1-6】中應收票據於2016年4月15日背書轉讓，以取得生產經營所需的A種材料，該材料金額為1,500,000元，適用增值稅稅率為17%。甲公司應作如下會計處理：

　　借：原材料　　　　　　　　　　　　　　　　　　　　　　　　　1,500,000
　　　　應交稅費——應交增值稅（進項稅額）　　　　　　　　　　　　 255,000
　　　貸：應收票據　　　　　　　　　　　　　　　　　　　　　　　　1,755,000

二、應收帳款

應收帳款是企業因銷售商品提供勞務等經營活動，應向購貨單位或接受勞務單位收取的款項，主要包括企業銷售商品或提供勞務等應向有關債務人收取的價款及代購貨單位墊付的包裝費、運雜費等。

企業設置「應收帳款」科目反應和監督應收帳款的增減變動及結存情況。「應收帳款」科目的借方登記應收帳款的增加，貸方登記應收帳款的收回及確認的壞帳損失，期末餘額一般在借方，反應企業尚未收回的應收帳款。不單獨設置「預收帳款」科目的企業，預收的帳款也在「應收帳款」科目核算。如果「預收帳款」科目期末餘額在貸方，則反應企業預收的帳款

【例1-9】四川鯤鵬有限公司採用托收承付結算方式向成都運盛有限公司銷售商品一批，貨款300,000元，增值稅額51,000元，以銀行存款代墊運雜費6,000元，已辦理托收手續。

企業代購貨單位墊付包裝費、運雜費也應計入應收帳款，通過「應收帳款」科目核算。四川鯤鵬有限公司作會計處理如下：

　　借：應收帳款　　　　　　　　　　　　　　　　　　　　　　　　　357,000
　　　貸：主營業務收入　　　　　　　　　　　　　　　　　　　　　　 300,000
　　　　　應交稅費——應交增值稅（銷項稅額）　　　　　　　　　　　　 51,000
　　　　　銀行存款　　　　　　　　　　　　　　　　　　　　　　　　　 6,000

四川鯤鵬有限公司實際收到款項時，作會計處理如下：

　　借：銀行存款　　　　　　　　　　　　　　　　　　　　　　　　　 357,000
　　　貸：應收帳款　　　　　　　　　　　　　　　　　　　　　　　　 357,000

用應收票據結算應收帳款，在收到承兌的商業匯票時，借記「應收票據」科目，貸記「應收帳款」科目。

【例1-10】四川鯤鵬有限公司收到成都運盛有限公司交來商業匯票一張，面值10,000元，用以償還前欠貨款。

四川鯤鵬有限公司作會計處理如下：
借：應收票據　　　　　　　　　　　　　　　　　　　10,000
　　貸：應收帳款　　　　　　　　　　　　　　　　　　10,000

三、預付帳款

預付帳款是企業按照合同規定預付的款項。

企業設置「預付帳款」科目，核算預付帳款的增減變動及其結存情況。預付款項情況不多的企業，可以不設置「預付帳款」科目，直接通過「應付帳款」科目核算。

企業根據購貨合同的規定向供應單位預付款項時，借記「預付帳款」科目，貸記「銀行存款」科目。企業收到所購物資，按應計入購入物資成本的金額，借記「材料採購」或「原材料」「庫存商品」「應交稅費——應交增值稅（進項稅額）」等科目，貸記「預付帳款」科目；當預付貨款小於採購貨物所需支付的款項時，應將不足部分補付，借記「預付帳款」科目，貸記「銀行存款」科目；當預付貨款大於採購貨物所需支付的款項時，對收回的多餘款項應借記「銀行存款」科目，貸記「預付帳款」科目。

【例1-11】四川鯤鵬有限公司向成都恒星有限公司採購材料5,000噸，單價10元，所需支付的款項總額50,000元。按照合同規定向成都恒星有限公司預付貨款的50%，驗收貨物後補付其餘款項。

四川鯤鵬有限公司會計處理如下：
（1）四川鯤鵬有限公司預付50%的貨款時：
借：預付帳款——恒星公司　　　　　　　　　　　　　25,000
　　貸：銀行存款　　　　　　　　　　　　　　　　　　25,000
（2）收到成都恒星有限公司發來的5,000噸材料，驗收無誤，增值稅專用發票記載的貨款為50,000元，增值稅額為8,500元。四川鯤鵬有限公司以銀行存款補付所欠款項33,500元。
借：原材料　　　　　　　　　　　　　　　　　　　　50,000
　　應交稅費——應交增值稅（進項稅額）　　　　　　　8,500
　　貸：預付帳款——恒星公司　　　　　　　　　　　　58,500
借：預付帳款——恒星公司　　　　　　　　　　　　　33,500
　　貸：銀行存款　　　　　　　　　　　　　　　　　　33,500

四、其他應收款

其他應收款是企業除應收票據、應收帳款、預付帳款等以外的其他各種應收及暫付款項。

企業設置「其他應收款」科目反應和監督其他應收帳款的增減變動及其結存情況。「其他應收款」科目的借方登記其他應收款的增加，貸方登記其他應收款的收回，期末餘額一般在借方，反應企業尚未收回的其他應收款項。

【例1-12】四川鯤鵬有限公司在採購過程中發生材料毀損，按保險合同規定，應由保險公司賠償損失30,000元，賠款尚未收到。

借：其他應收款——保險公司　　　　　　　　　　30,000
　　貸：材料採購　　　　　　　　　　　　　　　　　　30,000

【例1-13】保險公司在【例1-12】中的賠款如數收到。

借：銀行存款　　　　　　　　　　　　　　　　　30,000
　　貸：其他應收款——保險公司　　　　　　　　　　30,000

【例1-14】四川鯤鵬有限公司以銀行存款替副總經理墊付應由其個人負擔的醫療費5,000元，擬從其工資中扣回。

（1）墊支時：

借：其他應收款　　　　　　　　　　　　　　　　5,000
　　貸：銀行存款　　　　　　　　　　　　　　　　　　5,000

（2）扣款時：

借：應付職工薪酬　　　　　　　　　　　　　　　5,000
　　貸：其他應收款　　　　　　　　　　　　　　　　　5,000

【例1-15】四川鯤鵬有限公司租入包裝物一批，以銀行存款向出租方支付押金10,000元。

借：其他應收款——存出保證金　　　　　　　　　10,000
　　貸：銀行存款　　　　　　　　　　　　　　　　　　10,000

【例1-16】四川鯤鵬有限公司【例1-15】中租入包裝物按期如數退回，收到出租方退還的押金10,000元，已存入銀行。

借：銀行存款　　　　　　　　　　　　　　　　　10,000
　　貸：其他應收款——存出保證金　　　　　　　　　10,000

五、應收款項減值

企業在資產負債表日對應收款項的帳面價值進行檢查，有證據表明應收款項發生減值的，應當將應收款項的帳面價值減記，減記的金額確認為減值損失，計提壞帳準備。

企業設置「壞帳準備」科目核算應收款項的壞帳準備計提、轉銷等情況。企業當期計提的壞帳準備應當計入資產減值損失。「壞帳準備」科目的貸方登記當期計提的壞帳準備金額，借方登記實際發生的壞帳損失金額和衝減的壞帳準備金額，期末餘額一般在貸方，反應企業已計提但尚未轉銷的壞帳準備。

壞帳準備計算計算公式為：

當期應計提的壞帳準備＝當期按應收款項計算應提壞帳準備金－（或＋）「壞帳準備」科目的借貸方（或借方）餘額

企業計提壞帳準備時，按應減記的金額，借記「資產減值損失——計提的壞帳準備」科目，貸記「壞帳準備」科目。衝減多計提的壞帳準備時，借記「壞帳準備」科

目，貸記「資產減值損失——計提的壞帳準備」科目。

【例1-17】2015年12月31日，四川鯤鵬有限公司對成都鵬程有限公司的應收帳款進行減值測試。應收帳款餘額合計為1,000,000元，四川鯤鵬有限公司根據該公司的資信情況確定按10%計提壞帳準備。2016年末計提壞帳準備的會計分錄為：

借：資產減值損失——計提的壞帳準備　　　　　100,000
　　貸：壞帳準備　　　　　　　　　　　　　　　　　　100,000

無法收回的應收款項按管理權限報經批准後作為壞帳轉銷時，應當衝減已計提的壞帳準備。已確認並轉銷的應收款項以後又收回的，應當按照實際收到的金額增加壞帳準備的帳面餘額。企業發生壞帳損失時，借記「壞帳準備」科目，貸記「應收帳款」「其他應收款」等科目。

【例1-18】四川鯤鵬有限公司2016年對成都鵬程有限公司的應收帳款實際發生壞帳損失30,000元。確認壞帳損失時，四川鯤鵬有限公司作會計處理如下：

借：壞帳準備　　　　　　　　　　　　　　　　　30,000
　　貸：應收帳款　　　　　　　　　　　　　　　　　　30,000

【例1-19】承【例1-17】和【例1-18】，四川鯤鵬有限公司2016年末應收成都鵬程有限公司的帳款餘額為1,200,000元，經減值測試，四川鯤鵬有限公司決定仍按10%計提壞帳準備。

根據四川鯤鵬有限公司壞帳核算方法，「壞帳準備」科目應保持的貸方餘額為120,000（1,200,000×10%）元；計提壞帳準備前，「壞帳準備」科目的實際餘額為貸方70,000（100,000－30,000）元，因此本年末應計提的壞帳準備金額為50,000（120,000－70,000）元。四川鯤鵬有限公司作會計處理如下：

借：資產減值損失——計提的壞帳準備　　　　　50,000
　　貸：壞帳準備　　　　　　　　　　　　　　　　　　50,000

已確認並轉銷的應收款項以後又收回的，應當按照實際收到的金額增加壞帳準備的帳面餘額。已確認並轉銷的應收款項以後又收回時，借記「應收帳款」「其他應收款」等科目，貸記「壞帳準備」科目；同時，借記「銀行存款」科目，貸記「應收帳款」「其他應收款」等科目。也可以按照實際收回的金額，借記「銀行存款」科目，貸記「壞帳準備」科目。

【例1-20】四川鯤鵬有限公司2017年1月20日收到2016年已轉銷的壞帳20,000元，已存入銀行。四川鯤鵬有限公司作會計處理如下：

借：應收帳款　　　　　　　　　　　　　　　　　20,000
　　貸：壞帳準備　　　　　　　　　　　　　　　　　　20,000
借：銀行存款　　　　　　　　　　　　　　　　　20,000
　　貸：應收帳款　　　　　　　　　　　　　　　　　　20,000
或：借：銀行存款　　　　　　　　　　　　　　　20,000
　　　　貸：壞帳準備　　　　　　　　　　　　　　　　20,000

第四節　存貨

一、存貨的概念

存貨是企業在日常活動中持有以備出售的產成品或商品、處在生產過程中的在產品、在生產過程或提供勞務過程中耗用的材料或物料等，包括各類材料、在產品、半成品、產成品、商品以及包裝物、低值易耗品、委託代銷商品等。

1. 原材料

原材料是企業在生產過程中經加工改變其形態或性質並構成產品主要實體的各種原料及主要材料、輔助材料、燃料、修理用備件、包裝材料、外購半成品、外購件等。

2. 在產品

在產品是企業正在製造尚未完工的生產物，包括正在各個生產工序加工的產品和已加工完畢但尚未檢驗或已檢驗但尚未辦理入庫手續的產品。

3. 半成品

半成品是經過一定生產過程並已檢驗合格交付半成品倉庫保管，但尚未製造完工，仍需進一步加工的中間產品。

4. 產成品

產成品是工業企業已經完成全部生產過程並已驗收入庫，可以按照合同規定的條件送交訂貨單位，或者可以作為商品對外銷售的產品。企業接受來料加工製造的代製品和為外單位加工修理的代修品，製造和修理完成驗收入庫後，應視同企業的產成品。

5. 商品

商品是商品流通企業外購或委託加工完成驗收入庫用於銷售的各種商品。

6. 包裝物

包裝物是為了包裝商品而儲備的各種包裝容器，如桶、箱、瓶、壇、袋等。

7. 低值易耗品

低值易耗品是不能作為固定資產核算的各種用具物品，如工具、管理用具、勞動保護用品等。低值易耗品的特點是單位價值較低，或使用期限較短，在使用過程中保持其原有實物形態基本不變。

包裝物和低值易耗品構成了週轉材料。週轉材料是企業能夠多次使用，不符合固定資產定義，逐漸轉移其價值但仍保持原有形態，不能確認為固定資產的材料。

8. 委託代銷商品

委託代銷商品是企業委託其他單位代銷的商品。

二、存貨成本的確定

存貨成本包括採購成本、加工成本和其他成本。

1. 存貨的採購成本

存貨採購成本包括購買價款、相關稅費、運輸費、裝卸費、保險費等可歸屬於存

貨採購成本的費用。

（1）存貨的購買價款

存貨的購買價款是企業購入的材料或商品的發票帳單上列明的價款，但不包括按規定可以抵扣的增值稅額。

（2）存貨的相關稅費

存貨的相關稅費是企業購買存貨發生的進口稅費、消費稅、資源稅和不能抵扣的增值稅進項稅額以及相應的教育費附加等應計入存貨採購成本的稅費。

（3）可歸屬於存貨採購成本的費用

可歸屬於存貨採購成本的費用是採購成本中除上述各項以外的可歸屬於存貨採購的費用，如在存貨採購過程中發生的運輸費、裝卸費、保險費、倉儲費、包裝費、運輸途中的合理損耗，入庫前的挑選整理費用等。

商品流通企業在採購商品過程中發生的運輸費、裝卸費、保險費等可歸屬於存貨採購成本的進貨費用，應當計入存貨採購成本，也可以先行歸集，期末根據所購商品的銷售情況進行分攤。對於已售商品的進貨費用，計入當期損益；對於未售商品的進貨費用，計入期末存貨成本。採購商品的進貨費用金額較小的，可以在發生時直接計入當期損益。

2. 存貨的加工成本

存貨的加工成本是在存貨的加工過程中發生的追加費用，包括直接人工以及按照一定方法分配的製造費用。

（1）直接人工

直接人工是企業在生產產品和提供勞務過程中發生的直接從事產品生產和勞務提供人員的職工薪酬。

（2）製造費用

製造費用是企業為生產產品和提供勞務而發生的各項間接費用。

3. 存貨的其他成本

存貨的其他成本是除採購成本、加工成本以外的，使存貨達到目前場所和狀態所發生的其他支出。

4. 不應計入存貨成本的費用

下列費用不應計入存貨成本，而應在發生時計入當期損益：

（1）非正常消耗的直接材料、直接人工和製造費用，應在發生時計入當期損益，不應計入存貨成本。

由於自然災害而發生的直接材料、直接人工和製造費用，這些費用的發生無助於使該存貨達到目前場所和狀態，不應計入存貨成本，而應確認為當期損益。

（2）企業在存貨採購入庫後發生的儲存費用，應在發生時計入當期損益。

（3）不能歸屬於使存貨達到目前場所和狀態的其他支出，應在發生時計入當期損益，不得計入存貨成本。

三、發出存貨的計價方法

企業應當合理地確定發出存貨成本的計算方法與當期發出存貨的實際成本。性質和用途相同的存貨應當採用相同的成本計算方法確定發出存貨的成本。發出存貨成本的計價方法包括個別計價法、先進先出法、月末一次加權平均法和移動加權平均法等。

1. 個別計價法

個別計價法是按照各種存貨逐一辨認各批發出存貨和期末存貨所屬的購進批別或生產批別，分別按購入或生產時所確定的單位成本計算各批發出存貨和期末存貨成本的方法。個別計價法把每一種存貨的實際成本作為計算發出存貨成本和期末存貨成本的基礎。

個別計價法的成本計算準確，符合實際情況，但在存貨收發頻繁情況下，發出成本分辨的工作量較大。個別計價法一般適用於為特定項目專門購入或製造的存貨以及提供的勞務，如珠寶、名畫等貴重物品。

2. 先進先出法

先進先出法是以先購入的存貨應先發出的假設為前提，對發出存貨進行計價的一種方法。採用先進先出法，先購入的存貨成本在后購入存貨成本之前轉出，據此確定發出存貨和期末存貨的成本。具體方法是：收入存貨時，逐筆登記收入存貨的數量、單價和金額；發出存貨時，按照先進先出的原則逐筆登記存貨的發出成本和結存金額。

先進先出法可以隨時結轉存貨發出成本，如果存貨收發業務較多且存貨單價不穩定時，工作量較大。在物價持續上升時，期末存貨成本接近於市價，而發出成本偏低，會高估企業當期利潤和庫存存貨價值；反之，會低估企業存貨價值和當期利潤。

3. 月末一次加權平均法

月末一次加權平均法是以本月全部進貨數量加上月初存貨數量作為權數，去除本月全部進貨成本加上月初存貨成本，計算出存貨的加權平均單位成本，以此為基礎計算本月發出存貨的成本和期末存貨的成本的一種方法。

月末一次加權平均法計算公式如下：

存貨單位成本 = [月初庫存貨的實際成本 + $\sum$（本月各批進貨的實際單位成本 × 本月各批進貨的數量）]/（月初庫存存貨數量 + 本月各批進化數量之和）

本月發出存貨成本 = 本月發出存貨的數量 × 存貨單位成本

本月月末庫存貨成本 = 月末庫存貨的數量 × 存貨單位成本

加權平均法只在月末一次計算加權平均單價，比較簡單，有利於簡化成本計算工作，但平時無法從帳上提供發出和結存存貨的單價及金額，不利於存貨成本的日常管理與控制。

4. 移動加權平均法

移動加權平均法是以每次進貨的成本加上原有庫存存貨的成本，除以每次進貨數量加上原有庫存存貨的數量，據以計算加權平均單位成本，作為在下次進貨前計算各次發出存貨成本依據的一種方法。

移動加權平均法計算公式如下：

存貨單位成本＝（原有庫存存貨的實際成本＋本次進貨的實際成本）／（原有庫存存貨數量＋本次進貨數量）

本次發出存貨的成本＝本次發出存貨數量×本次發貨前存貨的單位成本

本月月末庫存存貨成本＝月末庫存存貨的數量×本月月末存貨單位成本

移動平均法能及時瞭解存貨的結存情況，計算的平均單位成本以及發出和結存的存貨成本比較客觀。但每次收貨都要計算一次平均單價，計算工作量較大。

四、原材料

原材料是企業在生產過程中經過加工改變其形態或性質並構成產品主要實體的各種原料、主要材料和外購半成品，以及不構成產品實體但有助於產品形成的輔助材料。原材料的日常收發及結存，可以採用實際成本核算，也可以採用計劃成本核算。

（一）採用實際成本核算

材料按實際成本計價核算時，材料的收發及結存均按照實際成本計價。會計科目借方、貸方及餘額均以實際成本計價，沒有成本差異的計算與結轉。實際成本核算方法通常適用於材料收發業務較少的企業。

1. 實際成本核算的會計科目

（1）「原材料」科目

「原材料」科目用於核算庫存各種材料的收發與結存情況，借方登記入庫材料的實際成本，貸方登記發出材料的實際成本，期末餘額在借方，反應企業庫存材料的實際成本。

（2）「在途物資」科目

「在途物資」科目用於核算貨款已付尚未驗收入庫的各種物資的採購成本，應按供應單位和物資品種進行明細核算。「在途物資」科目的借方登記企業購入的在途物資的實際成本，貸方登記驗收入庫的在途物資的實際成本，期末餘額在借方，反應企業在途物資的採購成本。

（3）「應付帳款」科目

「應付帳款」科目用於核算企業因購買材料、商品和接受勞務等經營活動應支付的款項。「應付帳款」科目的貸方登記企業因購入材料、商品和接受勞務等尚未支付的款項，借方登記償還的應付帳款，期末餘額一般在貸方，反應企業尚未支付的應付帳款。

（4）「預付帳款」科目

「預付帳款」科目用於核算企業按照合同規定預付的款項。「預付帳款」科目的借方登記預付的款項及補付的款項，貸方登記收到所購物資時根據有關發票帳單記入「原材料」等科目的金額及收回多付款項的金額，期末餘額在借方，反應企業實際預付的款項；期末餘額在貸方，則反應企業尚未預付的款項。

2. 購入材料時的會計處理

支付方式不同導致原材料入庫的時間與付款的時間可能一致，也可能不一致，在

會計處理上也有所不同。

(1) 貨款已經支付或開出、承兌商業匯票，同時材料已驗收入庫。

【例1-21】四川鯤鵬有限公司購入 C 材料一批，增值稅專用發票上記載的貨款為 500,000 元，增值稅額 85,000 元，對方代墊包裝費 1,000 元，全部款項已用轉帳支票付訖，材料已驗收入庫。

發票帳單與材料同時到達，材料已驗收入庫，應通過「原材料」科目核算，增值稅專用發票上註明的可抵扣的進項稅額，應借記「應交稅費——應交增值稅（進項稅額）」科目。

借：原材料——C 材料　　　　　　　　　　　　　501,000
　　應交稅費——應交增值稅（進項稅額）　　　　 85,000
　貸：銀行存款　　　　　　　　　　　　　　　　586,000

【例1-22】四川鯤鵬有限公司用銀行匯票 1,874,000 元購入 D 材料一批，增值稅專用發票上記載的貨款為 1,600,000 元，增值稅額 272,000 元，對方代墊包裝費 2,000 元，材料已驗收入庫。

借：原材料——D 材料　　　　　　　　　　　　 1,602,000
　　應交稅費——應交增值稅（進項稅額）　　　　272,000
　貸：其他貨幣資金——銀行匯票　　　　　　　 1,874,000

【例1-23】四川鯤鵬有限公司用托收承付結算方式購入 E 材料一批，貨款 40,000 元，增值稅 6,800 元，對方代墊包裝費 5,000 元，款項在承付期內以銀行存款支付，材料已驗收入庫。

借：原材料——E 材料　　　　　　　　　　　　　 45,000
　　應交稅費——應交增值稅（進項稅額）　　　　　6,800
　貸：銀行存款　　　　　　　　　　　　　　　　 51,800

(2) 貨款已經支付或已開出、承兌商業匯票，材料尚未到達或尚未驗收入庫。

【例1-24】四川鯤鵬有限公司用匯兌結算方式購入 F 材料一批，發票及帳單已收到，增值稅專用發票上記載的貨款為 20,000 元，增值稅額 3,400 元。支付保險費 1,000 元，材料尚未到達。

已經付款或已開出、承兌商業匯票，但材料尚未到達或尚未驗收入庫，應通過「在途物資」科目核算。材料到達、入庫后，再根據收料單，由「在途物資」科目轉入「原材料」科目核算。

借：在途物資　　　　　　　　　　　　　　　　　 21,000
　　應交稅費——應交增值稅（進項稅額）　　　　　3,400
　貸：銀行存款　　　　　　　　　　　　　　　　 24,400

【例1-25】四川鯤鵬有限公司【例1-24】中購入的 F 材料已收到，並驗收入庫。

借：原材料　　　　　　　　　　　　　　　　　　 21,000
　貸：在途物資　　　　　　　　　　　　　　　　 21,000

(3) 貨款尚未支付，材料已經驗收入庫。

【例1-26】四川鯤鵬有限公司用托收承付結算方式購入G材料一批，增值稅專用發票上記載的貨款為50,000元，增值稅額8,500元，對方代墊包裝費1,000元，銀行轉來的結算憑證已到，款項尚未支付，材料已驗收入庫。

借：原材料——G材料　　　　　　　　　　　　　　　　51,000
　　應交稅費——應交增值稅（進項稅額）　　　　　　　 8,500
　貸：應付帳款　　　　　　　　　　　　　　　　　　　59,500

【例1-27】四川鯤鵬有限公司用委託收款結算方式購入H材料一批，材料已驗收入庫，月末發票帳單尚未收到，無法確定其實際成本，暫估價值為30,000元。

發票帳單未到無法確定實際成本，期末應按照暫估價值先入帳，下期初做相反的會計分錄予以衝回，收到發票帳單后再按照實際金額記帳。

借：原材料　　　　　　　　　　　　　　　　　　　　30,000
　貸：應付帳款——暫估應付帳款　　　　　　　　　　　30,000
下月初做相反的會計分錄予以衝回：
借：應付帳款——暫估應付帳款　　　　　　　　　　　30,000
　貸：原材料　　　　　　　　　　　　　　　　　　　　30,000

【例1-28】四川鯤鵬有限公司【例1-27】中購入的H材料於次月收到發票帳單，增值稅專用發票上記載的貨款為31,000元，增值稅額5,270元，對方代墊保險費2,000元，已用銀行存款付訖。

借：原材料——H材料　　　　　　　　　　　　　　　　33,000
　　應交稅費——應交增值稅（進項稅額）　　　　　　　 5,270
　貸：銀行存款　　　　　　　　　　　　　　　　　　　38,270

（4）貨款已經預付，材料尚未驗收入庫。

【例1-29】四川鯤鵬有限公司根據與廣元鋼廠的購銷合同規定，為購買J材料向鋼廠預付100,000元貨款的80%，計80,000元，已通過匯兌方式匯出。

借：預付帳款　　　　　　　　　　　　　　　　　　　80,000
　貸：銀行存款　　　　　　　　　　　　　　　　　　　80,000

【例1-30】四川鯤鵬有限公司收到【例1-29】中廣元鋼廠發運來的J材料，已驗收入庫。該批貨物的貨款100,000元，增值稅額17,000元，對方代墊包裝費3,000元，所欠款項以銀行存款付訖。

（1）材料入庫時：
借：原材料——J材料　　　　　　　　　　　　　　　　103,000
　　應交稅費——應交增值稅（進項稅額）　　　　　　　17,000
　貸：預付帳款　　　　　　　　　　　　　　　　　　　120,000
（2）補付貨款時：
借：預付帳款　　　　　　　　　　　　　　　　　　　40,000
　貸：銀行存款　　　　　　　　　　　　　　　　　　　40,000

3. 發出材料時的會計處理

【例1-31】四川鯤鵬有限公司2016年3月1日結存B材料3,000千克，每千克實際成本為10元；3月5日和3月20日分別購入該材料9,000千克和6,000千克，每千克實際成本分別為11元和12元；3月10日和3月25日分別發出該材料10,500千克和6,000千克。按先進先出法核算時，發出和結存材料的成本如表1-2所示。

表1-2　　　　　　　　　　　　　　　　　　　　　　　　　　　金額單位：元

2016年		憑證號	摘要	收入			發出			結存		
月	日			數量	單價	金額	數量	單價	金額	數量	單價	金額
3	1	略	期初結存							3,000	10	30,000
	5		購入	9,000	11	99,000				3,000 9,000	10 11	30,000 99,000
	10		發出				3,000 7,500	10 11	30,000 82,500	1,500	11	16,500
	20		購入	6,000	12	72,000				1,500 6,000	11 12	16,500 72,000
	25		發出				1,500 4,500	11 12	16,500 54,000	1,500	12	18,000
	31		合計	15,000		171,000	16,500		183,000	1,500	12	18,000

【例1-32】四川鯤鵬有限公司採用月末一次加權平均法計算【例1-31】中B材料的成本如下：

B材料平均單位成本 = $\frac{30,000 + 171,000}{3,000 + 15,000}$ = 11.17（元）

本月發出存貨的成本 = 16,500 × 11.17 = 184,305（元）

月末庫存存貨的成本 = 30,000 + 171,000 - 184,305 = 16,695（元）

【例1-33】四川鯤鵬有限公司採用移動加權平均法計算【例1-31】中B材料的成本如下：

第一批收貨後的平均單位成本 = (30,000 + 99,000)/(3,000 + 9,000) = 10.75（元）

第一批發貨的存貨成本 = 10,500 × 10.75 = 112,875（元）

當時結存的存貨成本 = 1,500 × 10.75 = 16,125（元）

第二批收貨後的平均單位成本 = (16,125 + 72,000)/(1,500 + 6,000) = 11.75（元）

第二批發貨的存貨成本 = 6,000 × 11.75 = 70,500（元）

當時結存的存貨成本 = 1,500 × 11.75 = 17,625（元）

B材料月末結存1,500千克，月末庫存存貨成本為17,625元；本月發出存貨成本合計為183,375（112,875 + 70,500）元。

企業各生產單位及有關部門領用的材料具有種類多、業務頻繁等特點。為了簡化

核算，可以在月末根據領料單或限額領料單中有關領料的單位、部門等加以歸類，編製發料憑證匯總表，據以編製記帳憑證、登記入帳。

【例1-34】四川鯤鵬有限公司根據發料憑證匯總表的記錄，2016年1月份基本生產車間領用K材料500,000元，輔助生產車間領用K材料40,000元，車間管理部門領用K材料5,000元，企業行政管理部門領用K材料4,000元，計549,000元。

借：生產成本——基本生產成本　　　　　　　　　　500,000
　　　　　　——輔助生產成本　　　　　　　　　　　40,000
　　製造費用　　　　　　　　　　　　　　　　　　　5,000
　　管理費用　　　　　　　　　　　　　　　　　　　4,000
　貸：原材料——K材料　　　　　　　　　　　　　　549,000

(二) 採用計劃成本核算

材料採用計劃成本核算時，材料的收發及結存均按照計劃成本計價。材料實際成本與計劃成本的差異，通過「材料成本差異」科目核算。月末，計算本月發出材料應負擔的成本差異並進行分攤，根據領用材料的用途計入相關資產的成本或者當期損益，從而將發出材料的計劃成本調整為實際成本。

1. 計劃成本核算的會計科目

(1)「原材料」科目

「原材料」用於核算庫存各種材料的收發與結存情況，借方登記入庫材料的計劃成本，貸方登記發出材料的計劃成本，期末餘額在借方，反應企業庫存材料的計劃成本。

(2)「材料採購」科目

「材料採購」科目借方登記採購材料的實際成本，貸方登記入庫材料的計劃成本。借方大於貸方表示超支，從本科目貸方轉入「材料成本差異」科目的借方；貸方大於借方表示節約，從本科目借方轉入「材料成本差異」科目的貸方；期末為借方餘額，反應企業在途材料的採購成本。

(3)「材料成本差異」科目

「材料成本差異」科目反應企業已入庫各種材料的實際成本與計劃成本的差異，借方登記超支差異及發出材料應負擔的節約差異，貸方登記節約差異及發出材料應負擔的超支差異。期末如為借方餘額，反應企業庫存材料的實際成本大於計劃成本的差異（即超支差異）；如為貸方餘額，反應企業庫存材料實際成本小於計劃成本的差異（即節約差異）。

2. 購入材料時的帳務處理

(1) 貨款已經支付，同時材料驗收入庫。

【例1-35】四川鯤鵬有限公司購入L材料一批，專用發票上記載的貨款為3,000,000元，增值稅額510,000元，發票帳單已收到，計劃成本為3,200,000元，已驗收入庫，全部款項以銀行存款支付。

在計劃成本法下，取得的材料先要通過「材料採購」科目進行核算，企業支付材料價款和運雜費等構成存貨實際成本的，記入「材料採購」科目。

借：材料採購　　　　　　　　　　　　　　　　　　　　　3,000,000
　　應交稅費——應交增值稅（進項稅額）　　　　　　　　510,000
　貸：銀行存款　　　　　　　　　　　　　　　　　　　　3,510,000

在計劃成本法下，取得的材料先要通過「材料採購」科目進行核算，企業支付材料價款和運雜費等構成存貨實際成本的，記入「材料採購」科目。

(2) 貨款已經支付，材料尚未驗收入庫。

【例1-36】四川鯤鵬有限公司用匯兌結算方式購入 M_1 材料一批，專用發票上記載的貨款為200,000元，增值稅額34,000元，發票帳單已收到，計劃成本180,000元，材料尚未入庫。

借：材料採購　　　　　　　　　　　　　　　　　　　　　200,000
　　應交稅費——應交增值稅（進項稅額）　　　　　　　　34,000
　貸：銀行存款　　　　　　　　　　　　　　　　　　　　234,000

(3) 貨款尚未支付，材料已經驗收入庫。

【例1-37】四川鯤鵬有限公司用商業承兌匯票支付方式購入 M_2 材料一批，專用發票上記載的貨款為500,000元，增值稅額85,000元，發票帳單已收到，計劃成本520,000元，材料已驗收入庫。

借：材料採購　　　　　　　　　　　　　　　　　　　　　500,000
　　應交稅費——應交增值稅（進項稅額）　　　　　　　　85,000
　貸：應付票據　　　　　　　　　　　　　　　　　　　　585,000

【例1-38】四川鯤鵬有限公司購入 M_3 材料一批，材料已驗收入庫，發票帳單未到，月末按照計劃成本600,000元估價入帳。

尚未收到發票帳單的收料憑證，月末應按計劃成本暫估入帳，借記「原材料」等科目，貸記「應付帳款——暫估應付帳款」科目，下期初做相反分錄予以衝回，借記「應付帳款——暫估應付帳款」科目，貸記「原材料」科目。

借：原材料　　　　　　　　　　　　　　　　　　　　　　600,000
　貸：應付帳款——暫估應付帳款　　　　　　　　　　　　600,000

下月初做相反的會計分錄予以衝回：

借：應付帳款——暫估應付帳款　　　　　　　　　　　　　600,000
　貸：原材料　　　　　　　　　　　　　　　　　　　　　600,000

企業購入驗收入庫的材料，按計劃成本借記「原材料」科目，貸記「材料採購」科目，按實際成本大於計劃成本的差異，借記「材料成本差異」科目，貸記「材料採購」科目；實際成本小於計劃成本的差異，借記「材料採購」科目，貸記「材料成本差異」科目。

【例1-39】四川鯤鵬有限公司在【例1-35】和【例1-37】中購入 L 材料和 M_2 材料。月末四川鯤鵬有限公司匯總本月已付款或已開出並承兌商業匯票的入庫材料的計劃成本3,720,000元（即3,200,000+520,000）。

借：原材料——L 材料 3,200,000
　　　　　——M₂ 材料 520,000
　貸：材料採購 3,720,000

上述入庫材料的實際成本為 3,500,000 元（即 3,000,000 + 500,000），入庫材料的成本差異為節約 220,000 元（即 3,500,000 - 3,720,000）。

借：材料採購 220,000
　貸：材料成本差異——L 材料 200,000
　　　　　　　　——M₂ 材料 20,000

3. 發出材料時的帳務處理

月末，企業應根據領料單等編製發料憑證匯總表結轉發出材料的計劃成本，根據所發出材料的用途，按計劃成本分別記入「生產成本」「製造費用」「銷售費用」「管理費用」等科目。

【例 1-40】四川鯤鵬有限公司根據發料憑證匯總表的記錄，2016 年 11 月 L 材料的消耗（計劃成本）為：基本生產車間領用 2,000,000 元，輔助生產車間領用 600,000 元，車間管理部門領用 250,000 元，企業行政管理部門領用 50,000 元。

借：生產成本——基本生產成本 2,000,000
　　　　　　——輔助生產成本 600,000
　　製造費用 250,000
　　管理費用 50,000
　貸：原材料——L 材料 2,900,000

企業日常採用計劃成本核算，發出的材料成本應由計劃成本調整為實際成本，通過「材料成本差異」科目進行結轉，按照所發出材料的用途，分別記入「生產成本」「製造費用」「銷售費用」「管理費用」等科目。發出材料應負擔的成本差異應當按期（月）分攤，不得在季末或年末一次計算。

本期材料成本差異率 =（期初結存材料的成本差異 + 本期驗收入庫材料的成本差異）/（期初結存材料的計劃成本 + 本期驗收入庫材料的計劃成本）×100%

期初材料成本差率 = 期初結存材料的成本差異/期初結存材料的計劃成本 ×100%

【例 1-41】在【例 1-35】和【例 1-40】中，四川鯤鵬有限公司某月月初結存 L 材料的計劃成本為 1,000,000 元，成本差異為超支 30,740 元；當月入庫 L 材料的計劃成本 3,200,000 元，成本差異為節約 200,000 元。則：

材料成本差異率 =（30,740 - 200,000）/（1,000,000 + 3,200,000）×100% = -4.03%

結轉發出材料的成本差異的分錄：
借：材料成本差異——L 材料 116,870
　貸：生產成本——基本生產成本 80,600
　　　　　　——輔助生產成本 24,180
　　製造費用 10,075

管理費用　　　　　　　　　　　　　　　　　　　　2,015

五、低值易耗品

　　企業設置「週轉材料——低值易耗品」科目反應和監督低值易耗品的增減變動及其結存情況，借方登記低值易耗品的增加，貸方登記低值易耗品的減少，期末餘額在借方，反應企業期末結存低值易耗品的金額。

　　低值易耗品應當根據使用次數分次進行攤銷。

（一）一次轉銷法

　　一次轉銷法攤銷低值易耗品，在領用低值易耗品時，將價值一次全部地計入有關資產成本或者當期損益，主要適用於價值較低或極易損壞的低值易耗品的攤銷。

　　【例1-42】四川鯤鵬有限公司基本生產車間領用工具一批，實際成本為3,000元，全部計入當期製造費用。

　　　借：製造費用　　　　　　　　　　　　　　　　3,000
　　　　貸：週轉材料——低值易耗品　　　　　　　　　　　3,000

（二）分次攤銷法

　　分次攤銷法攤銷低值易耗品，低值易耗品在領用時攤銷帳面價值的單次平均攤銷額。分次攤銷法適用於可供多次反覆使用的低值易耗品。採用分次攤銷法需要單獨設置「週轉材料——低值易耗品——在用」「週轉材料——低值易耗品——在庫」和「週轉材料——低值易耗品——攤銷」明細科目。

　　【例1-43】四川鯤鵬有限公司基本生產車間領用專用工具一批，實際成本為100,000元，不符合固定資產定義，採用分次攤銷法進行攤銷，估計使用次數為2次。

　　（1）領用專用工具：
　　　借：週轉材料——低值易耗品——在用　　　　　　100,000
　　　　貸：週轉材料——低值易耗品——在庫　　　　　　　100,000
　　（2）第一次領用時攤銷其價值的一半：
　　　借：製造費用　　　　　　　　　　　　　　　　50,000
　　　　貸：週轉材料——低值易耗品——攤銷　　　　　　　50,000
　　（3）第二次領用時攤銷其價值的一半：
　　　借：製造費用　　　　　　　　　　　　　　　　50,000
　　　　貸：週轉材料——低值易耗品——攤銷　　　　　　　50,000
　　同時：
　　　借：週轉材料——低值易耗品——攤銷　　　　　　100,000
　　　　貸：週轉材料——低值易耗品——在用　　　　　　　100,000

六、包裝物

　　包裝物是為了包裝本企業商品而儲備的各種包裝容器，如桶、箱、瓶、壇、袋等。企業設置「週轉材料——包裝物」科目反應和監督包裝物的增減變動及其價值損耗、

結存等情況。

(一) 生產領用包裝物

生產領用包裝物，應按照領用包裝物的實際成本，借記「生產成本」科目，按照領用包裝物的計劃成本，貸記「週轉材料——包裝物」科目，按照其差額，借記或貸記「材料成本差異」科目。

【例1-44】四川鯤鵬有限公司對包裝物採用計劃成本核算，2016年9月生產產品領用包裝物的計劃成本為100,000元，材料成本差異率為-3%。

借：生產成本　　　　　　　　　　　　　　　　　　97,000
　　材料成本差異　　　　　　　　　　　　　　　　 3,000
　　貸：週轉材料——包裝物　　　　　　　　　　　　100,000

(二) 隨同商品出售包裝物

隨同商品出售而不單獨計價的包裝物，按實際成本計入銷售費用，借記「銷售費用」科目，按計劃成本，貸記「週轉材料——包裝物」科目，按其差額，借記或貸記「材料成本差異」科目。

【例1-45】四川鯤鵬有限公司2016年10月銷售商品領用不單獨計價包裝物的計劃成本為50,000元，材料成本差異率為-3%。

借：銷售費用　　　　　　　　　　　　　　　　　　48,500
　　材料成本差異　　　　　　　　　　　　　　　　 1,500
　　貸：週轉材料——包裝物　　　　　　　　　　　　 50,000

隨同商品出售且單獨計價的包裝物，一方面應反應銷售收入，計入其他業務收入；另一方面應反應實際銷售成本，計入其他業務成本。

【例1-46】四川鯤鵬有限公司2016年11月銷售商品領用單獨計價包裝物的計劃成本為80,000元，銷售收入為100,000元，增值稅額為17,000元，款項已存入銀行。該包裝物的材料成本差異率為3%。

(1) 出售單獨計價包裝物：

借：銀行存款　　　　　　　　　　　　　　　　　　117,000
　　貸：其他業務收入　　　　　　　　　　　　　　　100,000
　　　　應交稅費——應交增值稅（銷項稅額）　　　　 17,000

(2) 結轉所售單獨計價包裝物的成本：

借：其他業務成本　　　　　　　　　　　　　　　　82,400
　　貸：週轉材料——包裝物　　　　　　　　　　　　 80,000
　　　　材料成本差異　　　　　　　　　　　　　　　 2,400

多次使用的包裝物應當根據使用次數分次進行攤銷，攤銷的方法與低值易耗品相似。

七、委託加工物資

委託加工物資是企業委託外單位加工的各種材料、商品等物資。

企業設置「委託加工物資」科目反應和監督委託加工物資增減變動及其結存情況，借方登記委託加工物資的實際成本，貸方登記加工完成驗收入庫的物資的實際成本和剩餘物資的實際成本，期末餘額在借方，反應企業尚未完工的委託加工物資的實際成本和發出加工物資的運雜費等。委託加工物資也可以採用計劃成本或售價進行核算，方法與庫存商品相似。

（一）發出物資

【例1-47】四川鯤鵬有限公司委託成都太天量具廠加工一批量具，發出材料一批，計劃成本70,000元，材料成本差異率4%，以銀行存款支付運雜費2,200元。

(1) 發出材料時：

借：委託加工物資	72,800
貸：原材料	70,000
材料成本差異	2,800

(2) 支付運雜費時：

借：委託加工物資	2,200
貸：銀行存款	2,200

企業發給外單位加工物資時，如果採用計劃成本或售價核算的，應同時結轉材料成本差異或商品進銷差價，貸記或借記「材料成本差異」科目，或借記「商品進銷差價」科目。

（二）支付加工費、運雜費等

【例1-48】四川鯤鵬有限公司以銀行存款支付【例1-46】中量具的加工費用20,000元。

借：委託加工物資	20,000
貸：銀行存款	20,000

（三）加工完成驗收入庫

【例1-49】四川鯤鵬有限公司收回【例1-47】和【例1-48】中由成都太天量具廠代加工的量具，以銀行存款支付運雜費2,500元。量具已驗收入庫，計劃成本為110,000元。

(1) 支付運雜費時：

借：委託加工物資	2,500
貸：銀行存款	2,500

(2) 量具入庫時：

借：週轉材料——低值易耗品	110,000
貸：委託加工物資	97,500
材料成本差異	12,500

【例1-50】四川鯤鵬有限公司委託成都運盛有限公司加工應稅消費品一批100,000件：

（1）2016 年 1 月 20 日發出材料一批，計劃成本為 6,000,000 元，材料成本差異率為 -3%。

① 發出委託加工材料時：

借：委託加工物資　　　　　　　　　　　　　　　6,000,000
　　貸：原材料　　　　　　　　　　　　　　　　　6,000,000

② 結轉發出材料應分攤的材料成本差異時：

借：材料成本差異　　　　　　　　　　　　　　　　180,000
　　貸：委託加工物資　　　　　　　　　　　　　　180,000

（2）2016 年 2 月 20 日，支付商品加工費 120,000 元，支付應當交納的消費稅 660,000 元，商品收回後用於連續生產，消費稅可抵扣，適用增值稅稅率為 17%。

借：委託加工物資　　　　　　　　　　　　　　　　120,000
　　應交稅費——應交消費稅　　　　　　　　　　　660,000
　　　　　　　——應交增值稅（進項稅額）　　　　20,400
　　貸：銀行存款　　　　　　　　　　　　　　　　800,400

（3）2016 年 3 月 4 日，用銀行存款支付往返運雜費 10,000 元。

借：委託加工物資　　　　　　　　　　　　　　　　10,000
　　貸：銀行存款　　　　　　　　　　　　　　　　10,000

（4）2016 年 3 月 5 日，商品 100,000 件（每件計劃成本為 65 元）加工完畢，驗收入庫手續已辦理。

借：庫存商品　　　　　　　　　　　　　　　　　6,500,000
　　貸：委託加工物資　　　　　　　　　　　　　　5,950,000
　　　　材料成本差異　　　　　　　　　　　　　　550,000

需要交納消費稅的委託加工物資，由受託方代收代交的消費稅，收回後用於直接銷售的，記入「委託加工物資」科目；收回後用於繼續加工的，記入「應交稅費——應交消費稅」科目。

八、庫存商品

(一) 庫存商品的內容

庫存商品是企業已完成全部生產過程並已驗收入庫，可以按照合同規定的條件送交訂貨單位，或可以作為商品對外銷售的產品，以及外購或委託加工完成驗收入庫用於銷售的各種商品。庫存商品可以採用實際成本核算，也可以採用計劃成本核算，方法與原材料相似。採用計劃成本核算時，庫存商品實際成本與計劃成本的差異，可單獨設置「產品成本差異」科目核算。

企業設置「庫存商品」科目反應和監督庫存商品的增減變動及其結存情況，借方登記驗收入庫的庫存商品成本，貸方登記發出的庫存商品成本，期末餘額在借方，反應各種庫存商品的實際成本或計劃成本。

（二）商品生產企業庫存商品的核算

1. 驗收入庫商品

對於庫存商品採用實際成本核算的企業，當庫存商品生產完成並驗收入庫時，應按實際成本，借記「庫存商品」科目，貸記「生產成本——基本生產成本」科目。

【例 1－51】四川鯤鵬有限公司 2016 年 11 月已驗收入庫 Y 產品 1,000 臺，實際單位成本 5,000 元，Z 產品 2,000 臺，實際單位成本 1,000 元。

借：庫存商品——Y 產品　　　　　　　　　　　　5,000,000
　　　　　　——Z 產品　　　　　　　　　　　　2,000,000
　　貸：生產成本——基本生產成本（Y 產品）　　　5,000,000
　　　　　　——基本生產成本（Z 產品）　　　　　2,000,000

2. 銷售商品

銷售商品確認收入時，應結轉其銷售成本，借記「主營業務成本」等科目，貸記「庫存商品」科目。

【例 1－52】四川鯤鵬有限公司 2016 年 11 月末匯總的發出商品中，當月已實現銷售的 Y 產品有 500 臺，Z 產品有 1,500 臺。該月 Y 產品實際單位成本 5,000 元，Z 產品實際單位成本 1,000 元。

借：主營業務成本　　　　　　　　　　　　　　　4,000,000
　　貸：庫存商品——Y 產品　　　　　　　　　　2,500,000
　　　　　　——Z 產品　　　　　　　　　　　　1,500,000

（三）商品流通企業庫存商品的核算

企業購入的商品可以採用進價或售價核算。採用售價核算的，商品售價和進價的差額，可通過「商品進銷差價」科目核算。月末，應分攤已銷商品的進銷差價，將已銷商品的銷售成本調整為實際成本，借記「商品進銷差價」科目，貸記「主營業務成本」科目。

商品流通企業的庫存商品還可以採用毛利率法和售價金額核算法進行日常核算。

1. 毛利率法

毛利率法是根據本期銷售淨額乘以上期實際（或本期計劃）毛利率匡算本期銷售毛利，並據以計算發出存貨和期末存貨成本的一種方法。計算公式如下：

毛利率＝銷售毛利/銷售淨額×100％

銷售淨額＝商品銷售收入－銷售退回與折讓

銷售毛利＝銷售淨額×毛利率

銷售成本＝銷售淨額－銷售毛利

期末存貨成本＝期初存貨成本＋本期購貨成本－本期銷售成本

毛利率法是商業批發企業常用的計算本期商品銷售成本和期末庫存商品成本的方法。一般來講，商品流通企業同類商品的毛利率大致相同，採用這種存貨計價方法既能減輕工作量，也能滿足對存貨管理的需要。

【例1－53】四川鯤鵬有限公司2016年4月1日針織品存貨1,800萬元，本月購進3,000萬元。本月銷售收入3,400萬元，上季度該類商品毛利率為25%。

本月已銷商品和月末庫存商品的成本計算如下：

本月銷售收入＝3,400（萬元）銷售毛利＝3,400×25%＝850（萬元）

本月銷售成本＝3,400－850＝2,550（萬元）

庫存商品成本＝1,800＋3,000－2,550＝2,250（萬元）

2. 售價金額核算法

售價金額核算法是平時商品的購入、加工收回、銷售均按售價記帳，售價與進價的差額通過「商品進銷差價」科目核算，期末計算進銷差價率和本期已銷商品應分攤的進銷差價，並據以調整本期銷售成本的一種方法。計算公式如下：

商品進銷差價率＝（期初庫存商品進銷差價＋本期購入商品進銷差價）／（期初庫存商品售價＋本期購入商品售價）×100%

本期銷售商品應分攤的商品進銷差價＝本期商品銷售收入×商品進銷差價率

本期銷售商品的成本＝本期商品銷售收入－本期銷售商品應分攤的商品進銷差價

期末結存商品的成本＝期初庫存商品的進價成本＋本期購進商品的進價成本－本期銷售商品的成本

從事商業零售業務的企業，由於經營商品種類、品種、規格等繁多，其他成本計算結轉方法均較困難，因此廣泛採用這一方法。

【例1－54】四川鯤鵬有限公司2016年7月期初庫存商品的進價成本為100萬元，售價總額為110萬元，本月購進該商品的進價成本為75萬元，售價總額為90萬元，本月銷售收入為120萬元。有關計算如下：

商品進銷差價率＝(10＋15)/(110＋90)×100%＝12.5%

已銷商品應分攤的商品進銷差價＝120×12.5%＝15（萬元）

九、存貨清查

存貨清查是通過對存貨的實地盤點，確定存貨的實有數量，並與帳面結存數核對，從而確定存貨實存數與帳面結存數是否相符的一種財產清查方法。

存貨的盤盈盤虧是由於發生計量錯誤、計算錯誤、自然損耗、損壞變質、貪污盜竊等情況發生的。對於存貨的盤盈盤虧，應填寫存貨盤點報告，及時查明原因，按照規定程序報批處理。

企業設置「待處理財產損溢」科目反應企業在財產清查中查明的各種存貨的盤盈、盤虧和毀損情況，借方登記存貨的盤虧、毀損金額及盤盈的轉銷金額，貸方登記存貨的盤盈金額及盤虧的轉銷金額。各種存貨損益，應在期末結帳前處理完畢，期末處理後，「待處理財產損溢」科目應無餘額。

（一）存貨盤盈的核算

存貨發生盤盈時，借記「原材料」「庫存商品」等科目，貸記「待處理財產損溢」

科目；在按管理權限報經批准后，借記「待處理財產損溢」科目，貸記「管理費用」科目。

【例1-55】四川鯤鵬有限公司在財產清查中盤盈 J 材料 1,000 千克，實際單位成本 60 元，經查屬於材料收發計量方面的錯誤。應做如下處理：

(1) 批准處理前：

借：原材料 60,000
　　貸：待處理財產損溢 60,000

(2) 批准處理后：

借：待處理財產損溢 60,000
　　貸：管理費用 60,000

(二) 存貨盤虧的核算

存貨盤虧時，借記「待處理財產損溢」科目，貸記「原材料」「庫存商品」等科目。對於入庫的殘料價值，計入「原材料」等科目；對於應由保險公司和過失人的賠款，記入「其他應收款」科目；扣除殘料價值和應由保險公司、過失人賠款后的淨損失，屬於一般經營損失的部分，記入「管理費用」科目，屬於非常損失的部分，記入「營業外支出」科目。

【例1-56】四川鯤鵬有限公司在財產清查中發現盤虧 K 材料 500 千克，實際單位成本 200 元，經查屬於一般經營損失。

(1) 批准處理前：

借：待處理財產損溢 100,000
　　貸：原材料 100,000

(2) 批准處理后：

借：管理費用 100,000
　　貸：待處理財產損溢 100,000

【例1-57】四川鯤鵬有限公司在財產清查中發現毀損 L 材料 300 千克，實際單位成本 100 元，經查屬於材料保管員的過失造成的，按規定由其個人賠償 20,000 元，殘料已辦理入庫手續，價值 2,000 元。

(1) 批准處理前：

借：待處理財產損溢 30,000
　　貸：原材料 30,000

(2) 批准處理后：

借：其他應收款 20,000
　　原材料 2,000
　　管理費用 8,000
　　貸：待處理財產損溢 30,000

【例1-58】四川鯤鵬有限公司因臺風造成一批庫存材料毀損，實際成本 70,000 元，根據保險責任範圍及保險合同規定，應由保險公司賠償 50,000 元。應作如下會計

處理：
(1) 批准處理前：
借：待處理財產損溢　　　　　　　　　　　　　　70,000
　　貸：原材料　　　　　　　　　　　　　　　　　　　70,000
(2) 批准處理后：
借：其他應收款　　　　　　　　　　　　　　　　50,000
　　營業外支出——非常損失　　　　　　　　　　20,000
　　貸：待處理財產損溢　　　　　　　　　　　　　　　70,000

十、存貨減值

(一) 存貨跌價準備的計提和轉回

資產負債表日，存貨應當按照成本與可變現淨值孰低計量。其中，成本是期末存貨的實際成本，如企業在存貨成本的日常核算中採用計劃成本法、售價金額核算法等簡化核算方法，則成本為經調整后的實際成本。可變現淨值是在日常活動中，存貨的估計售價減去至完工時估計將要發生的成本、估計的銷售費用以及相關稅費后的金額。可變現淨值的特徵表現為存貨的預計未來淨現金流量，而不是存貨的售價或合同價。

存貨成本高於可變現淨值的，應當計提存貨跌價準備，計入當期損益。以前減記存貨價值的影響因素已經消失的，減記的金額應當予以恢復，並在原已計提的存貨跌價準備金額內轉回，轉回的金額計入當期損益。

(二) 存貨跌價準備的會計處理

企業設置「存貨跌價準備」科目，核算存貨的跌價準備，貸方登記計提的存貨跌價準備金額，借方登記實際發生的存貨跌價損失金額和衝減的存貨跌價準備金額，期末餘額一般在貸方，反應企業已計提但尚未轉銷的存貨跌價準備。

當存貨成本高於可變現淨值時，企業應當按照存貨可變現淨值低於成本的差額，借記「資產減值損失——計提的存貨跌價準備」科目，貸記「存貨跌價準備」科目。

轉回已計提的存貨跌價準備金額時，按恢復增加的金額，借記「存貨跌價準備」科目，貸記「資產減值損失——計提的存貨跌價準備」科目。

企業結轉存貨銷售成本時，對於已計提存貨跌價準備的，借記「存貨跌價準備」科目，貸記「主營業務成本」「其他業務成本」等科目。

【例1-59】2016年12月31日，四川鯤鵬有限公司甲材料的帳面金額為100,000元，由於市場價格下跌，預計可變現淨值為80,000元，由此應計提的存貨跌價準備為20,000元。

借：資產減值損失——計提的存貨跌價準備　　　　20,000
　　貸：存貨跌價準備　　　　　　　　　　　　　　　　20,000

假設2016年6月30日，甲材料的帳面金額為100,000元，由於市場價格有所上升，使得甲材料的預計可變現淨值為95,000元，應轉回的存貨跌價準備為15,000元。

借：存貨跌價準備　　　　　　　　　　　　　　　15,000

貸：資產減值損失——計提的存貨跌價準備　　　　　　　　15,000

第五節　長期股權投資

一、長期股權投資概述

（一）長期股權投資的概念

　　長期股權投資是一種權益性投資，包括對子公司、合營企業及聯營企業的權益性投資，以及對被投資單位不具有控制、共同控制或重大影響，且在活躍市場中沒有報價、公允價值不能可靠計量的權益性投資。

　　子公司是企業能夠實施控制的被投資單位。控制是有權決定企業財務和經營政策，並能從企業經營活動中獲取利益。

　　合營企業是企業與其他方能夠實施共同控制的被投資單位。共同控制是按照合同約定對某項經濟活動所共有的控制，僅在與該項經濟活動相關的重要財務和經營決策需要分享控制權的投資方一致同意時存在。

　　聯營企業是企業能夠施加重大影響的被投資單位。重大影響是對一個企業的財務或經營政策有參與決策的權力，但並不能能夠控制或者與其他方一起共同控制這些政策的制定。

（二）長期股權投資的核算方法

　　長期股權投資的核算方法有兩種：一是成本法；二是權益法。

　　1. 成本法核算的長期股權投資的範圍

　　（1）企業能夠對被投資單位實施控制的長期股權投資。

　　企業對子公司的長期股權投資應當採用成本法核算，編製合併財務報表時按權益法進行調整。

　　（2）企業對被投資單位不具有控制、共同控制或重大影響，且在活躍市場中沒有報價、公允價值不能可靠計量的長期股權投資。

　　2. 權益法核算的長期股權投資的範圍

　　（1）企業對被投資單位具有共同控制的長期股權投資，即企業對合營企業的長期股權投資。

　　（2）企業對被投資單位具有重大影響的長期股權投資，即企業對聯營企業的長期股權投資。

　　3. 企業設置「長期股權投資」「投資收益」等科目核算企業的長期股權投資

　　「長期股權投資」科目核算企業持有的採用成本法和權益法核算的長期股權投資，借方登記長期股權投資取得時的成本，以及採用權益法核算時按被投資企業實現的淨利潤計算的應分享的份額，貸方登記收回長期股權投資的價值，或採用權益法核算時被投資單位宣告分派現金股利或利潤時企業按持股比例計算應享有的份額，以及按被

投資單位發生的淨虧損計算的應分擔的份額，期末借方餘額反應企業持有的長期股權投資的價值。

二、採用成本法核算的長期股權投資

（一）長期股權投資初始投資成本的確定

以支付現金取得的長期股權投資，應當按照實際支付的購買價款作為初始投資成本。企業所發生的與取得長期股權投資直接相關的費用、稅金及其他必要支出應計入長期股權投資的初始投資成本。

企業取得長期股權投資，實際支付的價款或對價中包含的已宣告但尚未發放的現金股利或利潤，作為應收項目處理，不構成長期股權投資的成本。

（二）取得長期股權投資

取得長期股權投資時，應按照初始投資成本計價。以支付現金、非現金資產等其他方式取得的長期股權投資，應按照長期股權投資初始投資成本，借記「長期股權投資」科目，貸記「銀行存款」等科目。如果實際支付的價款中包含有已宣告但尚未發放的現金股利或利潤，借記「應收股利」科目，貸記「長期股權投資」科目。

【例1-60】四川鯤鵬有限公司2016年1月2日購買長信股份有限公司發行的股票50,000股準備長期持有，從而擁有長信股份有限公司5%的股份。每股買入價為6元，另外，公司購買該股票時發生有關稅費5,000元，款項已由銀行存款支付。

初始投資成本＝（50,000×6）＋5,000＝300,000＋5,000＝30,500，四川鯤鵬有限公司編製購入股票的會計分錄為：

借：長期股權投資　　　　　　　　　　　　　　305,000
　　貸：銀行存款　　　　　　　　　　　　　　　　　305,000

（三）長期股權投資持有期間被投資單位宣告發放現金股利或利潤

長期股權投資持有期間被投資單位宣告發放現金股利或利潤時，企業按應享有的部分確認為投資收益，借記「應收股利」科目，貸記「投資收益」科目。屬於被投資單位在取得本企業投資前實現淨利潤的分配額，應作為投資成本的收回，借記「應收股利」科目，貸記「長期股權投資」科目。

【例1-61】四川鯤鵬有限公司2016年5月15日以銀行存款購買誠遠股份有限公司的股票100,000股作為長期投資，每股買入價為10元，每股價格中包含有0.2元的已宣告分派的現金股利，另支付相關稅費7,000元。

取得長期股權投資時，如果實際支付的價款中包含有已宣告但尚未發放的現金股利或利潤，應借記「應收股利」科目，不記入「長期股權投資」科目。

初始投資成本＝（100,000×10）＋7,000－（100,000×0.2）＝1,000,000＋7,000－20,000＝987,000，四川鯤鵬有限公司編製購入股票的會計分錄為：

借：長期股權投資　　　　　　　　　　　　　　987,000
　　應收股利　　　　　　　　　　　　　　　　　20,000

貸：銀行存款　　　　　　　　　　　　　　　　　　　　　　1,007,000

　　四川鯤鵬有限公司2016年6月20日收到誠遠股份有限公司分來的購買該股票時已宣告分派的股利20,000元。應作如下會計處理：

　　借：銀行存款　　　　　　　　　　　　　　　　　　　　　　20,000
　　　　貸：應收股利　　　　　　　　　　　　　　　　　　　　　20,000

　　【例1-62】四川鯤鵬有限公司於2017年1月20日收到【例1-60】中長信有限股份公司宣告發放2016年度現金股利的通知，應分得現金股利5,000元。

　　屬於被投資單位在取得本企業投資前實現淨利潤的分配額，應作為投資成本的收回，借記「應收股利」科目，貸記「長期股權投資」科目，而不是確認為投資收益。四川鯤鵬有限公司作會計處理如下：

　　借：應收股利　　　　　　　　　　　　　　　　　　　　　　5,000
　　　　貸：長期股權投資　　　　　　　　　　　　　　　　　　　5,000

（四）長期股權投資的處置

　　處置長期股權投資時，按實際取得的價款與長期股權投資帳面價值的差額確認為投資損益，並應同時結轉已計提的長期股權投資減值準備。會計處理是應按實際收到的金額，借記「銀行存款」等科目，按原已計提的減值準備，借記「長期股權投資減值準備」科目，按該項長期股權投資的帳面餘額，貸記「長期股權投資」科目，按尚未領取的現金股利或利潤，貸記「應收股利」科目，按其差額，貸記或借記「投資收益」科目。

　　【例1-63】四川鯤鵬有限公司將作為長期投資持有的遠海股份有限公司15,000股股票，以每股10元的價格賣出，支付相關稅費1,000元，取得價款149,000元，款項已由銀行收妥。該長期股權投資帳面價值為140,000元，假定沒有計提減值準備。

　　企業處置長期股權投資，應按實際取得的價款與長期股權投資帳面價值的差額確認為投資損益，並應同時結轉已計提的長期股權投資減值準備。投資收益＝149,000－140,000＝9,000，四川鯤鵬有限公司會計處理如下：

　　借：銀行存款　　　　　　　　　　　　　　　　　　　　　　149,000
　　　　貸：長期股權投資　　　　　　　　　　　　　　　　　　　140,000
　　　　　　投資收益　　　　　　　　　　　　　　　　　　　　　9,000

三、採用權益法核算的長期股權投資

（一）取得長期股權投資

　　長期股權投資的初始投資成本大於投資時應享有被投資單位可辨認淨資產公允價值份額的，不調整已確認的初始投資成本，借記「長期股權投資——成本」科目，貸記「銀行存款」等科目。長期股權投資的初始投資成本小於投資時應享有被投資單位可辨認淨資產公允價值份額的，借記「長期股權投資——成本」科目，貸記「銀行存款」等科目，按其差額，貸記「營業外收入」科目。

　　【例1-64】四川鯤鵬有限公司2016年1月20日購買東方股份有限公司發行的股

票 5,000,000 股準備長期持有，佔東方股份有限公司股份的 30%。每股買入價為 6 元，另外，購買該股票時發生有關稅費 500,000 元，款項已由銀行存款支付。2016 年 12 月 31 日，東方股份有限公司的所以者權益的帳面價值（與其公允價值不存在差異）100,000,000 元。

長期股權投資的初始投資成本 30,500,000 元大於投資時應享有被投資單位可辨認淨資產公允價值份額 30,000,000（100,000,000×30%）元，其差額 500,000 元不調整已確認的初始投資成本。

初始投資成本 =（5,000,000×6）+ 500,000 = 30,500,000，四川鯤鵬有限公司作會計處理如下：

借：長期股權投資——成本　　　　　　　　　　　　　30,500,000
　　貸：銀行存款　　　　　　　　　　　　　　　　　　30,500,000

如果長期股權投資的初始投資成本小於投資時應享有被投資單位可辨認淨資產公允價值份額，應借記「長期股權投資——成本」科目，貸記「銀行存款」等科目，按其差額，貸記「營業外收入」科目。

（二）持有長期股權投資期間被投資單位實現淨利潤或發生淨虧損

被投資單位實現淨利潤時，根據實現的淨利潤計算應享有的份額，借記「長期股權投資——損益調整」科目，貸記「投資收益」科目。被投資單位發生淨虧損，借記「投資收益」科目，貸記「長期股權投資——損益調整」科目，但以「長期股權投資——對××單位投資」科目帳面價值減記至零為限。「長期股權投資——對××單位投資」科目由「成本」「損益調整」「其他權益變動」三個明細科目組成，帳面價值減至零即意味著「對××單位投資」的這三個明細科目合計為零。

被投資單位以後宣告發放現金股利或利潤時，企業計算應分得的部分，借記「應收股利」科目，貸記「長期股權投資——損益調整」科目。收到被投資單位宣告發放的股票股利，不進行帳務處理，但應在備查簿中登記。

【例 1-65】2015 年成都大成有限公司實現淨利潤 10,000,000 元。四川鯤鵬有限公司按照持股比例確認投資收益 3,000,000 元。2016 年 5 月 15 日，成都大成有限公司已宣告發放現金股利，每 10 股派 3 元，四川鯤鵬有限公司可分派到 1,500,000 元。2016 年 6 月 15 日，四川鯤鵬有限公司收到成都大成有限公司分派的現金股利。四川鯤鵬有限公司作會計處理如下：

（1）確認成都大成有限公司實現的投資收益時：
借：長期股權投資——損益調整　　　　　　　　　　　3,000,000
　　貸：投資收益　　　　　　　　　　　　　　　　　　3,000,000
（2）成都大成有限公司宣告發放現金股利時：
借：應收股利　　　　　　　　　　　　　　　　　　　1,500,000
　　貸：長期股權投資——損益調整　　　　　　　　　　1,500,000
（3）收到成都大成有限公司宣告發放現金股利時：
借：銀行存款　　　　　　　　　　　　　　　　　　　1,500,000

　　　　貸：應收股利　　　　　　　　　　　　　　　　　　　　　　　150,000

（三）持有長期股權投資期間被投資單位所有者權益的其他變動

　　持股比例不變，被投資單位除淨損益外所有者權益的其他變動，按持股比例計算應享有的份額，借記或貸記「長期股權投資——其他權益變動」科目，貸記或借記「資本公積——其他資本公積」科目。

　　【例1-66】2016年成都大成有限公司可供出售金融資產的公允價值增加了4,000,000元。四川鯤鵬有限公司按照持股比例確認相應的資本公積1,200,000元。四川鯤鵬有限公司會計處理如下：

　　　　借：長期股權投資——其他權益變動　　　　　　　　　　1,200,000
　　　　　　貸：資本公積——其他資本公積　　　　　　　　　　　1,200,000

（四）長期股權投資的處置

　　處置長期投資時，按實際取得的價款與長期股權投資帳面價值的差額確認投資收益，同時結轉已計提的長期股權投資減值準備，按實際收到的金額，借記「銀行存款」等科目，按原已計提的減值準備，借記「長期股權投資減值準備」科目，按長期股權投資的帳面餘額，貸記「長期股權投資」科目，按尚未領取的現金股利或利潤，貸記「應收股利」科目，按實際取得的價款與長期股權投資帳面價值的差額，貸記或借記「投資收益」科目。同時，結轉原記入資本公積的相關金額，借記或貸記「資本公積——其他資本公積」科目，貸記或借記「投資收益」科目。

　　【例1-67】2017年1月20日，四川鯤鵬有限公司出售【例1-64】、【例1-65】和【例1-66】中所持成都大成有限公司的股票5,000,000股，每股出售價為10元，款項已收回。四川鯤鵬有限公司會計處理如下：

　　　　借：銀行存款　　　　　　　　　　　　　　　　　　　　50,000,000
　　　　　　貸：長期股權投資——成本　　　　　　　　　　　　　30,500,000
　　　　　　　　　　　　——損益調整　　　　　　　　　　　　　1,500,000
　　　　　　　　　　　　——其他權益變動　　　　　　　　　　　1,200,000
　　　　　　　　投資收益　　　　　　　　　　　　　　　　　　16,800,000
　　　　借：資本公積——其他資本公積　　　　　　　　　　　　　1,200,000
　　　　　　貸：投資收益　　　　　　　　　　　　　　　　　　　1,200,000

四、長期股權投資減值

（一）長期股權投資減值金額的確定

　　1. 企業對子公司、合營企業及聯營企業的長期股權投資

　　企業對子公司、合營企業及聯營企業的長期股權投資在資產負債表日存在可能發生減值的跡象時，可收回金額低於帳面價值的，應當將該長期股權投資的帳面價值減記至可收回金額，減記的金額確認為減值損失，計入當期損益，同時計提相應的資產減值準備。

2. 企業對被投資單位不具有控制、共同控制或重大影響，且在活躍市場中沒有報價、公允價值不能可靠計量的長期股權投資

企業對被投資單位不具有控制、共同控制或重大影響，且在活躍市場中沒有報價、公允價值不能可靠計量的長期股權投資，應當將該長期股權投資在資產負債表日的帳面價值，與按照類似金融資產當時市場收益率對未來現金流量折現確定的現值之間的差額，確認為減值損失，計入當期損益。

(二) 長期股權投資減值的會計處理

企業設置「長期股權投資減值準備」科目，核算計提的長期股權投資減值準備，按應減記的金額，借記「資產減值損失——計提的長期股權投資減值準備」科目，貸記「長期股權投資減值準備」科目。

長期股權投資減值損失一經確認，在以后會計期間不得轉回。

第六節　固定資產

一、固定資產概述

(一) 固定資產的概念和特徵

固定資產是同時具有以下特徵的有形資產：
(1) 為生產商品、提供勞務、出租或經營管理而持有的；
(2) 使用壽命超過一個會計年度。

(二) 固定資產的確認

在實務中，確認固定資產時，需要注意以下兩個問題：

1. 固定資產的各組成部分具有不同使用壽命或者以不同方式為企業提供經濟利益，適用不同折舊率或折舊方法的，應當分別將各組成部分確認為單項固定資產。

2. 與固定資產有關的后續支出，滿足固定資產確認條件的，應當計入固定資產成本；不滿足固定資產確認條件的，應當在發生時計入當期損益。

(三) 固定資產的分類

根據不同的管理需要和核算要求可以確定不同的分類標準，對固定資產進行不同的分類：

1. 按經濟用途分類

按經濟用途分類，固定資產可以分為生產經營用固定資產和非生產經營用固定資產。

(1) 生產經營用固定資產

生產經營用固定資產是直接服務於企業生產、經營過程的各種固定資產，如生產經營用的房屋、建築物、機器、設備、器具、工具等。

（2）非生產經營用固定資產

非生產經營用固定資產是不直接服務於生產、經營過程的各種固定資產，如職工宿舍等使用的房屋、設備和其他固定資產等。

這種分類方法可以考核和分析企業固定資產的利用情況，促使企業合理地配備固定資產，充分發揮其效用。

2. 綜合分類

按經濟用途和使用情況等綜合分類，固定資產可以劃分為七大類：

（1）生產經營用固定資產；
（2）非生產經營用固定資產；
（3）租出固定資產；
（4）不需用固定資產；
（5）未使用固定資產；
（6）土地；
（7）融資租入固定資產。

實際工作中，企業大多採用綜合分類的方法作為編製固定資產目錄，進行固定資產核算的依據。

（四）固定資產的核算

企業設置「固定資產」「累計折舊」「在建工程」「工程物資」「固定資產清理」等科目，核算固定資產取得、計提折舊、處置等情況。

「固定資產」科目核算企業固定資產的原價，借方登記企業增加的固定資產原價，貸方登記企業減少的固定資產原價，期末借方餘額，反應企業期末固定資產的帳面原價。

「累計折舊」科目屬於「固定資產」的調整科目，核算企業固定資產的累計折舊，貸方登記企業計提的固定資產折舊，借方登記處置固定資產轉出的累計折舊，期末貸方餘額，反應企業固定資產的累計折舊額。

「在建工程」科目核算企業基建、更新改造等在建工程發生的支出，借方登記企業各項在建工程的實際支出，貸方登記完工工程轉出的成本，期末借方餘額反應企業尚未達到預定可使用狀態的在建工程的成本。

「工程物資」科目核算企業為在建工程而準備的各種物資的實際成本，借方登記企業購入工程物資的成本，貸方登記領用工程物資的成本，期末借方餘額，反應企業為在建工程準備的各種物資的成本。

「固定資產清理」科目核算企業因出售、報廢、毀損、對外投資、非貨幣性資產交換、債務重組等原因轉出的固定資產價值以及在清理過程中發生的費用等，借方登記轉出的固定資產價值、清理過程中應支付的相關稅費及其他費用，貸方登記固定資產清理完成的處理，期末借方餘額，反應企業尚未清理完畢固定資產清理淨損失。

企業固定資產、在建工程、工程物資發生減值的，還應當設置「固定資產減值準備」「在建工程減值準備」「工程物資減值準備」等科目進行核算。

二、取得固定資產

(一) 外購固定資產

企業外購的固定資產，應按實際支付的購買價款、相關稅費、使固定資產達到預定可使用狀態前所發生的運輸費、裝卸費、安裝費和專業人員服務費等，作為固定資產的取得成本。

1. 購入不需要安裝的固定資產，應按實際支付的購買價款、相關稅費以及使固定資產達到預定可使用狀態前所發生的運輸費、裝卸費和專業人員服務費等，作為固定資產成本，借記「固定資產」科目，貸記「銀行存款」等科目。

2. 購入需要安裝的固定資產，應在購入的固定資產取得成本的基礎上加上安裝調試成本等，作為購入固定資產的成本，先通過「在建工程」科目核算，待安裝完畢達到預定可使用狀態時，再由「在建工程」科目轉入「固定資產」科目。

以一筆款項購入多項沒有單獨標價的固定資產，應將各項資產單獨確認為固定資產，並按各項固定資產公允價值的比例對總成本進行分配，分別確定各項固定資產的成本。

【例1-68】四川鯤鵬有限公司購入一臺不需要安裝即可投入使用的設備，取得的增值稅專用發票上註明的設備價款為30,000元，增值稅額為5,100元，另支付運輸費300元，包裝費400元，款項以銀行存款支付。四川鯤鵬有限公司不屬於實行增值稅轉型的企業。

固定資產的成本＝固定資產買價＋增值稅＋運輸費＋包裝費
$$=30,000+5,100+300+400=35,800$$

四川鯤鵬有限公司會計處理如下：

| 借：固定資產 | 35,800 |
| 　　貸：銀行存款 | 35,800 |

【例1-69】四川鯤鵬有限公司用銀行存款購入一臺需要安裝的設備，增值稅專用發票上註明的設備買價為200,000元，增值稅額為34,000元，支付運輸費10,000元，支付安裝費30,000元。

(1) 購入進行安裝時：

| 借：在建工程 | 244,000 |
| 　　貸：銀行存款 | 244,000 |

(2) 支付安裝費時：

| 借：在建工程 | 30,000 |
| 　　貸：銀行存款 | 30,000 |

(3) 設備安裝完畢交付使用時，確定的固定資產成本＝244,000＋30,000＝274,000（元）

| 借：固定資產 | 274,000 |
| 　　貸：在建工程 | 274,000 |

【例1-70】四川鯤鵬有限公司向成都固成有限公司一次購進了三臺不同型號的設備A、B、C，共支付款項100,000,000元，增值稅額17,000,000元，包裝費750,000元，全部以銀行存款轉帳支付；假定設備A、B、C均滿足固定資產的定義及確認條件，公允價值分別為45,000,000元、38,500,000元、16,500,000元；不考慮其他相關稅費。

(1) 確定應計入固定資產成本的金額，包括購買價款、包裝費及增值稅額，即：
100,000,000+17,000,000+750,000=117,750,000（元）
(2) 確定設備A、B、C的價值分配比例。
A設備應分配的固定資產價值比例為：
45,000,000/（45,000,000+38,500,000+16,500,000）×100%=45%
B設備應分配的固定資產價值比例為：
38,500,000/（45,000,000+38,500,000+16,500,000）×100%=38.5%
C設備應分配的固定資產價值比例為：
16,500,000/（45,000,000+38,500,000+16,500,000）×100%=16.5%
(3) 確定A、B、C設備各自的成本：
A設備的成本為：117,750,000×45%=52,987,500（元）
B設備的成本為：117,750,000×38.5%=45,333,750（元）
C設備的成本為：117,750,000×16.5%=19,428,750（元）
(4) 四川鯤鵬有限公司會計處理如下：

借：固定資產——A設備　　　　　　　　　　52,987,500
　　　　　　——B設備　　　　　　　　　　45,333,750
　　　　　　——C設備　　　　　　　　　　19,428,750
　　貸：銀行存款　　　　　　　　　　　　117,750,000

(二) 建造固定資產

自行建造固定資產應按所發生的必要支出，作為固定資產的成本。自建固定資產先通過「在建工程」科目核算，工程達到預定可使用狀態時，再從「在建工程」科目轉入「固定資產」科目。企業自建固定資產有自營和出包兩種方式，建設方式不同，會計處理也不同。

1. 自營工程

自營工程是企業自行組織工程物資採購、自行組織施工人員施工的建築工程和安裝工程。購入工程物資時，借記「工程物資」科目，貸記「銀行存款」等科目。領用工程物資時，借記「在建工程」科目，貸記「工程物資」科目。在建工程領用本企業原材料時，借記「在建工程」科目，貸記「原材料」「應交稅費——應交增值稅（進項稅額轉出）」等科目。在建工程領用本企業生產的商品時，借記「在建工程」科目，貸記「庫存商品」「應交稅費——應交增值稅（銷項稅額）」等科目。

自營工程發生的其他費用（如分配工程人員工資等），借記「在建工程」科目，貸記「銀行存款」「應付職工薪酬」等科目。自營工程達到預定可使用狀態時，按成

本借記「固定資產」科目，貸記「在建工程」科目。

【例1－71】四川鯤鵬有限公司自建廠房一幢，購入為工程準備的各種物資500,000元，支付的增值稅額為85,000元，全部用於工程建設。領用本企業生產的水泥一批，實際成本為80,000元，稅務部門確定的計稅價格為100,000元，增值稅稅率17%；工程人員應計工資100,000元，支付的其他費用30,000元。

（1）購入工程物資時：
借：工程物資　　　　　　　　　　　　　　　　　　585,000
　　貸：銀行存款　　　　　　　　　　　　　　　　　585,000

（2）工程領用工程物資時：
借：在建工程　　　　　　　　　　　　　　　　　　585,000
　　貸：工程物資　　　　　　　　　　　　　　　　　585,000

（3）工程領用本企業生產的水泥，確定應計入在建工程成本的金額為80,000＋100,000×17%＝97,000（元）
借：在建工程　　　　　　　　　　　　　　　　　　97,000
　　貸：庫存商品　　　　　　　　　　　　　　　　　80,000
　　　　應交稅費——應交增值稅（銷項稅額）　　　　17,000

（4）分配工程人員工資時：
借：在建工程　　　　　　　　　　　　　　　　　　100,000
　　貸：應付職工薪酬　　　　　　　　　　　　　　　100,000

（5）支付工程發生的其他費用時：
借：在建工程　　　　　　　　　　　　　　　　　　30,000
　　貸：銀行存款　　　　　　　　　　　　　　　　　30,000

（6）固定資產成本＝585,000＋97,000＋100,000＋30,000＝812,000（元），工程完工時結轉。
借：固定資產　　　　　　　　　　　　　　　　　　812,000
　　貸：在建工程　　　　　　　　　　　　　　　　　812,000

2．出包工程

出包工程是企業通過招標等方式將工程項目發包給建造承包商，由建造承包商組織施工的建築工程和安裝工程。這種方式下，「在建工程」科目是企業與建造承包商辦理工程價款的結算科目，企業支付給建造承包商的工程價款作為工程成本，通過「在建工程」科目核算。企業按合理估計的發包工程進度和合同規定向建造承包商結算的進度款，借記「在建工程」科目，貸記「銀行存款」等科目；工程完成時按合同規定補付的工程款，借記「在建工程」科目，貸記「銀行存款」等科目；工程達到預定可使用狀態時，按成本借記「固定資產」科目，貸記「在建工程」科目。

【例1－72】四川鯤鵬有限公司將一幢廠房的建造工程出包給成都旺達建築有限公司承建，按合理估計的發包工程進度和合同規定向成都旺達建築有限公司結算進度款600,000元，工程完工后，收到該公司有關工程結算單據，補付工程款400,000元。

（1）按合理估計的發包工程進度和合同規定向成都旺達建築有限公司結算進度款時：

借：在建工程　　　　　　　　　　　　　　　　　　600,000
　　貸：銀行存款　　　　　　　　　　　　　　　　　　600,000

（2）補付工程款時：

借：在建工程　　　　　　　　　　　　　　　　　　400,000
　　貸：銀行存款　　　　　　　　　　　　　　　　　　400,000

（3）工程完工並達到預定可使用狀態時：

借：固定資產　　　　　　　　　　　　　　　　　　1,000,000
　　貸：在建工程　　　　　　　　　　　　　　　　　　1,000,000

三、固定資產的折舊

（一）固定資產折舊概述

企業應當在固定資產的使用壽命內，按照確定的方法對應計折舊額進行系統分攤，根據固定資產的性質和使用情況，合理確定固定資產的使用壽命和預計淨殘值。影響折舊的因素主要有以下幾個方面：

（1）固定資產原價

固定資產原價即固定資產的成本。

（2）預計淨殘值

預計淨殘值是假定固定資產預計使用壽命已滿並處於使用壽命終了時的預期狀態，企業目前從該項資產處置中獲得的扣除預計處置費用后的金額。

（3）固定資產減值準備

固定資產減值準備是固定資產已計提的固定資產減值準備累計金額。

（4）固定資產的使用壽命

固定資產的使用壽命是企業使用固定資產的預計期間，或者該固定資產所能生產產品或提供勞務的數量。

確定固定資產使用壽命時，應當考慮下列因素：

（1）資產預計生產能力或實物產量；

（2）資產預計有形損耗，如設備使用中發生磨損、房屋建築物受到自然侵蝕等；

（3）資產預計無形損耗，如因新技術的出現而使現有的資產技術水平相對陳舊、市場需求變化使產品時等；

（4）法律或者類似規定對資產使用的限制。

確定計提折舊的範圍時，應注意以下幾點：

（1）固定資產應當按月計提折舊，當月增加的固定資產，當月不計提折舊，從下月起計提折舊；當月減少的固定資產，當月仍計提折舊，從下月起不計提折舊。

（2）固定資產提足折舊后，不論能否繼續使用，均不再計提折舊；提前報廢的固定資產，也不再補提折舊。

(3) 已達到預定可使用狀態但尚未辦理竣工決算的固定資產，應當按照估計價值確定其成本，並計提折舊；待辦理竣工決算後，再按實際成本調整原來的暫估價值，但不需要調整原已計提的折舊額。

(二) 固定資產的折舊方法

固定資產折舊方法有年限平均法、工作量法、雙倍餘額遞減法和年數總和法等。

1. 年限平均法

年限平均法的計算公式如下：

年折舊率 = (1 - 預計淨殘值率)/預計使用壽命（年）

月折舊率 = 年折舊率/12

月折舊額 = 固定資產原價 × 月折舊率

年限平均法計提固定資產折舊，特點是將固定資產的應計折舊額均衡地分攤到固定資產預計使用壽命內，採用這種方法計算的每期折舊額是相等的。

【例1-73】四川鯤鵬有限公司有一幢廠房，原價為5,000,000元，預計可使用20年，預計報廢時的淨殘值率為2%。該廠房的折舊率和折舊額的計算如下：

年折舊率 = (1 - 2%)/20 = 4.9%

月折舊率 = 4.9%/12 = 0.41%

月折舊額 = 5,000,000 × 0.41% = 20,500（元）

2. 工作量法

工作量法是根據實際工作量計算每期應提折舊額的一種方法，基本計算公式如下：

單位工作量折舊額 = 固定資產原價 × (1 - 預計淨殘值率)/預計總工作量

某項固定資產月折舊額 = 該項固定資產當月工作量 × 單位工作量折舊額

【例1-74】四川鯤鵬有限公司的一輛運貨卡車的原價為600,000元，預計總行駛里程為500,000公里，預計報廢時的淨殘值率為5%，本月行駛4,000公里。

汽車的月折舊額計算如下：

單位里程折舊額 = 600,000 × (1 - 5%)/500,000 = 1.14（元/公里）

本月折舊額 = 4,000 × 1.14 = 4,560（元）

3. 雙倍餘額遞減法

雙倍餘額遞減法是在不考慮固定資產預計淨殘值的情況下，根據每期期初固定資產原價減去累計折舊後的金額和雙倍的直線法折舊率計算固定資產折舊的一種方法。採用雙倍餘額遞減法計提固定資產折舊，一般應在固定資產使用壽命到期前兩年內，將固定資產帳面淨值扣除預計淨殘值後的淨值平均攤銷。

雙倍餘額遞減法的計算公式如下：

年折舊率 = 2/預計使用壽命（年）

月折舊率 = 年折舊率/12

月折舊額 = 每月月初固定資產帳面淨值 × 月折舊率

【例1-75】四川鯤鵬有限公司一項固定資產的原價為1,000,000元，預計使用年

限為 5 年，按雙倍餘額遞減法計提折舊，每年的折舊額計算如下：

年折舊率 = 2/5 = 40%

第 1 年應提的折舊額 = 1,000,000 × 40% = 400,000（元）

第 2 年應提的折舊額 = (1,000,000 - 400,000) × 40% = 240,000（元）

第 3 年應提的折舊額 = (600,000 - 240,000) × 40% = 144,000（元）

從第 4 年起改用年限平均法（直線法）計提折舊。

第 4 年、第 5 年的年折舊額 = [(360,000 - 144,000) - 4,000]/2 = 10,600（元）

每年各月折舊額根據年折舊額除以 12 來計算。

4. 年數總和法

年數總和法是固定資產的原價減去預計淨殘值后的餘額，乘以一個逐年遞減的分數計算每年的折舊額，這個分數的分子代表固定資產尚可使用壽命，分母代表預計使用壽命逐年數字

年數總和法計算公式如下：

年折舊率 =（預計使用壽命 - 已使用年限）/預計使用壽命 ×（預計使用壽命 + 1）/2

或者：

年折舊率 = 尚可使用年限/預計使用壽命的年數總和

月折舊率 = 年折舊率/12

月折舊額 =（固定資產原值 - 預計淨殘值）× 月折舊率

【例 1-76】在【例 1-75】中，如採用年數總和法，計算各年折舊額如表 1-3 所示。

表 1-3　　　　　　　　　　　　　　　　　　　　　　　　　金額單位：元

年份	尚可使用年限	原價-淨殘值	變動折舊率	年折舊額	累計折舊
1	5	996,000	5/15	332,000	332,000
2	4	996,000	4/15	265,600	597,600
3	3	996,000	3/15	199,200	796,800
4	2	996,000	2/15	132,800	929,600
5	1	996,000	1/15	66,400	996,000

(三) 固定資產折舊的核算

固定資產按月計提的折舊記入「累計折舊」科目，並根據用途計入相關資產的成本或者當期損益。企業自行建造固定資產過程中使用的固定資產，計提的折舊應計入在建工程成本；基本生產車間所使用的固定資產，計提的折舊應計入製造費用；管理部門所使用的固定資產，計提的折舊應計入管理費用；銷售部門所使用的固定資產，計提的折舊應計入銷售費用；經營租出的固定資產，計提的折舊額應計入其他業務成本。企業計提固定資產折舊時，借記「製造費用」「銷售費用」「管理費用」等科目，貸記「累計折舊」科目。

【例1-77】四川鯤鵬有限公司採用年限平均法對固定資產計提折舊。2017年1月份根據「固定資產折舊計算表」，確定的各車間及廠部管理部門應分配的折舊額為：一車間1,500,000元，二車間2,400,000元，三車間3,000,000元，廠管理部門600,000元。

借：製造費用——一車間　　　　　　　　　　　　　1,500,000
　　　　　　——二車間　　　　　　　　　　　　　2,400,000
　　　　　　——三車間　　　　　　　　　　　　　3,000,000
　　管理費用　　　　　　　　　　　　　　　　　　600,000
　　貸：累計折舊　　　　　　　　　　　　　　　　　　7,500,000

【例1-78】四川鯤鵬有限公司2016年6月份固定資產計提折舊情況如下：一車間廠房計提折舊3,800,000元，機器設備計提折舊4,500,000元；管理部門房屋建築物計提折舊6,500,000元，運輸工具計提折舊2,400,000元；銷售部門房屋建築物計提折舊3,200,000元，運輸工具計提折舊2,630,000元。當月新購置機器設備一臺，價值為5,400,000元，預計使用壽命為10年，該企業同類設備計提折舊採用年限平均法。

新購置的機器設備本月不計提折舊。本月計提的折舊費用中，車間使用的固定資產計提的折舊費用計入製造費用，管理部門使用的固定資產計提的折舊費用計入管理費用，銷售部門使用的固定資產計提的折舊費用計入銷售費用。四川鯤鵬有限公司作會計處理如下：

借：製造費用——車間　　　　　　　　　　　　　8,300,000
　　管理費用　　　　　　　　　　　　　　　　　　8,900,000
　　銷售費用　　　　　　　　　　　　　　　　　　5,830,000
　　貸：累計折舊　　　　　　　　　　　　　　　　　23,030,000

四、固定資產的后續支出

固定資產的后續支出是固定資產在使用過程中發生的更新改造支出、修理費用等。

固定資產的更新改造等后續支出，滿足固定資產確認條件的，應當計入固定資產成本，如有被替換的部分，應同時將被替換部分的帳面價值從該固定資產原帳面價值中扣除；不滿足固定資產確認條件的固定資產修理費用等，應當在發生時計入當期損益。

固定資產發生可資本化的后續支出后，應將固定資產的原價、已計提的累計折舊和減值準備轉銷，將固定資產的帳面價值轉入在建工程。固定資產發生的可資本化的后續支出，通過「在建工程」科目核算。在固定資產發生的后續支出完工時，從「在建工程」科目轉入「固定資產」科目。

企業生產車間（部門）和行政管理部門等發生的固定資產修理費用等后續支出，借記「管理費用」等科目，貸記「銀行存款」等科目；企業發生的與專設銷售機構相關的固定資產修理費用等后續支出，借記「銷售費用」科目，貸記「銀行存款」等科目。

【例1-79】2016年6月1日，四川鯤鵬有限公司對一臺管理用設備進行日常修

理，修理過程中發生材料費100,000元，應支付維修人員工資為20,000元。

機器設備的日常修理不滿足固定資產的確認條件，應將后續支出計入當期損益，四川鯤鵬有限公司作會計處理如下：

借：管理費用　　　　　　　　　　　　　　　　　　　120,000
　　貸：原材料　　　　　　　　　　　　　　　　　　　100,000
　　　　應付職工薪酬　　　　　　　　　　　　　　　　 20,000

五、固定資產的處置

固定資產的處置是將不適用或不需用的固定資產對外出售轉讓，或因磨損、技術進步等原因對固定資產進行報廢，或因遭受自然災害而對毀損的固定資產進行處理。在進行會計核算時，應按規定程序辦理有關手續，結轉固定資產的帳面價值，計算有關的清理收入、清理費用及殘料價值等。

固定資產處置包括固定資產的出售、報廢、毀損、對外投資、非貨幣性資產交換、債務重組等。處置固定資產通過「固定資產清理」科目核算。

（一）固定資產轉出清理

企業因出售、報廢、毀損、對外投資、非貨幣性資產交換、債務重組等轉出的固定資產，按固定資產的帳面價值，借記「固定資產清理」科目，按已計提的累計折舊，借記「累計折舊」科目，按已計提的減值準備，借記「固定資產減值準備」科目，按帳面原價，貸記「固定資產」科目。

（二）發生固定資產清理費用

固定資產清理過程中應支付的相關稅費及其他費用，借記「固定資產清理」科目，貸記「銀行存款」「應交稅費——應交營業稅」等科目。

（三）出售固定資產的收入

收回出售固定資產的價款、殘料價值和變價收入等，借記「銀行存款」「原材料」等科目，貸記「固定資產清理」科目。

（四）固定資產賠償的損失

保險公司或過失人賠償的損失，借記「其他應收款」等科目，貸記「固定資產清理」科目。

（五）清理淨損益的處理

固定資產清理完成後，屬於生產經營期間正常的處理損失，借記「營業外支出——處置非流動資產損失」科目，貸記「固定資產清理」科目；屬於自然災害等非正常原因造成的損失，借記「營業外支出——非常損失」科目，貸記「固定資產清理」科目。如為貸方餘額，借記「固定資產清理」科目，貸記「營業外收入」科目。

【例1-80】四川鯤鵬有限公司出售一座建築物，原價為2,000,000元，已計提折舊1,000,000元，未計提減值準備，實際出售價格為1,200,000元，已通過銀行收回

價款。

（1）將出售固定資產轉入清理時：
借：固定資產清理　　　　　　　　　　　　　　　　　1,000,000
　　累計折舊　　　　　　　　　　　　　　　　　　　　1,000,000
　貸：固定資產　　　　　　　　　　　　　　　　　　　　2,000,000

（2）收回出售固定資產的價款時：
借：銀行存款　　　　　　　　　　　　　　　　　　　　1,200,000
　貸：固定資產清理　　　　　　　　　　　　　　　　　　1,200,000

（3）計算銷售固定資產應交納的營業稅，按規定適用的營業稅稅率為5%，應納稅為 1,200,000×5% = 60,000 元：
借：固定資產清理　　　　　　　　　　　　　　　　　　　60,000
　貸：應交稅費——應交營業稅　　　　　　　　　　　　　　60,000

（4）結轉出售固定資產實現的利得時：
借：固定資產清理　　　　　　　　　　　　　　　　　　140,000
　貸：營業外收入——非流動資產處置利得　　　　　　　　140,000

【例1-81】四川鯤鵬有限公司現有一臺設備由於性能等原因決定提前報廢，原價為 500,000 元，已計提折舊 450,000 元，未計提減值準備。報廢時的殘值變價收入為 20,000 元。報廢清理過程中發生清理費用 3,500 元。有關收入、支出均通過銀行辦理結算。

（1）將報廢固定資產轉入清理時：
借：固定資產清理　　　　　　　　　　　　　　　　　　 50,000
　　累計折舊　　　　　　　　　　　　　　　　　　　　 450,000
　貸：固定資產　　　　　　　　　　　　　　　　　　　　500,000

（2）收回殘料變價收入時：
借：銀行存款　　　　　　　　　　　　　　　　　　　　 20,000
　貸：固定資產清理　　　　　　　　　　　　　　　　　　 20,000

（3）支付清理費用時：
借：固定資產清理　　　　　　　　　　　　　　　　　　　3,500
　貸：銀行存款　　　　　　　　　　　　　　　　　　　　　3,500

（4）結轉報廢固定資產發生的淨損失時：
借：營業外支出——非流動資產處置損失　　　　　　　　 33,500
　貸：固定資產清理　　　　　　　　　　　　　　　　　　 33,500

【例1-82】四川鯤鵬有限公司因遭受水災而毀損一座倉庫，該倉庫原價 4,000,000 元，已計提折舊 1,000,000 元，未計提減值準備。其殘料估計價值 50,000 元，殘料已辦理入庫。發生的清理費用 20,000 元，以現金支付。經保險公司核定應賠償損失 1,500,000 元，尚未收到賠款。

（1）將毀損的倉庫轉入清理時：

```
借：固定資產清理                          3,000,000
    累計折舊                              1,000,000
  貸：固定資產                                       4,000,000
```
（2）殘料入庫時：
```
借：原材料                                  50,000
  貸：固定資產清理                                      50,000
```
（3）支付清理費用時：
```
借：固定資產清理                            20,000
  貸：庫存現金                                         20,000
```
（4）確定應由保險公司理賠的損失時：
```
借：其他應收款                           1,500,000
  貸：固定資產清理                                   1,500,000
```
（5）結轉毀損固定資產發生的損失時：
```
借：營業外支出——非常損失               1,470,000
  貸：固定資產清理                                   1,470,000
```

六、固定資產清查

在固定資產清查過程中，如果發現盤盈、盤虧的固定資產，應填製固定資產盤盈盤虧報告表。清查固定資產的損溢，應及時查明原因，並按照規定程序報批處理。

（一）固定資產盤盈

財產清查中盤盈的固定資產，通過「以前年度損益調整」科目核算。盤盈的固定資產，應按重置成本確定入帳價值，借記「固定資產」科目，貸記「以前年度損益調整」科目。

【例1-83】四川鯤鵬有限公司在財產清查過程中，發現一臺未入帳的設備，重置成本為30,000元。四川鯤鵬有限公司適用的所得稅稅率為33%，按淨利潤的10%計提法定盈餘公積。四川鯤鵬有限公司應作如下會計處理：

（1）盤盈固定資產時：
```
借：固定資產                                30,000
  貸：以前年度損益調整                                 30,000
```
（2）確定應交納的所得稅時：
```
借：以前年度損益調整                         9,900
  貸：應交稅費——應交所得稅                             9,900
```
（3）結轉為留存收益時：
```
借：以前年度損益調整                        20,100
  貸：盈餘公積——法定盈餘公積                            2,010
      利潤分配——未分配利潤                            18,090
```

(二) 固定資產盤虧

盤虧的固定資產，按盤虧固定資產的帳面價值，借記「待處理財產損溢」科目，按已計提的累計折舊，借記「累計折舊」科目，按已計提的減值準備，借記「固定資產減值準備」科目，按固定資產的原價，貸記「固定資產」科目。按管理權限報經批准后處理時，按可收回的保險賠償或過失人賠償，借記「其他應收款」科目，按應計入營業外支出的金額，借記「營業外支出——盤虧損失」科目，貸記「待處理財產損溢」科目。

【例1-84】四川鯤鵬有限公司進行財產清查時發現短缺一臺筆記本電腦，原價為10,000元，已計提折舊7,000元。應作如下會計處理：

（1）盤虧固定資產時：

借：待處理財產損溢　　　　　　　　　　　　　　　　　　3,000
　　　累計折舊　　　　　　　　　　　　　　　　　　　　7,000
　　貸：固定資產　　　　　　　　　　　　　　　　　　10,000

（2）報經批准轉銷時：

借：營業外支出——盤虧損失　　　　　　　　　　　　　3,000
　　貸：待處理財產損溢　　　　　　　　　　　　　　　3,000

七、固定資產減值

固定資產在資產負債表日存在可能發生減值的跡象時，可收回金額低於帳面價值的，應當將該固定資產的帳面價值減記至可收回金額，減記的金額確認為減值損失，計入當期損益；同時計提相應的資產減值準備，借記「資產減值損失——計提的固定資產減值準備」科目，貸記「固定資產減值準備」科目。固定資產減值損失一經確認，在以后會計期間不得轉回。

【例1-85】2016年12月31日，四川鯤鵬有限公司的某生產線存在可能發生減值的跡象。經計算，該機器的可收回金額合計為1,230,000元，帳面價值為1,400,000元，以前年度未對該生產線計提過減值準備。

可收回金額低於帳面價值，按兩者之間的差額170,000計提固定資產減值準備。

借：資產減值損失——計提的固定資產減值準備　　　　　170,000
　　貸：固定資產減值準備　　　　　　　　　　　　　170,000

第七節　投資性房地產

一、投資性房地產概述

投資性房地產是為賺取租金或資本增值或者兩者兼有而持有的房地產，包括已出租的土地使用權、持有並準備增值后轉讓的土地使用權和已出租的建築物。

(一) 投資性房地產的範圍

1. 已出租的土地使用權

已出租的土地使用權是企業通過出讓或轉讓方式取得，並以經營租賃方式出租的土地使用權。以經營租賃方式租入土地使用權再轉租給其他單位的，不能確認為投資性房地產。

【例1-86】四川鯤鵬有限公司與成都躍華有限公司簽署了土地使用權經營租賃協議，成都躍華有限公司以年租金100萬元租賃使用四川鯤鵬有限公司擁有的10萬平方米土地使用權，租期5年。自租賃協議約定的租賃期開始日起，這項土地使用權屬於四川鯤鵬有限公司的投資性房地產。

2. 持有並準備增值后轉讓的土地使用權

持有並準備增值后轉讓的土地使用權是企業取得的、準備增值后轉讓的土地使用權。這類土地使用權很可能給企業帶來資本增值收益，符合資本性房地產的定義。

【例1-87】四川鯤鵬有限公司決定將其電鍍車間遷至郊區，原在市區的電鍍車間廠房占用的土地使用權停止自用。公司管理層決定繼續持有這部分土地使用權，待其增值后轉讓以賺取增值收益。市區的這部分土地使用權屬於四川鯤鵬有限公司的投資性房地產。

3. 已出租的建築物

已出租的建築物是企業擁有產權的、以經營租賃方式出租的建築物，包括自行建造或開發活動完成后用於出租的建築物。

【例1-88】甲企業與乙企業簽訂了一項經營租賃合同，乙企業將其持有產權的一棟辦公樓出租給甲企業，租期10年。1年后，甲企業又將該辦公樓轉租給丙公司，以賺取租金差價，租期5年。對於甲企業而言，因其不擁有該棟樓的產權，因此該辦公樓也不屬於其投資性房地產。對於乙企業而言，該辦公樓則屬於其投資性房地產。

(二) 不屬於投資性房地產的範圍

下列項目不屬於投資性房地產：

1. 自用房地產

自用房地產是為生產商品、提供勞務或者經營管理而持有的房地產。企業生產經營用的廠房和辦公樓屬於固定資產，企業生產經營用的土地使用權屬於無形資產。

2. 作為存貨的房地產

作為存貨的房地產是房地產開發企業在正常經營過程中銷售的或為銷售而正在開發的商品房和土地。這部分房地產屬於房地產開發企業的存貨，生產銷售構成企業的主營業務活動，產生的現金流量也與企業的其他資產密切相關。因此，具有存貨性質的房地產不屬於投資性房地產。

二、投資性房地產的取得

同時滿足下列兩項條件才能確認為投資性房地產：①與該投資性房地產有關的經濟利益可能流入企業；②該投資性房地產的成本能夠可靠地計量。

投資性房地產應當按照取得的成本進行計量。外購投資性房地產的成本，包括購買價款、相關稅費和可直接歸屬於該資產的其他支出。外購取得投資性房地產時，按照取得時的實際成本進行初始計量，借記「投資性房地產」科目，貸記「銀行存款」等科目。

企業自行建造投資性房地產的成本，包括土地開發費、建築成本、安裝成本、應予以資本化的借款費用、支付的其他費用和分攤的間接費用等。建造完工后，應按照確定的成本，借記「投資性房地產」科目，貸記「在建工程」等科目。

三、投資性房地產的后續計量

投資性房地產的后續計量有成本和公允價值兩種模式。同一企業只能採用一種模式對所有投資性房地產進行后續計量。

(一) 投資性房地產成本模式后續計量

成本模式后續計量的投資性房地產，應當按照固定資產或無形資產的有關規定，按期（月）計提折舊或攤銷，借記「其他業務成本」等科目，貸記「投資性房地產累計折舊（攤銷）」科目。取得的租金收入，借記「銀行存款」等科目，貸記「其他業務收入」等科目。投資性房地產存在減值跡象的，應當計提減值準備，借記「資產減值損失」科目，貸記「投資性房地產減值準備」科目。

【例1-89】四川鯤鵬有限公司的一棟辦公樓出租給成都宜發有限公司使用，已確認為投資性房地產，採用成本模式進行后續計量。這棟辦公樓的成本為1,200萬元，使用壽命為20年，預計淨殘值為零。按照經營租賃合同，成都宜發有限公司每月支付四川鯤鵬有限公司租金6萬元。當年12月，這棟辦公樓發生減值跡象，可收回金額為900萬元，此時辦公樓的帳面價值為1,000萬元，以前未計提減值準備。

(1) 計提折舊：
每月計提的折舊 = 1,200 ÷ 20 ÷ 12 = 5（萬元）
借：其他業務成本　　　　　　　　　　　　　　　　50,000
　　貸：投資性房地產累計折舊　　　　　　　　　　　　　50,000
(2) 確認租金：
借：銀行存款（或其他應收款）　　　　　　　　　　60,000
　　貸：其他業務收入　　　　　　　　　　　　　　　　60,000
(3) 計提減值準備：
借：資產減值損失　　　　　　　　　　　　　　　1,000,000
　　貸：投資性房地產減值準備　　　　　　　　　　　1,000,000

(二) 投資性房地產公允價值模式后續計量

投資性房地產採用公允價值模式進行后續計量的，不計提折舊或攤銷，以資產負債表日的公允價值為基礎，調整其帳面價值。資產負債表日，投資性房地產採用公允價值高於其帳面餘額的差額，借記「投資性房地產——公允價值變動」科目，貸記「公允價值變動損益」科目；公允價值低於其帳面餘額的差額作相反的帳務處理。取得

的租金收入，借記「銀行存款」等科目，貸記「其他業務收入」等科目。

【例1-90】四川鯤鵬有限公司為從事房地產經營開發的企業。2016年8月，四川鯤鵬有限公司與成都發飛有限公司簽訂租賃協議，約定將開發的一棟精裝修的寫字樓於開發完成的同時開始租賃給成都發飛有限公司使用，租賃期限為10年。當年10月1日，該寫字樓開發完成並開始起租，寫字樓的造價為1,000萬元。2016年12月31日，該寫字樓的公允價值為1,200萬元。四川鯤鵬有限公司採用公允價值計量模式。

(1) 2016年10月1日，四川鯤鵬有限公司開發完成寫字樓並出租：

借：投資性房地產——成本　　　　　　　　　　10,000,000
　　貸：開發成本　　　　　　　　　　　　　　　10,000,000

(2) 2016年12月31日，按照公允價值為基礎調整帳面價值，公允價值與原帳面價值之間的差額計入當期損益：

借：投資性房地產——公允價值變動　　　　　　2,000,000
　　貸：公允價值變動損益　　　　　　　　　　　2,000,000

四、投資性房地產的處置

(一) 採用成本模式計量投資性房地產的處置

出售、轉讓按成本模式進行后續計量的投資性房地產時，應當按實際收到的處置收入金額，借記「銀行存款」等科目，貸記「其他業務收入」科目；按該項投資性房地產的帳面價值，借記「其他業務成本」科目，按其帳面餘額，貸記「投資性房地產」科目；按照已計提的折舊或攤銷，借記「投資性房地產累計折舊（攤銷）」科目；原已計提減值準備的，借記「投資性房地產減值準備」科目。

【例1-91】四川鯤鵬有限公司將出租的一棟寫字樓確認為投資性房地產，採用成本模式計量。租賃期屆滿后，四川鯤鵬有限公司將該棟寫字樓出售給成都發飛有限公司，合同價款為15,000萬元，成都發飛有限公司用銀行存款付清。出售時，該棟寫字樓的成本為14,000萬元，已計提折舊1,000萬元。假定不考慮稅費等因素。四川鯤鵬有限公司作如下會計分錄：

(1) 收取處置收入：

借：銀行存款　　　　　　　　　　　　　　　150,000,000
　　貸：其他業務收入　　　　　　　　　　　　150,000,000

(2) 結轉處置成本：

借：其他業務成本　　　　　　　　　　　　　130,000,000
　　投資性房地產累計折舊　　　　　　　　　 10,000,000
　　貸：投資性房地產——寫字樓　　　　　　　140,000,000

(二) 採用公允價值模式計量投資性房地產的處置

出售、轉讓按公允價值模式投資性房地產，按實際收到的金額，借記「銀行存款」等科目，貸記「其他業務收入」科目；按投資性房地產的帳面餘額，借記「其他業務成本」科目，按成本，貸記「投資性房地產——成本」科目；按累計公允價值變動，

貸記或借記「投資性房地產——公允價值變動」科目。同時，結轉投資性房地產累計公允價值變動。若存在原轉換日計入資本公積的金額，也一併結轉。

【例1-92】四川鯤鵬有限公司將出租的一棟寫字樓確認為投資性房地產，採用公允價值模式計量。租賃期屆滿后，四川鯤鵬有限公司將該棟寫字樓出售給成都飛騰有限公司，合同價款為15,000萬元，成都飛騰有限公司用銀行存款付清。出售時，寫字樓的成本為12,000萬元，公允價值變動為借方餘額1,000萬元。假定不考慮營業稅等稅費。四川鯤鵬有限公司編製如下會計分錄：

（1）收取處置收入：
借：銀行存款　　　　　　　　　　　　　　　150,000,000
　　貸：其他業務收入　　　　　　　　　　　　150,000,000
（2）結轉處置成本：
借：其他業務成本　　　　　　　　　　　　　　130,000,000
　　貸：投資性房地產——寫字樓　　　　　　　120,000,000
　　　　　　　　——公允價值變動　　　　　　　10,000,000
（3）結轉投資性房地產累計公允價值變動：
借：公允價值變動損益　　　　　　　　　　　　 10,000,000
　　貸：其他業務成本　　　　　　　　　　　　　10,000,000

第八節　無形資產及其他資產

一、無形資產

（一）無形資產的概念

無形資產是企業擁有或者控制的沒有實物形態的可辨認非貨幣資產。無形資產具有三個主要特徵：

1. 不具有實物形態

無形資產是不具有實物形態的非貨幣性資產，不像固定資產、存貨等有形資產具有實物形體。

2. 具有可辨認性

無形資產具有可辨認性，可辨認性標準為：

（1）能夠從企業中分離或者劃分出來，並能單獨或者與相關合同、資產或負債一起，用於出售、轉讓、授予許可、租賃或者交換。

（2）源自合同性權利或其他法定權利，無論這些權利是否可以從企業或其他權利或義務中轉移或者分離。

3. 屬於非貨幣性長期資產

無形資產屬於非貨幣性資產且能夠在多個會計期間為企業帶來經濟利益。無形資產的使用年限在一年以上，價值將在各個受益期間逐漸攤銷。

(二) 無形資產的構成

無形資產包括專利權、非專利技術、商標權、著作權、土地使用權、特許權等。

1. 專利權

專利權是國家專利主管機關依法授予發明創造專利申請人對其發明創造在法定期限內所享有的專有權利，包括發明專利權、實用新型專利權和外觀設計專利權。專利人擁有的專利權受到國家法律保護。

專利權是允許持有者獨家使用或控制的特權，但它並不保證一定能給持有者帶來經濟效益，如有的專利可能會被另外更有經濟價值的專利所淘汰等。因此，企業不應將所擁有的一切專利權作為無形資產管理和核算。只有從外單位購入的專利或者自行開發並按法律程序申請取得的專利，才能作為無形資產管理和核算。這種專利可以降低成本，或者提高產品質量，或者將其轉讓出去獲得轉讓收入。

企業從外單位購入的專利權，應按實際支付的價款作為專利權的成本。企業自行開發並按法律程序申請取得的專利權，應按照無形資產準則確定的金額作為成本。

2. 商標權

商標是用來辨認特定的商品或勞務的標記。商標權是專門在某類指定的商品或產品上使用特定的名稱或圖案的權利。商標經過註冊登記，就獲得了法律上的保護，經商標局核准註冊的商標為註冊商標，商標註冊人享有商標專用權，受法律的保護。

商標可以轉讓，但受讓人應保證使用註冊商標的產品質量。如果企業購買他人的商標，一次性支出費用較大的，可以將其資本化，作為無形資產管理。這時，應根據購入商標的價款、支付的手續費及有關費用作為商標的成本。

3. 土地使用權

土地使用權是國家准許在一定期間內對國有土地享有開發、利用、經營的權利。企業取得土地使用權，應將取得時發生的支出資本化，作為土地使用權的成本，記入「無形資產」科目。

4. 非專利技術

非專利技術是先進的、未公開的、未申請專利的、可以帶來經濟效益的技術及訣竅。內容包括：

(1) 工業專有技術

工業專有技術是在生產上已經採用，僅限於少數人知道，不享有專利權或發明權的生產、裝配、修理、工藝或加工方法的技術知識。

(2) 商貿專有技術

商貿專有技術是具有保密性質的市場情報、原材料價格情報以及用戶、競爭對象的情況和有關知識。

(3) 管理專有技術

管理專有技術是生產組織的經營方式、管理方式、培訓職工方法等保密知識。

非專利技術不是專利法的保護對象，專有技術所有人依靠自我保密的方式來維持其獨占權，可以用於轉讓和投資。自己開發研究的非專利技術，應將符合無形資產規

定的開發支出，確認為無形資產。對於從外部購入的非專利技術，應將實際發生的支出，作為無形資產入帳。

5. 著作權

著作權是製作者對創作的文學、科學和藝術作品依法享有的某種特殊權利。著作權包括兩方面的權利，即精神權利和經濟權利。精神權利是作品署名權、發表作品、確認作者身分、保護作品完整性、修改已經發表的作品等各項權利，包括發表權、署名權、修改權和保護作品完整權；經濟權利是以出版、表演、廣播、展覽、錄製唱片、攝製影片等方式使用作品以及因授權他人使用作品而獲得經濟利益的權利。

6. 特許權

特許權是企業在某一地區經營或銷售某種特定商品的權利或是一家企業接受另一家企業使用其商標、商號、技術秘密等的權利。前者一般是政府機關授權、准許企業使用或在一定地區享有經營某種業務的特權，如水、電、郵電通信等專營權、菸草專賣權等；后者指企業間依照簽訂的合同，有期限或無期限使用另一家企業的某些權利，如連鎖店分店使用總店的名稱等。

(四) 無形資產的核算

企業設置「無形資產」「累計攤銷」等科目核算無形資產的取得、攤銷和處置等情況。

「無形資產」科目核算企業持有的無形資產成本，借方登記取得無形資產的成本，貸方登記出售無形資產轉出的無形資產帳面餘額，期末借方餘額反應企業無形資產的成本。

「累計攤銷」科目屬於「無形資產」的調整科目，核算企業對使用壽命有限的無形資產計提的累計攤銷，貸方登記企業計提的無形資產攤銷，借方登記處置無形資產轉出的累計攤銷，期末貸方餘額，反應企業無形資產的累計攤銷額。

無形資產發生減值的，應當設置「無形資產減值準備」科目進行核算。

1. 無形資產的取得

無形資產應當按照成本進行初始計量。企業取得無形資產的主要方式有外購、自行研究開發等。

(1) 外購無形資產

外購無形資產的成本包括購買價款、相關稅費以及直接歸屬於使該項資產達到預定用途所發生的其他支出。

【例1-93】四川鯤鵬有限公司購入一項非專利技術，支付的買價和有關費用合計900,000元，以銀行存款支付。

借：無形資產——非專利技術品　　　　　　　　900,000
　　貸：銀行存款　　　　　　　　　　　　　　　　900,000

(2) 自行研究開發無形資產

企業內部研究開發項目所發生的支出應區分研究階段支出和開發階段支出。企業自行開發無形資產發生的研發支出，不滿足資本化條件的，借記「研發支出——費用

化支出」科目，期（月）末，應將「研發支出——費用化支出」科目歸集的金額轉入「管理費用」科目，借記「管理費用」科目，貸記「研發支出——費用化支出」科目。滿足資本化條件的，借記「研發支出——資本化支出」科目，貸記「原材料」「銀行存款」「應付職工薪酬」等科目。研究開發項目達到預定用途形成無形資產的，應按「研發支出——資本化支出」科目的餘額，借記「無形資產」科目，貸記「研發支出——資本化支出」科目。

【例1-94】四川鯤鵬有限公司自行研究、開發一項技術，截止2015年12月31日，發生研發支出合計2,000,000元，經測試該項研發活動完成了研究階段，從2016年1月1日開始進入開發階段。2016年發生開發支出300,000元，符合開發支出資本化的條件。2016年6月30日，該項研發活動結束，最終開發出一項非專利技術。

(1) 2015年發生的研發支出：

借：研發支出——費用化支出　　　　　　　　　　　　　2,000,000
　　貸：銀行存款等　　　　　　　　　　　　　　　　　　　　　　2,000,000

(2) 2015年12月31日，發生的研發支出全部屬於研究階段的支出：

借：管理費用　　　　　　　　　　　　　　　　　　　　2,000,000
　　貸：研發支出——費用化支出　　　　　　　　　　　　　　　　2,000,000

(3) 2016年，發生開發支出並滿足資本化確認條件：

借：研發支出——資本化支出　　　　　　　　　　　　　　300,000
　　貸：銀行存款等　　　　　　　　　　　　　　　　　　　　　　300,000

(4) 2016年6月30日，該技術研發完成並形成無形資產：

借：無形資產　　　　　　　　　　　　　　　　　　　　　300,000
　　貸：研發支出——資本化支出　　　　　　　　　　　　　　　　300,000

2. 無形資產的攤銷

企業應在取得無形資產時分析判斷使用壽命。使用壽命有限的無形資產應進行攤銷。使用壽命不確定的無形資產不應攤銷。使用壽命有限的無形資產，殘值應當視為零。對於使用壽命有限的無形資產應當自可供使用當月起開始攤銷，處置當月不再攤銷。無形資產攤銷方法包括直線法、生產總量法等。

企業應當按月對無形資產進行攤銷。無形資產的攤銷額一般應當計入當期損益。企業自用的無形資產，攤銷金額計入管理費用；出租的無形資產，攤銷金額計入其他業務成本；某項無形資產包含的經濟利益通過所生產的產品或其他資產實現的，攤銷金額應當計入相關資產成本。

【例1-95】四川鯤鵬有限公司購買了一項特許權，成本為4,800,000元，合同規定受益年限為10年，每月應攤銷40,000元。

借：管理費用　　　　　　　　　　　　　　　　　　　　　40,000
　　貸：累計攤銷　　　　　　　　　　　　　　　　　　　　　　　40,000

【例1-96】四川鯤鵬有限公司2016年1月1日將自行開發完成的非專利技術出租給成都大發有限公司，該非專利技術成本為3,600,000元，雙方約定的租賃期限為10

年，四川鯤鵬有限公司每月應攤銷 30,000 元。

  借：其他業務成本   30,000
   貸：累計攤銷   30,000

  3. 無形資產的處置

  企業處置無形資產，應當將取得的價款扣除該無形資產帳面價值以及出售相關稅費后的差額計入營業外收入或營業外支出。

  【例 1-97】四川鯤鵬有限公司將其購買的一專利權轉讓給成都遊大有限公司，該專利權的成本為 600,000 元，已攤銷 220,000 元，應交稅費 25,000 元，實際取得的轉讓價款為 500,000 元，款項已存入銀行。

  借：銀行存款   500,000
    累計攤銷   220,000
   貸：無形資產   600,000
     應交稅費   25,000
     營業外收入——非流動資產處置利得   95,000

  4. 無形資產的減值

  無形資產在資產負債表日存在可能發生減值的跡象時，其可收回金額低於帳面價值的，企業應當將該無形資產的帳面價值減記至可收回金額，減記的金額確認為減值損失，計入當期損益；同時計提相應的資產減值準備，按應減記的金額，借記「資產減值損失——計提的無形資產減值準備」科目，貸記「無形資產減值準備」科目。無形資產減值損失一經確認，在以后會計期間不得轉回。

  【例 1-98】2016 年 12 月 31 日，市場上某項技術生產的產品銷售勢頭較好，已對四川鯤鵬有限公司產品的銷售產生重大不利影響。四川鯤鵬有限公司外購的類似專利技術的帳面價值為 800,000 元，剩餘攤銷年限為 4 年，經減值測試，該專利技術的可收回金額為 750,000 元。

  由於該專利權在資產負債表日的帳面價值為 800,000 元，可收回金額為 750,000 元。可收回金額低於其帳面價值，應按其差額 50,000 元計提減值準備。

  借：資產減值損失——計提的無形資產減值準備   50,000
   貸：無形資產減值準備   50,000

二、其他資產

  其他資產是除貨幣資金、交易性金融資產、應收及預付款項、存貨、長期股權投資、固定資產、無形資產等以外的資產，如長期待攤費用等。

  長期待攤費用是企業已經發生但應由本期和以后各期負擔的分攤期限在一年以上的各項費用，如以經營租賃方式租入的固定資產發生的改良支出等。

  【例 1-99】2016 年 4 月 1 日，四川鯤鵬有限公司公司對其以經營租賃方式新租入的辦公樓進行裝修，發生以下有關支出：領用生產材料 500,000 元，購進該批原材料時支付的增值稅進項稅額為 85,000 元；輔助生產車間為該裝修工程提供的勞務支出為

180,000 元；有關人員工資等職工薪酬 435,000 元。2016 年 12 月 1 日，該辦公樓裝修完工，達到預定可使用狀態並交付使用，並按租賃期 10 年開始進行攤銷。

（1）裝修領用原材料：

借：長期待攤費用　　　　　　　　　　　　　　　　　　　　585,000
　　貸：原材料　　　　　　　　　　　　　　　　　　　　　　　500,000
　　　　應交稅費——應交增值稅　　　　　　　　　　　　　　　 85,000

（2）輔助生產車間為裝修工程提供勞務時：

借：長期待攤費用　　　　　　　　　　　　　　　　　　　　180,000
　　貸：生產成本——輔助生產成本　　　　　　　　　　　　　 180,000

（3）確認工程人員職工薪酬時：

借：長期待攤費用　　　　　　　　　　　　　　　　　　　　435,000
　　貸：應付職工薪酬　　　　　　　　　　　　　　　　　　　 435,000

（4）2016 年攤銷裝修支出時：

借：管理費用　　　　　　　　　　　　　　　　　　　　　　 10,000
　　貸：長期待攤費用　　　　　　　　　　　　　　　　　　　　10,000

練 習 題

一、單項選擇題

1. 按照準則規定，下列選項中，不可以作為應收帳款入帳金額的項目是（　　）。
   A. 產品銷售收入價款　　　　　　B. 代墊運雜費
   C. 商業折扣　　　　　　　　　　D. 增值稅銷項稅額

2. 關於共同控制和重大影響，下列說法中不正確的是（　　）。
   A. 重大影響，是指對一個企業的財務和經營政策有參與決策的權利，但並不能夠控制或者與其他方一起共同控制這些政策的制定
   B. 重大影響，是指有權決定一個企業的財務和經營政策，並能據以從該企業的經營活動中獲取利益
   C. 在確定能否對被投資單位施加重大影響時，應當考慮投資企業和其他方持有的被投資單位當期可轉換公司債券、當期可執行認股權證等潛在表決權因素
   D. 投資企業與其他方對被投資單位實施共同控制的，被投資單位為其合營企業

3. 對於銀行已經收款而企業尚未入帳的未達帳項，企業應做的處理為（　　）。
   A. 以銀行對帳單為原始記錄將該業務入帳
   B. 根據銀行存款餘額調節表和銀行對帳單自制原始憑證入帳
   C. 在編製銀行存款餘額調節表的同時入帳
   D. 待有關結算憑證到達后入帳

4. 關於交易性金融資產的計量，下列說法中正確的是（　　）。
   A. 應當按取得該金融資產的公允價值和相關交易費用之和作為初始確認金額
   B. 應當按取得該金融資產的公允價值作為初始確認金額，相關交易費用在發生時計入當期損益
   C. 資產負債表日，企業應將金融資產的公允價值變動計入當期所有者權益
   D. 處置該金融資產時，其公允價值與初始入帳金額之間的差額應確認為投資收益，不調整公允價值變動損益

5. A 公司於 2016 年 5 月 20 日從證券市場上購入 B 公司發行在外股份的 30%，實際支付價款 650 萬元（含已宣告但尚未領取的現金股利 20 萬元），另支付相關稅費 20 萬元。同日，B 公司可辨認淨資產的公允價值為 2,300 萬元。A 公司取得該長期股權投資的初始投資成本為（　　）萬元。
   A. 630　　　　B. 650　　　　C. 690　　　　D. 670

6. 某企業 2016 年年初購入 A 公司 30% 的有表決權股份，對 A 公司能夠施加重大影響，實際支付價款 600 萬元（與享有 A 公司的可辨認淨資產的公允價值的份額相等）。當年 B 公司經營獲利 200 萬元，發放現金股利 40 萬元。2016 年年末該企業的股票投資帳面餘額為（　　）萬元。
   A. 660　　　　B. 612　　　　C. 648　　　　D. 672

7. 下列投資中，不應作為長期股權投資核算的是（　　）。
   A. 對子公司的投資
   B. 對聯營企業和合營企業的投資
   C. 在活躍市場中沒有報價、公允價值無法可靠計量的沒有控制、共同控制或重大影響的權益性投資
   D. 在活躍市場中有報價、公允價值能可靠計量的沒有控制、共同控制或重大影響的權益性投資

8. 甲企業發出實際成本為 200 萬元的原材料，委託乙企業加工成半成品，收回後用於連續生產應稅消費品。甲企業和乙企業均為增值稅一般納稅人，甲企業根據乙企業開具的增值稅專用發票向其支付加工費 10 萬元和增值稅 1.7 萬元，另支付消費稅 5 萬元。假定不考慮其他相關稅費，甲企業收回該批半成品的入帳價值為（　　）萬元。
   A. 210　　　　B. 215　　　　C. 216.7　　　D. 205

9. 某工業企業為增值稅一般納稅人，適用的增值稅稅率為 17%。其銷售的 A 產品每件 150 元，若客戶購買 100 件（含 100 件）以上每件可得到 10 元的商業折扣。某客戶 2016 年 5 月 3 日購買該企業的 A 產品 100 件，按規定現金折扣條件為 3/10，1/20，n/30。該企業於 5 月 11 日收到該筆款項時，應給予客戶的現金折扣為（　　）元。假定計算現金折扣時考慮增值稅。
   A. 0　　　　　B. 420　　　　C. 491.4　　　D. 691.4

10. A 企業月初甲材料的計劃成本為 10,000 元，「材料成本差異」帳戶借方餘額為 500 元，本月購進甲材料一批，其實際成本為 16,180 元，計劃成本為 19,000 元。本月生產車間領用甲材料的計劃成本為 8,000 元，管理部門領用甲材料的計劃成本為 4,000

元。該企業期末甲材料的實際成本是（　　）元。

A. 14,680　　B. 15,640　　C. 15,680　　D. 16,640

11. 某企業採用成本與可變現淨值孰低法對存貨進行期末計價，成本與可變現淨值按單項存貨進行比較。2016年12月31日，甲、乙、丙三種存貨的成本與可變現淨值分別為：甲存貨成本10萬元，可變現淨值8萬元；乙存貨成本12萬元，可變現淨值15萬元；丙存貨成本18萬元，可變現淨值15萬元。甲、乙、丙三種存貨已計提的跌價準備分別為1萬元、2萬元、1.5萬元。假定該企業只有這三種存貨，2008年12月31日應補提的存貨跌價準備總額為（　　）萬元。

A. -0.5　　B. 0.5　　C. 2　　D. 5

12. 某企業2016年9月20日自行建造的一條生產線投入使用，該生產線建造成本為740萬元，預計使用年限為5年，預計淨殘值為20萬元。在採用年數總和法計提折舊的情況下，2017年該設備應計提的折舊額為（　　）萬元。

A. 228　　B. 240　　C. 204　　D. 192

13. 某企業出售一項5年前取得的專利權，該專利取得時的成本為100萬元，按10年攤銷，出售時取得收入70萬元，營業稅稅率為5%。不考慮城市維護建設稅和教育費附加，則出售該項專利時影響當期的損益為（　　）萬元。

A. 16.5　　B. 70　　C. 20　　D. 23.5

14. 某企業對基本生產車間所需備用金採用定額備用金制度，當基本生產車間報銷日常管理支出而補足其備用金定額時，應借記的會計科目是（　　）。

A. 其他應收款　　　　　　B. 其他應付款
C. 製造費用　　　　　　　D. 生產成本

15. 2016年1月8日A企業以賺取差價為目的從二級市場購入的一批債券作為交易性金融資產，面值總額為2,000萬元，利率為4%，3年期，每年付息一次，該債券為2015年1月1日發行。取得時公允價值為2,100萬元，含已到付息期但尚未領取的2015年的利息，另支付交易費用20萬元，全部價款以銀行存款支付。則交易性金融資產的入帳價值為（　　）萬元。

A. 2,100　　B. 2,000　　C. 2,020　　D. 2,140

16. 長江公司2016年10月10日銷售商品應收大海公司的一筆應收帳款1,500萬元。2016年12月31日，該筆應收帳款的未來現金流量現值為1,400萬元。在此之前未計提壞帳準備。2016年12月31日，該筆應收帳款應計提的壞帳準備為（　　）萬元。

A. 1,400　　B. 100　　C. 1,500　　D. 0

17. 預付貨款不多的企業，可以將預付的貨款直接記入（　　）的借方，而不單獨設置「預付帳款」帳戶。

A. 「應收帳款」帳戶　　　B. 「其他應收款」帳戶
C. 「應付帳款」帳戶　　　D. 「應收票據」帳戶

二、多項選擇題

1. 下列項目中，屬於貨幣資金的有（　　）。

A. 庫存現金 B. 銀行存款
C. 其他貨幣資金 D. 應收票據

2. 長期股權投資採用權益法核算時，不應當確認投資收益的有（ ）。
A. 被投資企業實現淨利潤
B. 被投資企業資本公積轉增資本
C. 收到被投資企業分配的現金股利
D. 收到被投資企業分配的股票股利

3. 關於「預付帳款」帳戶，下列說法正確的有（ ）。
A. 「預付帳款」屬於資產性質的帳戶
B. 預付貨款不多的企業，可以不單獨設置「預付帳款」帳戶，將預付的貨款記入「應付帳款」帳戶的借方
C. 「預付帳款」帳戶貸方餘額反應的是應付供應單位的款項
D. 「預付帳款」帳戶核算企業因銷售業務產生的往來款項

4. 下列票據中，不通過「應收票據」及「應付票據」核算的票據包括（ ）。
A. 銀行匯票 B. 銀行承兌匯票
C. 銀行本票 D. 商業承兌匯票

5. 「材料成本差異」帳戶借方可以用來登記（ ）。
A. 購進材料實際成本小於計劃成本的差額
B. 發出材料應負擔的超支差異
C. 發出材料應負擔的節約差異
D. 購進材料實際成本大於計劃成本的差額

6. 關於共同控制和重大影響，下列說法中正確的有（ ）。
A. 重大影響，是指對一個企業的財務和經營政策有參與決策的權利，但並不能夠控制或者與其他方一起共同控制這些政策的制定
B. 重大影響，是指有權決定一個企業的財務和經營政策，並能據以從該企業的經營活動中獲取利益
C. 在確定能否對被投資單位施加重大影響時，應當考慮投資企業和其他方持有的被投資單位當期可轉換公司債券、當期可執行認股權證等潛在表決權因素
D. 投資企業與其他方對被投資單位實施共同控制的，被投資單位為其合營企業

7. 下列哪些項目需記入「在建工程」科目（ ）。
A. 不需安裝的固定資產 B. 需要安裝的固定資產
C. 固定資產的改擴建 D. 固定資產日常修理發生的支出

8. 「固定資產清理」帳戶的貸方登記的項目有（ ）。
A. 轉入清理的固定資產的淨值 B. 變價收入
C. 結轉的清理淨收益 D. 結轉的清理淨損失

9. 關於無形資產的確認，應同時滿足的條件有（ ）。

A. 符合無形資產的定義

B. 與該資產有關的經濟利益很可能流入企業

C. 該無形資產的成本能夠可靠地計量

D. 必須是企業外購的

10. 關於交易性金融資產的計量，下列說法中錯誤的有（　　）。

A. 應當按取得該金融資產的公允價值和相關交易費用之和作為初始確認金額

B. 應當按取得該金融資產的公允價值作為初始確認金額，相關交易費用在發生時計入當期損益

C. 資產負債表日，企業應將金融資產的公允價值變動計入當期所有者權益

D. 處置該金融資產時，其公允價值與初始入帳金額之間的差額應確認為投資收益，不調整公允價值變動損益

11. 企業因銷售商品發生的應收帳款，其入帳價值應當包括（　　）。

A. 銷售商品的價款　　　　　　B. 增值稅銷項稅額

C. 代購貨方墊付的包裝費　　　D. 代購貨方墊付的運離費

12. 存貨的確認是以法定產權的取得為標誌的。具體來說下列哪些項目屬於企業存貨的範圍（　　）。

A. 已經購入但未存放在本企業的貨物

B. 已售出但貨物尚未運離本企業的存貨

C. 已經運離企業但尚未售出的存貨

D. 已購入並存放在企業的存貨

13. 期末存貨計價過低，可能會引起（　　）。

A. 當期收益增加　　　　　　　B. 當期收益減少

C. 所有者權益減少　　　　　　D. 銷售成本增加

14. 企業進行庫存商品清查時，對於盤虧的庫存商品，應先記入「待處理財產損溢」帳戶，待期末或報經批准後，根據不同的原因可分別轉入（　　）。

A. 管理費用　　　　　　　　　B. 其他應付款

C. 營業外支出　　　　　　　　D. 其他應收款

15. 採用權益法核算時，可能記入「長期股權投資」科目貸方發生額的有（　　）。

A. 被投資企業宣告分派現金股利

B. 投資企業收回長期股權投資

C. 被投資企業發生虧損

D. 被投資企業實現淨利潤

三、判斷題

1. 對於銀行已經付款而企業尚未付款的未達帳項，企業應當根據「銀行對帳單」編製自制憑證予以入帳。　　　　　　　　　　　　　　　　　　　　（　　）

2. 「壞帳準備」帳戶期末餘額在貸方，應在資產負債表中的流動資產中以「壞帳準備」列示。　　　　　　　　　　　　　　　　　　　　　　　　（　　）

3. 為了簡化現金收支手續，企業可以隨時坐支現金。（　）
4. 企業購貨時所取得的現金折扣應衝減財務費用。（　）
5. 購入材料在運輸途中發生的合理損耗應計入營業外支出。（　）
6. 企業發出各種材料應負擔的成本差異可按當月成本差異率計算，若發出的材料在發出時就要確定其實際成本，則也可按上月成本差異率計算。（　）
7. 長期股權投資在成本法核算下，只要被投資單位宣告發放現金股利，就應確認投資收益。（　）
8. 股票投資中已宣告但尚未領取的現金股利應計入所購股票的購買成本。（　）
9. 投資企業採用權益法核算，因被投資單位盈虧影響其所有者權益變動，投資企業應通過「長期股權投資──XX公司（損益調整）」科目核算。（　）
10. 已達到預定可使用狀態的固定資產，無論是否交付使用，尚未辦理竣工決算的，應當按照估計價值確認為固定資產，並計提折舊；待辦理了竣工決算手續後，再按實際成本調整原來的暫估價值，但不需要調整原已計提的折舊額。（　）
11. 企業應當根據稅法規定計提折舊的方法，合理選擇固定資產折舊方法。（　）
12. 固定資產計提折舊一定會影響當期損益。（　）
13. 使用壽命不確定的無形資產，不需要進行攤銷，也不需要進行減值測試計提減值準備。（　）
14. 使用壽命有限的無形資產一定無殘值。（　）
15. 固定資產使用壽命預計淨殘值和折舊方法的改變，應當作為會計估計變更。（　）

四、計算分析題

1. 甲企業為工業生產企業，2015年1月1日，從二級市場支付價款2,040,000元（含已到付息期但尚未領取的利息40,000元）購入某公司發行的債券，另發生交易費用40,000元。該債券面值2,000,000元，剩餘期限為2年，票面年利率為4%，每半年付息一次，甲企業將其劃分為交易性金融資產。其他資料如下：

（1）2015年1月5日，收到該債券2014年下半年利息40,000元。
（2）2015年6月30日，該債券的公允價值為2,300,000元（不含利息）。
（3）2015年7月5日，收到該債券半年利息。
（4）2015年12月31日，該債券的公允價值為2,200,000元（不含利息）。
（5）2016年1月5日，收到該債券2015年下半年利息。
（6）2016年3月31日，甲企業將該債券出售，取得價款2,360,000元（含1季度利息20,000元）。

假定不考慮其他因素。要求：編製甲企業上述有關業務的會計分錄。

2. A公司2016年有關資料如下：
（1）2016年12月1日應收B公司帳款期初餘額為125萬元，其壞帳準備貸方餘額5萬元。
（2）12月5日，向B公司銷售產品110件，單價1萬元，增值稅率17%，單位銷

售成本 0.8 萬元，未收款。

（3）12 月 25 日，因產品質量原因，B 公司要求退回本月 5 日購買的 10 件商品，A 公司同意 B 公司退貨，並辦理退貨手續和開具紅字增值稅專用發票，A 公司收到 B 公司退回的商品。

（4）12 月 26 日應收 B 公司帳款發生壞帳損失 2 萬元。

（5）12 月 28 日收回前期已確認應收 B 公司帳款的壞帳 1 萬元，存入銀行。

（6）2016 年 12 月 31 日，A 公司對應收 B 公司帳款進行減值測試，確定的計提壞帳準備的比例為 5%。

要求：根據上述資料，編製有關業務的會計分錄。

五、綜合題

1. 甲公司是一家從事印刷業的企業，有關業務資料如下：

（1）2013 年 12 月，該公司自行建成了一條印刷生產線，建造成本為 568,000 元，採用年限平均法計提折舊，預計淨殘值率為固定資產原價的 3%。預計使用年限為 6 年。

（2）2015 年 12 月 31 日，由於生產的產品適銷對路，現有生產線的生產能力已難以滿足公司生產發展的需要；但若新建生產線成本過高，週期過長，於是公司決定對現有生產線進行改擴建，以提高其生產能力。

（3）2015 年 12 月 31 日至 2016 年 3 月 31 日，經過三個月的改擴建，完成了對這條印刷生產線的改擴建工程，共發生支出 268,900 元，全部以銀行存款支付。

（4）該生產線改擴建工程達到預定可使用狀態後，大大提高了生產能力，預計將其使用年限延長了 4 年，即為 10 年。假定改擴建后的生產線的預計淨殘值率為改擴建后固定資產帳面價值的 3%，折舊方法仍為年限平均法。

（5）為簡化，整個過程不考慮其他相關稅費，公司按年度計提固定資產折舊。

假定改擴建后的固定資產的入帳價值不能超過其可收回金額。

要求：（1）若改擴建工程達到預定可使用狀態後，該生產線預計能給企業帶來的可收回金額為 700,000 元，編製固定資產改擴建過程的全部會計分錄並計算 2016 年和 2017 年計提的折舊額。

（2）若改擴建工程達到預定可使用狀態後，該生產線預計能給企業帶來的可收回金額為 600,000 元，計算 2016 年和 2017 年計提的折舊額。

2. 2013 年 1 月 1 日，甲企業外購 A 無形資產，實際支付的價款為 100 萬元。該無形資產可供使用時起至不再作為無形資產確認時止的年限為 5 年。2014 年 12 月 31 日，由於與 A 無形資產相關的經濟因素發生不利變化，致使 A 無形資產發生價值減值。甲企業估計其可收回金額為 18 萬元。

2016 年 12 月 31 日，甲企業發現，導致 A 無形資產在 2014 年發生減值損失的不利經濟因素已全部消失，且此時估計 A 無形資產的可收回金額為 22 萬元。假定不考慮所得稅及其他相關稅費的影響。

要求：編製從無形資產購入到無形資產使用期滿相關業務的會計分錄。

第二章　負債

　　負債是指企業過去的交易或者事項形成的，預期會導致經濟利益流出企業的現時義務。負債通常具有以下幾個特徵：
　　(1) 負債是基於企業過去交易或事項而產生的，導致負債的交易或事項必須已經發生。正在籌劃的未來交易或事項不會產生負債。
　　(2) 負債是企業承擔的現時義務，由具有約束力的合同或法定要求等而產生。現時義務是指企業在現行條件下已承擔的義務。
　　(3) 負債的發生伴隨著資產或勞務的取得，或者費用或損失的發生。負債的清償預期會導致經濟利益流出企業，需要在未來某一特定時間用資產或勞務來償付。
　　負債按流動性分類可分為流動負債和非流動負債。

第一節　短期借款

　　短期借款是指企業向銀行或其他金融機構等借入的期限在一年以下（含一年）的各種借款。
　　短期借款發生后，企業需要向債權人按期償還借款的本金及利息。在會計核算上，企業要及時如實地反應短期借款的借入、利息的發生和本金及利息的償還情況。
　　企業應通過「短期借款」科目，核算短期借款的取得及償還情況。「短期借款」科目貸方登記取得借款的本金數額，借方登記償還借款的本金數額，餘額在貸方，表示尚未償還的短期借款。
　　企業從銀行或其他金融機構取得短期借款時，借記「銀行存款」科目，貸記「短期借款」科目。
　　銀行是在每季度最后一月 20 日收取短期借款利息的，企業的短期借款利息採用月末預提的方式進行核算。短期借款利息屬於籌資費用，記入「財務費用」科目。企業計算確定的短期借款利息費用，借記「財務費用」科目，貸記「應付利息」科目；實際支付利息時，根據已預提的利息，借記「應付利息」科目，根據應計利息，借記「財務費用」科目，根據應付利息總額，貸記「銀行存款」科目。
　　企業短期借款到期償還本金時，借記「短期借款」科目，貸記「銀行存款」科目。
　　【例 2－1】四川鯤鵬有限公司於 2016 年 4 月 1 日向成都銀行借入一筆生產經營用短期借款，共計 200,000 元，期限為 9 個月，年利率為 6%。與銀行簽署的借款協議確定借款本金到期后一次歸還，利息按季支付。

四川鯤鵬有限公司的會計處理如下：

(1) 2016 年 4 月 1 日借入短期借款時：

借：銀行存款　　　　　　　　　　　　　　　　　　200,000
　　貸：短期借款　　　　　　　　　　　　　　　　　　　　200,000

(2) 2016 年 4 月 30 日，計提 4 月份應計利息時：

本月應計提的利息金額 = 200,000 × 6% ÷ 12 = 1,000（元），短期借款利息 800 元屬於企業的籌資費用，應記入「財務費用」科目。

借：財務費用　　　　　　　　　　　　　　　　　　　1,000
　　貸：應付利息　　　　　　　　　　　　　　　　　　　　1,000

2016 年 5 月 31 日計提 5 月份利息費用的處理與 4 月份相同。

(3) 2016 年 6 月 20 日支付第一季度銀行借款利息后：

4 月至 5 月已經計提的利息為 2,000 元，應借記「應付利息」科目，6 月份應當計提的利息為 1,000 元，應借記「財務費用」科目；實際支付利息 3,000 元，貸記「銀行存款」科目。

借：財務費用　　　　　　　　　　　　　　　　　　　1,000
　　應付利息　　　　　　　　　　　　　　　　　　　2,000
　　貸：銀行存款　　　　　　　　　　　　　　　　　　　　3,000

2016 年第三、四季度的會計處理與以上相同。

(4) 2017 年 1 月 1 日償還銀行借款本金時：

借：短期借款　　　　　　　　　　　　　　　　　　200,000
　　貸：銀行存款　　　　　　　　　　　　　　　　　　　　200,000

如果借款期限是 8 個月，則到期日為 2017 年 1 月 1 日，2016 年 12 月末之前的會計處理與上述相同。2017 年 1 月 1 日償還銀行借款本金，同時支付 7 月和 8 月以提未付利息：

借：短期借款　　　　　　　　　　　　　　　　　　200,000
　　應付利息　　　　　　　　　　　　　　　　　　　2,000
　　貸：銀行存款　　　　　　　　　　　　　　　　　　　　202,000

第二節　應付及預收款項

應付及預收款項包括應付帳款、應付票據、應付利息、預收帳款等。

一、應付帳款

應付帳款是指企業因購買材料、商品或接受勞務供應等經營活動應支付的款項。

確認應付帳款，一般應在與所購買物資所有權相關的主要風險和報酬已經轉移，或者所購買的勞務已經接受時。在實際工作中，為了使所購入物資的金額、品種、數量和質量等與合同規定的條款相符，避免因驗收時發現所購物資存在數量或質量問題

而對入帳的物資或應付帳款金額進行改動，在物資和發票帳單同時到達的情況下，一般在所購物資驗收入庫後，再根據發票帳單登記入帳，確認應付帳款。在所購物資已經驗收入庫，但是發票帳單未能同時到達的情況下，企業應付物資供應單位的債務已經成立，在會計期末，為了反應企業的負債情況，需要將所購物資和相關的應付帳款暫估入帳，待下月初作相反分錄予以衝回。

企業通過「應付帳款」科目，核算應付帳款的發生、償還、轉銷。「應付帳款」科目貸方登記企業購買材料、商品和接受勞務等而發生的應付帳款，借方登記償還的應付帳款，或開出商業匯票抵付應付帳款的款項，或已衝銷的無法支付的應付帳款，餘額一般在貸方，表示企業尚未支付的應付帳款餘額。「應付帳款」科目一般應按照債權人設置明細科目進行明細核算。

(一) 發生應付帳款

企業購入材料、商品等或接受勞務所產生的應付帳款，應按應付金額入帳。購入材料、商品等驗收入庫，但貨款尚未支付，根據有關憑證（發票帳單、隨貨同行發票上記載的實際價款或暫估價值），借記「材料採購」「在途物資」等科目，按可抵扣的增值稅額，借記「應交稅費——應交增值稅（進項稅額）」科目，按應付的價款，貸記「應付帳款」科目。企業接受供應單位提供勞務而發生的應付未付款項，根據供應單位的發票帳單，借記「生產成本」「管理費用」等科目，貸記「應付帳款」科目。

應付帳款附有現金折扣的，應按照扣除現金折扣前的應付款總額入帳。因在折扣期限內付款而獲得的現金折扣，應在償付應付帳款時衝減財務費用。

【例2-2】四川鯤鵬有限公司為增值稅一般納稅人。2016年8月1日，四川鯤鵬有限公司從成都鵬程有限公司購入一批材料，貨款200,000元，增值稅34,000元，對方代墊運雜費2,000元。材料已運到並驗收入庫，款項尚未支付。四川鯤鵬有限公司的有關會計分錄如下：

借：原材料　　　　　　　　　　　　　　　　　202,000
　　應交稅費——應交增值稅（進項稅額）　　　　34,000
　　貸：應付帳款——鵬程公司　　　　　　　　　　　236,000

【例2-3】四川鯤鵬有限公司於2016年7月5日，從成都飛躍有限公司購入一批家電產品並已驗收入庫。增值稅專用發票上列明，家電的價款為200萬元，增值稅為34萬元。按照購貨協議的規定，四川鯤鵬有限公司如在15天內付清貨款，將獲得1%的現金折扣（假定計算現金折扣時需考慮增值稅）。

四川鯤鵬有限公司對成都飛躍有限公司的應付帳款附有現金折扣，應按照扣除現金折扣前的應付款總額2,340,000元記入「應付帳款」科目。四川鯤鵬有限公司的有關會計分錄如下：

借：庫存商品　　　　　　　　　　　　　　　　2,000,000
　　應交稅費——應交增值稅（進項稅額）　　　　240,000
　　貸：應付帳款——飛躍公司　　　　　　　　　　2,340,000

【例2-4】供電部門通知四川鯤鵬有限公司2016年11月應支付電費88,000元。其中生產車間電費52,000元,企業行政管理部門電費36,000元,款項尚未支付。四川鯤鵬有限公司的有關會計分錄如下:

借:製造費用　　　　　　　　　　　　　　　　　52,000
　　管理費用　　　　　　　　　　　　　　　　　36,000
　　貸:應付帳款——電力公司　　　　　　　　　　　　88,000

(二) 償還應付帳款

企業償還應付帳款或開出商業匯票抵付應付帳款時,借記「應付帳款」科目,貸記「銀行存款」「應付票據」等科目。

【例2-5】2016年10月31日,四川鯤鵬有限公司用銀行存款支付【例2-2】中的應付帳款。四川鯤鵬有限公司有關會計分錄如下:

借:應付帳款——鵬程公司　　　　　　　　　　　236,000
　　貸:銀行存款　　　　　　　　　　　　　　　　　236,000

【例2-6】四川鯤鵬有限公司於2016年9月10日,按照扣除現金折扣後的金額,用銀行存款付清了【例2-3】中所欠飛躍公司貨款。

四川鯤鵬有限公司在2016年7月18日(即購貨後的第13天)付清所欠飛躍公司的貨款,按照購貨協議可以獲得現金折扣。四川鯤鵬有限公司獲得的現金折扣=2,340,000×1%=23,400(元),實際支付的貨款=2,340,000-1,170,000×1%=2,316,600(元)。因此,四川鯤鵬有限公司應付帳款總額2,340,000元,應借記「應付帳款」科目;獲得的現金折扣23,400元,應沖減財務費用,貸記「財務費用」科目,實際支付的貨款2,316,600元,應貸記「銀行存款」科目。四川鯤鵬有限公司的有關會計分錄如下:

借:應付帳款——飛躍公司　　　　　　　　　　2,340,000
　　貸:銀行存款　　　　　　　　　　　　　　　　2,316,600
　　　　財務費用　　　　　　　　　　　　　　　　　23,400

(三) 轉銷應付帳款

企業轉銷確實無法支付的應付帳款,應按其帳面餘額計入營業外收入,借記「應付帳款」科目,貸記「營業外收入」科目。

【例2-7】2016年12月31日,四川鯤鵬有限公司確定一筆應付帳款14,000元為無法支付的款項,應予轉銷。

四川鯤鵬有限公司轉銷確實無法支付的應付帳款14,000元,應按其帳面餘額記入「營業外收入——其他」科目。

四川鯤鵬有限公司的有關會計分錄如下:

借:應付帳款　　　　　　　　　　　　　　　　　14,000
　　貸:營業外收入——其他　　　　　　　　　　　　14,000

二、應付票據

應付票據是企業購買材料、商品和接受勞務供應等而開出、承兌的商業匯票，包括商業承兌匯票和銀行承兌匯票。企業應當設置應付票據備查簿，詳細登記商業匯票的種類、號數和出票日期、到期日、票面餘額、交易合同號和收款人姓名或單位名稱，以及付款日期和金額等資料。應付票據到期結清時，應當在備查簿內予以註銷。

企業應通過「應付票據」科目，核算應付票據的發生、償付等情況。「應付票據」科目貸方登記開出、承兌匯票的面值及帶息票據的預提利息，借方登記支付票據的金額，餘額在貸方，表示企業尚未到期的商業匯票的票面金額。

商業匯票分為帶息票據與不帶息票據。

(一) 不帶息票據

1. 發生應付票據

商業匯票的付款期限通常不超過六個月，會計上應作為流動負債管理和核算。由於應付票據的償付時間較短，一般均按照開出、承兌的應付票據的面值入帳。

企業因購買材料、商品和接受勞務供應等而開出、承兌的商業匯票，應當按其票面金額作為應付票據的入帳金額，借記「材料採購」「庫存商品」「應付帳款」「應交稅費——應交增值稅（進項稅額）」等科目，貸記「應付票據」科目。

企業支付的銀行承兌匯票手續費應當計入當期財務費用，借記「財務費用」科目，貸記「銀行存款」科目。

【例2-8】四川鯤鵬有限公司為增值稅一般納稅人，於2016年8月8日開出一張面值為58,500元、期限3個月的不帶息商業匯票，用以採購一批材料。增值稅專用發票上註明的材料價款為50,000元，增值稅額為8,500元。

企業因購買材料、商品和接受勞務供應等而開出、承兌商業匯票時，所支付的銀行承兌匯票手續費應當計入財務費用。四川鯤鵬有限公司的有關會計分錄如下：

借：材料採購（或在途物資）　　　　　　　　　　50,000
　　應交稅費——應交增值稅（進項稅額）　　　　 8,500
　貸：應付票據　　　　　　　　　　　　　　　　58,500

【例2-9】如上例中的商業匯票為銀行承兌匯票，四川鯤鵬有限公司已交納承兌手續費29.25元。四川鯤鵬有限公司的有關會計分錄如下：

借：財務費用　　　　　　　　　　　　　　　　　29.25
　貸：銀行存款　　　　　　　　　　　　　　　　 29.25

2. 償還應付票據

應付票據到期支付票款時，應按帳面餘額予以結轉，借記「應付票據」科目，貸記「銀行存款」科目。

【例2-10】2016年11月7日，四川鯤鵬有限公司【例2-8】中於8月8日開出的商業匯票到期。四川鯤鵬有限公司通知開戶銀行以銀行存款支付票款。四川鯤鵬有限公司的有關會計分錄如下：

借：應付票據 58,500
　　貸：銀行存款 58,500

3. 轉銷應付票據

應付銀行承兌匯票到期，如企業無力支付票款，應將應付票據的帳面餘額轉作短期借款，借記「應付票據」科目，貸記「短期借款」科目。

【例2-11】如【例2-8】商業匯票為銀行承兌匯票，而匯票到期時四川鯤鵬有限公司無力支付票款。四川鯤鵬有限公司有關會計分錄如下：

借：應付票據 58,500
　　貸：短期借款 58,500

(二) 帶息票據

帶息票據在帳務處理時，應於期末計算應付利息，計入當期財務費用，借記「財務費用」科目，貸記「銀行存款」「應付票據」等科目。

【例2-12】四川鯤鵬有限公司2016年6月1日開出帶息商業承兌匯票一張，面值50,000元，票面年利率6%，期限3個月，用於購買A材料，材料已入庫。四川鯤鵬有限公司的有關會計分錄如下：

借：原材料——A材料 50,000
　　貸：應付票據 50,000

【例2-13】2016年6月30日四川鯤鵬有限公司在【例2-12】中開出的帶息商業承兌匯票應計利息。四川鯤鵬有限公司作有關會計分錄如下：

借：財務費用 250
　　貸：應付票據 250

6月份應計提的應付票據利息 = 50,000 × 6% ÷ 12 = 250元。

7月份8月份應計提的應付票據利息及帳務處理與6月份相同。

【例2-14】2016年9月1日四川鯤鵬有限公司在【例2-12】中開出的帶息商業承兌匯票到期，四川鯤鵬有限公司以銀行存款全額支付。

應支付的金額 = 本金 + 利息 = 50,000 + 3 × 250 = 50,750元。四川鯤鵬有限公司有關會計分錄如下：

借：應付票據 50,750
　　貸：銀行存款 50,750

【例2-15】2016年9月1日在【例2-12】中開出的帶息商業承兌匯票到期，因無力支付，轉入「應付帳款」帳戶。有關會計分錄如下：

借：應付票據 50,750
　　貸：應付帳款 50,750

三、應付利息

應付利息核算按合約應支付的利息。在「應付利息」帳戶中，應按債權人設置明細科目進行明細核算。「應付利息」帳戶期末貸方餘額表示按合約應支付而未支付給債

權人的利息。計算確定出應付的利息金額，借記「財務費用」科目，貸記「應付利息」科目，實際支付利息時，借記「應付利息」科目，貸記「銀行存款」科目。

【例2－16】2016年1月1日四川鯤鵬有限公司借到三年期長期借款1,000,000元，年利率6%。四川鯤鵬有限公司有關會計分錄如下：

（1）每年計算確定利息金額時：

每年應支付的利息＝1,000,000×6%＝60,000元。

借：財務費用　　　　　　　　　　　　　　　　　　　60,000
　　貸：應付利息　　　　　　　　　　　　　　　　　　60,000

（2）每年實際支付利息時：

借：應付利息　　　　　　　　　　　　　　　　　　　60,000
　　貸：銀行存款　　　　　　　　　　　　　　　　　　60,000

四、預收帳款

預收帳款是按照合同規定向購貨單位預收的款項。預收帳款所形成的負債不是以貨幣償付，而是以貨物償付。有些購銷合同規定，銷貨企業可向購貨企業預先收取一部分貨款，待向對方發貨後再收取其餘貨款。企業在發貨前收取的貨款，表明了企業承擔了會在未來導致經濟利益流出企業的應履行的義務，就成為企業的一項負債。

預收帳款的取得、償付等情況用「預收帳款」科目核算。「預收帳款」科目貸方登記發生的預收帳款的數額和購貨單位補付帳款的數額，借方登記向購貨方發貨后衝銷的預收帳款數額和退回購貨方多付帳款的數額，餘額一般在貸方，反應企業向購貨單位預收款項但尚未向購貨方發貨的數額，如為借方餘額，反應企業尚未轉銷的款項。「預收帳款」科目應當按照購貨單位設置明細科目進行明細核算。

企業向購貨單位預收款項時，借記「銀行存款」科目，貸記「預收帳款」科目；銷售實現時，按實現的收入和應交的增值稅銷項稅額，借記「預收帳款」科目，按照實現的營業收入，貸記「主營業務收入」科目，按照增值稅專用發票上註明的增值稅額，貸記「應交稅費——應交增值稅（銷項稅額）」等科目；企業收到購貨單位補付的款項，借記「銀行存款」科目，貸記「預收帳款」科目；向購貨單位退回其多付的款項時，借記「預收帳款」科目，貸記「銀行存款」科目。

【例2－17】四川鯤鵬有限公司2016年10月8日與成都鵬程有限公司簽訂供貨合同，向其出售一批設備，貨款金額共計500,000元，應交納增值稅85,000元。根據購貨合同規定，成都鵬程有限公司在購貨合同簽訂一週內，應當向四川鯤鵬有限公司預付貨款100,000元，剩餘貨款在交貨后付清。2016年10月12日，四川鯤鵬有限公司收到成都鵬程有限公司交來的預付款100,000元存入銀行，2016年10月15日，四川鯤鵬有限公司將貨物發到成都鵬程有限公司並開出增值稅發票，成都鵬程有限公司驗收合格后付清了剩餘貨款。四川鯤鵬有限公司的有關會計處理如下：

（1）2016年10月12日收到成都鵬程有限公司交來的預付款100,000元：

借：銀行存款　　　　　　　　　　　　　　　　　　　100,000

　　　　貸：預收帳款——鵬程公司　　　　　　　　　　　　　　　　100,000
　　（2）2016年10月15日，四川鯤鵬有限公司發貨後收到成都鵬程有限公司剩餘貨款：
　　　　借：預收帳款——鵬程公司　　　　　　　　　　　　　　　585,000
　　　　　貸：主營業務收入　　　　　　　　　　　　　　　　　　　500,000
　　　　　　　應交稅費——應交增值稅（銷項稅額）　　　　　　　　85,000
　　成都鵬程有限公司補付的貨款＝585,000－100,000＝485,000（元）。
　　　　借：銀行存款　　　　　　　　　　　　　　　　　　　　　485,000
　　　　　貸：預收帳款——鵬程公司　　　　　　　　　　　　　　　485,000
　　如四川鯤鵬有限公司只能向鵬程公司供貨50,000元，則四川鯤鵬有限公司應退回預收帳款41,500元，會計分錄如下：
　　　　借：預收帳款——鵬程公司　　　　　　　　　　　　　　　100,000
　　　　　貸：主營業務收入　　　　　　　　　　　　　　　　　　　50,000
　　　　　　　應交稅費——應交增值稅（銷項稅額）　　　　　　　　 8,500
　　　　　　　銀行存款　　　　　　　　　　　　　　　　　　　　　41,500
　　企業預收帳款情況不多的，也可不設「預收帳款」科目，將預收的款項直接記入「應收帳款」科目的貸方。

　　【例2-18】在【例2-17】中，假設四川鯤鵬有限公司不設置「預收帳款」科目，通過「應收帳款」科目核算有關業務。四川鯤鵬有限公司的有關會計處理如下：
　　（1）2016年10月12日收到成都鵬程有限公司交來的預付款100,000元：
　　　　借：銀行存款　　　　　　　　　　　　　　　　　　　　　100,000
　　　　　貸：應收帳款——鵬程公司　　　　　　　　　　　　　　　100,000
　　（2）2016年10月15日，四川鯤鵬有限公司發貨後收到成都鵬程有限公司剩餘貨款：
　　　　借：應收帳款——鵬程公司　　　　　　　　　　　　　　　585,000
　　　　　貸：主營業務收入　　　　　　　　　　　　　　　　　　　500,000
　　　　　　　應交稅費——應交增值稅（銷項稅額）　　　　　　　　85,000
　　　　借：銀行存款　　　　　　　　　　　　　　　　　　　　　485,000
　　　　　貸：應收帳款——鵬程公司　　　　　　　　　　　　　　　485,000

第三節　應付職工薪酬

　　職工薪酬是企業必須付出的人力成本，是吸引和激勵職工的重要手段，既是職工對企業投入勞動獲得的報酬，也是企業的成本費用。應付職工薪酬是指企業根據有關規定應付給職工的各種薪酬，是因職工提供服務而產生的義務。

一、應付職工薪酬的內容

應付職工薪酬包括職工工資、獎金、津貼和補貼，職工福利費，醫療、養老、失業、工傷、生育等社會保險費，住房公積金，工會經費，職工教育經費，非貨幣性福利等。

1. 工資、獎金、津貼和補貼

職工工資、獎金、津貼和補貼，是按照國家統計局《關於職工工資總額組成的規定》，構成工資總額的計時工資、計件工資、支付給職工的超額勞動報酬和增收節支的勞動報酬、為了補償職工特殊或額外的勞動消耗和因其他特殊原則支付給職工的津貼，以及為了保證職工工資水平不受物價影響支付給職工的物價補貼等。企業按規定支付給職工的加班加點工資，以及根據國家法律、法規和政策規定，企業在職工因病、工傷、產假、計劃生育假、婚喪假、事假、探親假、定期休假、停工學習、執行國家或社會義務等特殊情況下，按照計時工資或計件工資標準的一定比例支付的工資，也屬於職工工資範疇，在職工休假或缺勤時，不應當從工資總額中扣除。

2. 福利費

職工福利費，是企業為職工集體提供的福利，如補助生活困難職工等。

3. 社會保險費

醫療保險費、養老保險費、失業保險費、工傷保險費和生育保險費等社會保險費，是企業按照國家規定的基準和比例計算，向社會保險經辦機構繳納的醫療保險金、基本養老保險金、失業保險金、工傷保險費和生育保險費，以及根據《企業年金試行辦法》《企業年金基金管理試行辦法》等相關規定，向有關單位（企業年金基金帳戶管理人）繳納的補充養老保險費。此外，以商業保險形式提供給職工的各種保險待遇也屬於企業提供的職工薪酬。

4. 住房公積金

住房公積金，是企業按照國家《住房公積金管理條例》規定的基準和比例計算，向住房公積金管理機構繳存的住房公積金。

5. 工會經費和職工教育經費

工會經費和職工教育經費，是企業為了改善職工文化生活、提高職工業務素質，用於開展工會活動和職工教育及職業技能培訓，根據國家規定的基準和比例，從成本費用中提取的金額。

6. 非貨幣性福利

非貨幣性福利，包括企業以自己的產品或其他有形資產發放給職工作為福利、企業向職工提供無償使用自己擁有的資產、企業為職工無償提供商品或類似醫療保健的服務等。

7. 其他職工薪酬

其他職工薪酬包括因解除與職工的勞動關係給予的補償等。

二、應付職工薪酬的核算

應付職工薪酬的提取、結算、使用等情況是用「應付職工薪酬」科目來核算的。「應付職工薪酬」科目貸方登記已分配計入有關成本費用項目的職工薪酬的數額，借方登記實際發放職工薪酬的數額；期末貸方餘額反應企業應付未付的職工薪酬。

「應付職工薪酬」科目應當按照「工資」「職工福利」「社會保險費」「住房公積金」「工會經費」「職工教育經費」「非貨幣性福利」等應付職工薪酬項目設置明細科目，進行明細核算。

(一) 確認應付職工薪酬

1. 貨幣性職工薪酬

在職工為提供服務的會計期間，企業應當根據職工提供服務的受益對象，將應確認的職工薪酬（包括貨幣性薪酬和非貨幣性福利）計入相關資產成本或當期損益，同時確認為應付職工薪酬。

生產部門人員的職工薪酬，借記「生產成本」「製造費用」「勞務成本」等科目，貸記「應付職工薪酬」科目；管理部門人員的職工薪酬，借記「管理費用」科目，貸記「應付職工薪酬」科目；銷售人員的職工薪酬，借記「銷售費用」科目，貸記「應付職工薪酬」科目；在建工程、研發支出負擔的職工薪酬，借記「在建工程」「研發支出」科目，貸記「應付職工薪酬」科目。

【例 2-19】四川鯤鵬有限公司本月應付工資總額 500,000 元，工資費用分配匯總表中列示工資為 380,000 元，車間管理人員工資為 50,000 元，企業行政管理人員工資為 50,000 元，銷售人員工資為 20,000 元。

根據不同職工提供服務的受益對象不同，產品生產人員工資 380,000 元應記入「基本生產成本」科目，車間管理人員工資 50,000 元應記入「製造費用」科目，行政管理人員工資 500 元應記入「管理費用」科目，銷售人員工資 20,000 元應記入「銷售費用」科目。四川鯤鵬有限公司的有關會計分錄如下：

借：生產成本——基本生產成本 　　　　　　　　　　　380,000
　　製造費用 　　　　　　　　　　　　　　　　　　　 50,000
　　管理費用 　　　　　　　　　　　　　　　　　　　 50,000
　　銷售費用 　　　　　　　　　　　　　　　　　　　 20,000
　貸：應付職工薪酬——工資 　　　　　　　　　　　　462,000

在計量應付職工薪酬時，要以國家是否有明確計提標準加以區別處理：企業應向社會保險經辦機構（或企業年金基金帳戶管理人）繳納的醫療保險費、養老保險費、失業保險費、工傷保險費、生育保險費等社會保險費，國家（或企業年金計劃）統一規定了計提基礎和計提比例，應當按照國家規定的標準計提。職工福利費等職工薪酬，沒有明確規定計提基礎和計提比例，企業可以根據實際情況，合理預計當期應付職工薪酬。當期實際發生金額大於預計金額的，應當補提應付職工薪酬；當期實際發生金額小於預計金額的，應當沖回多提的應付職工薪酬。

【例2-20】四川鯤鵬有限公司設有一所職工食堂，每月需要補貼食堂。2016年11月，企業在崗職工共計200人，其中管理部門40人，生產車間160人，每個職工企業每月需補貼食堂120元。

四川鯤鵬有限公司應當提取的職工福利＝120×200＝24,000（元）。其中，生產車間職工相應的福利費19,200元應記入「生產成本」科目，管理部門職工相應的福利費4,800元應記入「管理費用」科目。四川鯤鵬有限公司的有關會計分錄如下：

借：生產成本　　　　　　　　　　　　　　　　　19,200
　　管理費用　　　　　　　　　　　　　　　　　　4,800
　　貸：應付職工薪酬——職工福利　　　　　　　　24,000

【例2-21】根據國家規定的計提標準計算，四川鯤鵬有限公司本月應向社會保險經辦機構繳納職工基本養老保險費共計80,000元，其中，應計入基本生產車間生產成本的金額為50,000元，應計入製造費用的金額為10,000元，應計入管理費用的金額為20,000元。

四川鯤鵬有限公司的有關會計處理如下：

借：生產成本——基本生產成本　　　　　　　　　50,000
　　製造費用　　　　　　　　　　　　　　　　　10,000
　　管理費用　　　　　　　　　　　　　　　　　20,000
　　貸：應付職工薪酬——社會保險費　　　　　　80,000

2. 非貨幣性職工薪酬

企業以自產產品作為非貨幣性福利發放給職工的，應當根據受益對象，按照產品的公允價值，計入相關資產成本或當期損益，同時確認應付職工薪酬，借記「管理費用」「生產成本」「製造費用」等科目，貸記「應付職工薪酬——非貨幣性福利」科目。

企業將擁有的房屋等資產無償提供給職工使用的，應當根據受益對象，將該住房每期應計提的折舊計入相關資產成本或當期損益，同時確認應付職工薪酬，借記「管理費用」「生產成本」「製造費用」等科目，貸記「應付職工薪酬——非貨幣性福利」科目，並且同時借記「應付職工薪酬——非貨幣性福利」科目，貸記「累計折舊」科目。

企業租賃住房等資產供職工無償使用的，應當根據受益對象，將每期應付的租金計入相關資產成本或當期損益，並確認應付職工薪酬，借記「管理費用」「生產成本」「製造費用」等科目，貸記「應付職工薪酬——非貨幣性福利」科目。

難以認定受益對象的非貨幣性福利，直接計入當期損益和應付職工薪酬。

【例2-22】四川鯤鵬有限公司為小家電生產企業，共有職工400名，其中340名為直接參加生產的職工，60名為總部管理人員。2016年8月，公司以生產的每臺成本為900元的電暖器作為春節福利發放給公司每名職工。該型號的電暖器市場售價為每臺1,000元，公司適用的增值稅稅率為17%。

應確認的應付職工薪酬＝400×1,000×17%＋400×1,000＝468,000（元）其中，

應記入「生產成本」科目的金額＝340×1,000×17%＋340×1,000＝397,800（元）應記入「管理費用」科目的金額＝60×1,000×17%＋60×1,000＝70,200（元）。四川鯤鵬有限公司的有關會計處理如下：

  借：生產成本   397,800
    管理費用   70,200
   貸：應付職工薪酬——非貨幣性福利   468,000

【例2-23】四川鯤鵬有限公司為總部各部門經理級別以上職工提供汽車免費使用，同時為副總裁以上高級管理人員每人租賃一套住房。四川鯤鵬有限公司總部共有部門經理以上職工10名，每人提供一輛汽車免費使用。假定每輛汽車每月計提折舊1,000元；該公司共有副總裁以上高級管理人員5名，公司為其每人租賃一套面積為200平方米帶有家具和電器的公寓，月租金為每套4,000元。

  四川鯤鵬有限公司為總部各部門經理級別以上職工提供汽車免費使用，同時為副總裁以上高級管理人員租賃住房使用。根據受益對象，確認的應付職工薪酬應當計入管理費用。應確認的應付職工薪酬＝10×1,000＋5×4,000＝30,000（元）其中，提供企業擁有的汽車供職工使用的非貨幣性福利＝10×1,000＝10,000（元），租賃住房供職工使用的非貨幣性福利＝5×4,000＝20,000（元）。四川鯤鵬有限公司將其擁有的汽車無償提供給職工使用的，還應當按照該部分非貨幣性福利10,000元，借記「應付職工薪酬——非貨幣性福利」科目，貸記「累計折舊」科目。四川鯤鵬有限公司的有關會計處理如下：

  借：管理費用   30,000
   貸：應付職工薪酬——非貨幣性福利   30,000
  借：應付職工薪酬——非貨幣性福利   10,000
   貸：累計折舊   10,000

（二）發放職工薪酬

  1. 支付職工工資、獎金、津貼和補貼

  向職工支付工資、獎金、津貼等，借記「應付職工薪酬——工資」科目，貸記「銀行存款」「庫存現金」等科目；企業從應付職工薪酬中扣還的各種款項（代墊的家屬藥費、個人所得稅等），借記「應付職工薪酬」科目，貸記「銀行存款」「庫存現金」「其他應收款」「應交稅費——應交個人所得稅」等科目。

  實際中，企業一般在每月發放工資前，根據工資結算匯總表中的「實發金額」欄的合計數向開戶銀行提取現金，借記「庫存現金」科目，貸記「銀行存款」科目；然後再向職工發放。

  【例2-24】四川鯤鵬有限公司根據工資結算匯總表結算2016年9月應付職工工資總額562,000元，代扣職工房租40,000元，企業代墊職工家屬醫藥費2,000元，實發工資520,000元。

  從應付職工薪酬中代扣職工房租40,000元、扣還代墊職工家屬醫藥費2,000元，應當借記「應付職工薪酬」科目，貸記「其他應收款」科目。四川鯤鵬有限公司的有

關會計處理如下：
(1) 向銀行提取現金：
借：庫存現金　　　　　　　　　　　　　　　　　520,000
　　貸：銀行存款　　　　　　　　　　　　　　　　520,000
(2) 發放工資，支付現金：
借：應付職工薪酬——工資　　　　　　　　　　　520,000
　　貸：庫存現金　　　　　　　　　　　　　　　　520,000
(3) 代扣款項：
借：應付職工薪酬——工資　　　　　　　　　　　420,000
　　貸：其他應收款——職工房租　　　　　　　　　420,000
　　　　　　　　　——代墊醫藥費　　　　　　　　　2,000

2. 支付職工福利費

企業向職工食堂、職工醫院、生活困難職工等支付職工福利費時，借記「應付職工薪酬——職工福利」科目，貸記「銀行存款」「庫存現金」等科目。

【例2-25】2016年9月，四川鯤鵬有限公司以現金支付職工王某生活困難補助2,000元。

四川鯤鵬有限公司的有關會計分錄如下：
借：應付職工薪酬——職工福利　　　　　　　　　　2,000
　　貸：庫存現金　　　　　　　　　　　　　　　　　2,000

【例2-26】在【例2-20】中，四川鯤鵬有限公司所設一所職工食堂，需要補貼食堂的金額為24,000元。2016年11月，四川鯤鵬有限公司共支付現金24,000元補貼給食堂。

四川鯤鵬有限公司的有關會計分錄如下：
借：應付職工薪酬——職工福利　　　　　　　　　　24,000
　　貸：庫存現金　　　　　　　　　　　　　　　　　24,000

3. 支付工會經費、職工教育經費和繳納社會保險費、住房公積金

支付工會經費和職工教育經費用於工會運作和職工培訓，或按照國家有關規定繳納社會保險費或住房公積金時，借記「應付職工薪酬——工會經費（或職工教育經費、社會保險費、住房公積金）」科目，貸記「銀行存款」「庫存現金」等科目。

【例2-27】四川鯤鵬有限公司以銀行存款繳納參加職工醫療保險的醫療保險費80,000元。

四川鯤鵬有限公司的有關會計分錄如下：
借：應付職工薪酬——社會保險費　　　　　　　　　80,000
　　貸：銀行存款　　　　　　　　　　　　　　　　　80,000

4. 發放非貨幣性福利

以自產產品作為職工薪酬發放給職工時，應確認主營業務收入，借記「應付職工薪酬——非貨幣性福利」科目，貸記「主營業務收入」科目，同時結轉相關成本；涉

及增值稅銷項稅額的，還應進行相應的處理。

企業支付租賃住房等供職工無償使用所發生的租金，借記「應付職工薪酬——非貨幣性福利」科目，貸記「銀行存款」等科目。

【例2-28】在【例2-22】中四川鯤鵬有限公司向職工發放電暖器作為福利，要根據稅收規定，視同銷售計算增值稅銷項稅額。

四川鯤鵬有限公司應確認的主營業務收入 = 400 × 1,000 = 400,000（元），應確認的增值稅銷項稅額 = 400 × 1,000 × 17% = 68,000（元），應結轉的銷售成本 = 400 × 900 = 360,000（元）。四川鯤鵬有限公司的有關會計處理如下：

借：應付職工薪酬——非貨幣性福利　　　　　　　　468,000
　　貸：主營業務收入　　　　　　　　　　　　　　　400,000
　　　　應交稅費——應交增值稅（銷項稅額）　　　　68,000
借：主營業務成本　　　　　　　　　　　　　　　　360,000
　　貸：庫存商品——電暖器　　　　　　　　　　　　360,000

【例2-29】對【例2-23】中，四川鯤鵬有限公司每月支付副總裁以上高級管理人員住房租金。

企業支付租賃住房供職工無償使用所發生的租金20,000元，應借記「應付職工薪酬——非貨幣性福利」科目，貸記「銀行存款」等科目。四川鯤鵬有限公司的有關會計處理如下：

借：應付職工薪酬——非貨幣性福利　　　　　　　　20,000
　　貸：銀行存款　　　　　　　　　　　　　　　　　20,000

第四節　應交稅費

應交稅費包括增值稅、消費稅、營業稅、城市維護建設稅、資源稅、所得稅、土地增值稅、房產稅、車船使用稅、土地使用稅、教育費附加、礦產資源補償費、印花稅、耕地占用稅等。

「應交稅費」科目反應各種稅費的交納情況，應按照稅費項目進行明細核算。「應交稅費」科目貸方登記應交納的各種稅費，借方登記實際交納的稅費，期末餘額一般在貸方，反應企業尚未交納的稅費。期末餘額如在借方，反應企業多交或尚未抵扣的稅費。印花稅、耕地占用稅等不需要預計應交數的稅金，不通過「應交稅費」科目核算。

一、應交增值稅

（一）增值稅

增值稅是對中國境內銷售貨物、進口貨物，或提供加工、修理修配勞務的增值額徵收的一種流轉稅。在中國境內銷售貨物、進口貨物，或提供加工、修理修配勞務的

單位和個人是增值稅的納稅人。增值稅納稅人分為一般納稅人和小規模納稅人，是按照納稅人的經營規模及會計核算的健全程度確定的。一般納稅人應納增值稅額，根據當期銷項額減去當期進項額計算確定；小規模納稅人應納增值稅額，按照銷售額和規定的徵收率計算確定。

按照《中華人民共和國增值稅暫行條例》規定，企業購入貨物或接受應稅勞務支付的增值稅（即進項稅額），可從銷售貨物或提供勞務按規定收取的增值稅（即銷項稅額）中抵扣。準予從銷項稅額抵扣的進項稅額通常包括：

(1) 從銷售方取得的增值稅專用發票上註明的增值稅額。

(2) 從海關取得的完稅憑證上註明的增值稅額。

(二) 一般納稅人企業的核算

為了核算企業應交增值稅的發生、抵扣、繳納、退稅及轉出等情況，一般納稅人企業應在「應交稅費」科目下設置「應交增值稅」明細科目，並在「應交增值稅」明細帳內設置「進項稅額」「已交稅金」「銷項稅額」「出口退稅」「進項稅額轉出」等專欄。

1. 採購物資和接受應稅勞務

企業從國內採購物資或接受應稅勞務等，根據增值稅專用發票上記載的應計入採購成本或應計入加工、修理修配等物資成本的金額，借記「材料採購」「在途物資」「原材料」「庫存商品」或「生產成本」「製造費用」「委託加工物資」「管理費用」等科目，根據增值稅專用發票上註明的可抵扣的增值稅額，借記「應交稅費——應交增值稅（進項稅額）」科目，按照應付或實際支付的總額，貸記「應付帳款」「應付票據」「銀行存款」等科目。購入貨物發生的退貨，作相反的會計分錄。

【例2－30】四川鯤鵬有限公司購入原材料一批，增值稅專用發票上註明貨款50,000元，增值稅額8,500元，貨物尚未到達，貨款和進項稅款已用銀行存款支付。四川鯤鵬有限公司採用計劃成本對原材料進行核算。

四川鯤鵬有限公司的有關會計分錄如下：

借：材料採購　　　　　　　　　　　　　　　　　　50,000
　　應交稅費——應交增值稅（進項稅額）　　　　　 8,500
　貸：銀行存款　　　　　　　　　　　　　　　　　 58,500

企業購入免徵增值稅貨物，一般不能夠抵扣增值稅銷項稅額。但是對於購入的免稅農產品，可以按照買價和規定的扣除率計算進項稅額，並準予從企業的銷項稅額中抵扣。企業購入免稅農產品，按照買價和規定的扣除率計算進項稅額，借記「應交稅費——應交增值稅（進項稅額）」科目，按買價扣除按規定計算的進項稅額后的差額，借記「材料採購」「原材料」「庫存商品」等科目，按照應付或實際支付的價款，貸記「應付帳款」「銀行存款」等科目。

【例2－31】四川鯤鵬有限公司購入免稅農產品一批，價款100,000元，規定的扣除率為13%，貨物尚未到達，貨款已用銀行存款支付。

進項稅額 = 購買價款 × 扣除率 = 100,000 × 13% = 13,000（元）。四川鯤鵬有限公

司的有關會計分錄如下：

借：材料採購 87,000
　　應交稅費——應交增值稅（進項稅額） 13,000
　貸：銀行存款 100,000

依據修訂後的增值稅暫行條例，企業購進固定資產所支付的增值稅額，允許在購置當期全部一次性扣除。

【例 2-32】四川鯤鵬有限公司購入不需要安裝的設備一臺，價款及運輸保險等費用合計 400,000 元，增值稅專用發票上註明的增值稅額為 68,000 元，款項尚未支付。

企業購進固定資產所支付的增值稅額 68,000 元，應在購置當期全部一次性扣除。四川鯤鵬有限公司的有關會計分錄如下：

借：固定資產 400,000
　　應交稅費——應交增值稅（進項稅額） 68,000
　貸：應付帳款 468,000

【例 2-33】四川鯤鵬有限公司生產車間委託外單位修理機器設備，對方開來的專用發票上註明修理費用 20,000 元，增值稅額 3,400 元，款項已用銀行存款支付。

四川鯤鵬有限公司的有關會計分錄如下：

借：製造費用 20,000
　　應交稅費——應交增值稅（進項稅額） 3,400
　貸：銀行存款 23,400

生產經營過程中支付運輸費用，按運輸費用總額的 7% 計算進項稅額。

【例 2-34】四川鯤鵬有限公司購回材料一批，價款 100,000 元，運輸費用 4,000 元。材料已入庫，款項以銀行存款支付。

進項稅額 = 100,000 × 17% + 4,000 × 7% = 19,280 元。材料成本 = 100,000 + 4,000 × (1−7%) = 103,720 元。四川鯤鵬有限公司的有關會計分錄如下：

借：原材料 103,720
　　應交稅費——應交增值稅（進項稅額） 19,280
　貸：銀行存款 123,000

2. 進項稅額轉出

購進的貨物發生非常損失，或者購進貨物改變用途，進項稅額應通過「應交稅費——應交增值稅（進項稅額轉出）」科目轉入有關科目，借記「待處理財產損溢」「在建工程」「應付職工薪酬」等科目，貸記「應交稅費——應交增值稅（進項稅額轉出）」科目。轉作待處理財產損失的進項稅額，應與遭受非常損失的購進貨物、在產品或庫存商品的成本一併處理。

【例 2-35】四川鯤鵬有限公司庫存材料因意外火災毀損一批，有關增值稅專用發票確認的成本為 20,000 元，增值稅額 3,400 元。

四川鯤鵬有限公司的有關會計分錄如下：

借：待處理財產損溢——待處理流動資產損溢 23,400

貸：原材料		20,000
應交稅費——應交增值稅（進項稅額轉出）		3,400

【例2-36】四川鯤鵬有限公司因火災毀損庫存商品一批，實際成本50,000元，經確認損失外購材料的增值稅8,500元。

四川鯤鵬有限公司的有關會計分錄如下：

借：待處理財產損溢——待處理流動資產損溢		58,500
貸：庫存商品		50,000
應交稅費——應交增值稅（進項稅額轉出）		8,500

【例2-37】四川鯤鵬有限公司建造廠房領用生產用原材料30,000元，原材料購入時支付的增值稅為5,100元。

四川鯤鵬有限公司的有關會計分錄如下：

借：在建工程		35,100
貸：原材料		30,000
應交稅費——應交增值稅（進項稅額轉出）		5,100

【例2-38】四川鯤鵬有限公司所屬的職工醫院維修領用原材料4,000元，購入時支付的增值稅為680元。

四川鯤鵬有限公司的有關會計分錄如下：

借：應付職工薪酬——職工福利		4,680
貸：原材料		4,000
應交稅費——應交增值稅（進項稅額轉出）		680

3. 銷售物資或者提供應稅勞務

銷售貨物或者提供應稅勞務，按照營業收入和應收取的增值稅稅額，借記「應收帳款」「應收票據」「銀行存款」等科目，按專用發票上註明的增值稅稅額，貸記「應交稅費——應交增值稅（銷項稅額）」科目，按照實現的營業收入，貸記「主營業務收入」「其他業務收入」等科目。發生的銷售退回，作相反的會計分錄。

【例2-39】四川鯤鵬有限公司銷售產品一批，價款300,000元，按規定應收取增值稅額51,000元，提貨單和增值稅專用發票已交給買方，款項尚未收到。

四川鯤鵬有限公司的有關會計分錄如下：

借：應收帳款		351,000
貸：主營業務收入		300,000
應交稅費——應交增值稅（銷項稅額）		51,000

【例2-40】四川鯤鵬有限公司為外單位代加工衣架500個，每個收取加工費100元，適用的增值稅稅率為17%。加工完成，款項已收到並存入銀行。

四川鯤鵬有限公司的有關會計分錄如下：

借：銀行存款		58,500
貸：主營業務收入		50,000
應交稅費——應交增值稅（銷項稅額）		8,500

4. 視同銷售行為

有些交易和事項從會計角度看不屬於銷售行為，不能確認銷售收入，但按照稅法規定，應視同對外銷售處理，計算應交增值稅。例如企業將自產或委託加工的貨物用於非應稅項目、集體福利或個人消費，或將自產、委託加工或購買的貨物作為投資、分配給股東或投資者、無償贈送他人等。視同對外銷售處理時，應當借記「在建工程」「長期股權投資」「營業外支出」等科目，貸記「應交稅費——應交增值稅（銷項稅額）」科目。

【例2-41】四川鯤鵬有限公司將自己生產的產品用於建造庫房。產品的成本為200,000元，計稅價格為300,000元。增值稅稅率為17%。

企業在建工程領用自己生產的產品的銷項稅額 = 300,000 × 17% = 51,000（元）。四川鯤鵬有限公司的有關會計分錄如下：

借：在建工程　　　　　　　　　　　　　　　　　　　　　251,000
　　貸：庫存商品　　　　　　　　　　　　　　　　　　　　200,000
　　　　應交稅費——應交增值稅（銷項稅額）　　　　　　　51,000

5. 出口退稅

企業出口產品按規定退稅的，按應收的出口退稅額，借記「其他應收款」科目，貸記「應交稅費——應交增值稅（出口退稅）」科目。

6. 交納增值稅

交納的增值稅，借記「應交稅費——應交增值稅（已交稅金）」科目，貸記「銀行存款」科目。「應交稅費——應交增值稅」科目的貸方餘額，表示企業應納的增值稅。

【例2-42】四川鯤鵬有限公司以銀行存款交納本月增值稅200,000元。

四川鯤鵬有限公司的有關會計分錄如下：

借：應交稅費——應交增值稅（已交稅金）　　　　　　　　200,000
　　貸：銀行存款　　　　　　　　　　　　　　　　　　　　200,000

【例2-43】四川鯤鵬有限公司本月發生銷項稅額合計90,000元，進項稅額轉出20,000元，進項稅額30,000元，已交增值稅70,000元。

四川鯤鵬有限公司本月「應交稅費——應交增值稅」科目的餘額 = 90,000 + 20,000 - 30,000 - 70,000 = 10,000（元）。餘額在貸方，表示四川鯤鵬有限公司尚未交納增值稅10,000元。

（三）小規模納稅人企業的核算

小規模納稅人企業應當按照不含稅銷售額和規定的增值稅徵收率計算交納增值稅，銷售貨物或提供應稅勞務時只能開具普通發票，不能開具增值稅專用發票。小規模納稅人企業不享有進項稅額的抵扣權，購進貨物或接受應稅勞務支付的增值稅直接計入有關貨物或勞務的成本。

小規模納稅人企業只需在「應交稅費」科目下設置「應交增值稅」明細科目，不需要在「應交增值稅」明細科目中設置專欄。「應交稅費——應交增值稅」科目貸方

登記應交納的增值稅，借方登記已交納的增值稅，期末貸方餘額為尚未交納的增值稅，借方餘額為多交納的增值稅。

小規模納稅人企業購進貨物和接受應稅勞務時支付的增值稅，直接計入有關貨物和勞務的成本，借記「材料採購」「在途物資」等科目，貸記「銀行存款」等科目。

【例2－44】小規模納稅人企業購入材料一批，取得的專用發票中註明貨款30,000元，增值稅5,100元，款項以銀行存款支付，材料已驗收入庫。

小規模納稅人企業購進貨物時支付的增值稅3,400元，直接計入貨物的成本。會計分錄如下：

　　借：原材料　　　　　　　　　　　　　　　　　35,100
　　　貸：銀行存款　　　　　　　　　　　　　　　　　35,100

【例2－45】小規模納稅人企業銷售產品一批，所開出的普通發票中註明的貨款（含稅）為41,200元，增值稅徵收率為3%，款項已存入銀行。

不含稅銷售額＝含稅銷售額÷(1＋徵收率)＝41,200÷(1＋3%)＝40,000（元），應納增值稅＝不含稅銷售額×徵收率＝40,000×3%＝1,200（元）。會計分錄如下：

　　借：銀行存款　　　　　　　　　　　　　　　　　41,200
　　　貸：主營業務收入　　　　　　　　　　　　　　　40,000
　　　　　應交稅費——應交增值稅　　　　　　　　　　1,200

【例2－46】在【例2－45】中，該小規模納稅人企業月末以銀行存款上交增值稅1,200元。會計分錄如下：

　　借：應交稅費——應交增值稅　　　　　　　　　　1,200
　　　貸：銀行存款　　　　　　　　　　　　　　　　　1,200

企業購入材料不能取得增值稅專用發票的，比照小規模納稅人企業進行處理，發生的增值稅計入材料採購成本，借記「材料採購」「在途物資」等科目，貸記「銀行存款」等科目。

二、應交消費稅

(一) 消費稅

消費稅是在中國境內生產、委託加工和進口應稅消費品的單位和個人按流轉額交納的一種稅。

消費稅有從價定率和從量定額兩種徵收方法。採取從價定率方法徵收的消費稅，以不含增值稅的銷售額為稅基，按照稅法規定的稅率計算。企業的銷售收入包含增值稅的，應將其換算為不含增值稅的銷售額。採取從量定額計徵的消費稅，根據按稅法確定的企業應稅消費品的數量和單位應稅消費品應繳納的消費稅計算確定。

應交消費稅的發生、繳納情況在「應交稅費」科目下設置「應交消費稅」明細科目核算。「應交消費稅」科目的貸方登記應交納的消費稅，借方登記已交納的消費稅，期末貸方餘額為尚未交納的消費稅，借方餘額為多交納的消費稅。

(二) 應交消費稅的核算

1. 銷售應稅消費品

銷售應稅消費品應交的消費說，借記「稅金及附加」科目，貸記「應交稅費——應交消費稅」科目。

【例 2 – 47】四川鯤鵬有限公司銷售所生產的化妝品，價款 3,000,000 元（不含增值稅），適用的消費稅稅率為 30%。

應交消費稅額 = 3,000,000 × 30% = 900,000（元）。四川鯤鵬有限公司有關的會計分錄如下：

借：稅金及附加　　　　　　　　　　　　　　　　　　　　900,000
　貸：應交稅費——應交營業稅　　　　　　　　　　　　　　 90,000

2. 自產自銷應稅消費品

企業將生產的應稅消費品用於在建工程等非生產機構時，按規定應交納的消費稅，借記「在建工程」等科目，貸記「應交稅費——應交消費稅」科目。

【例 2 – 48】四川鯤鵬有限公司在建工程領用自產柴油 60,000 元，應交納增值稅 10,200 元，應交納消費稅 6,000 元。

生產的應稅消費品用於在建工程等非生產機構時，按規定應交納的消費稅 6,000 元應記入「在建工程」科目。四川鯤鵬有限公司的有關會計分錄如下：

借：在建工程　　　　　　　　　　　　　　　　　　　　　76,200
　貸：庫存商品　　　　　　　　　　　　　　　　　　　　 60,000
　　　應交稅費——應交增值稅（銷項稅額）　　　　　　　　10,200
　　　　　　　——應交消費稅　　　　　　　　　　　　　　 6,000

【例 2 – 49】四川鯤鵬有限公司所設的職工食堂享受企業提供的補貼，本月領用自產產品一批，該產品的帳面價值 40,000 元，市場價格 60,000 元（不含增值稅），適用的消費稅稅率為 10%，增值稅稅率為 17%。

應記入「應付職工薪酬——非貨幣性福利」科目的金額 = 60,000 + 60,000 × 17% + 60,000 × 10% = 76,200（元）。四川鯤鵬有限公司的有關會計分錄如下：

借：管理費用　　　　　　　　　　　　　　　　　　　　　76,200
　貸：應付職工薪酬——非貨幣性福利　　　　　　　　　　 76,200
借：應付職工薪酬——非貨幣性福利　　　　　　　　　　　76,200
　貸：主營業務收入　　　　　　　　　　　　　　　　　　 60,000
　　　應交稅費——應交增值稅（銷項稅額）　　　　　　　　10,200
　　　　　　　——應交消費稅　　　　　　　　　　　　　　 6,000
借：主營業務成本　　　　　　　　　　　　　　　　　　　40,000
　貸：庫存商品　　　　　　　　　　　　　　　　　　　　 40,000

3. 委託加工應稅消費品

有應交消費稅的委託加工物資，一般應由受託方代收代交消費稅款。受託方按照應交稅款金額，借記「應收帳款」「銀行存款」等科目，貸記「應交稅費——應交消

費稅」科目。受託加工或翻新改制金銀首飾按照規定由受託方交納消費稅。

委託加工物資收回後，直接用於銷售的，應將受託方代收代交的消費稅計入委託加工物資的成本，借記「委託加工物資」等科目，貸記「應付帳款」「銀行存款」等科目；委託加工物資收回后用於連續生產應稅消費品的，按規定準予抵扣的，應按已由受託方代收代交的消費稅，借記「應交稅費——應交消費稅」科目，貸記「應付帳款」「銀行存款」等科目。

【例2-50】成都達誠有限公司委託四川鯤鵬有限公司代為加工一批應交消費稅的材料（非金銀首飾）。成都達誠有限公司的材料成本為1,000,000元，加工費為200,000元，由四川鯤鵬有限公司代收代交的消費稅為80,000元（不考慮增值稅）。材料已經加工完成，並由成都達誠有限公司收回驗收入庫，加工費尚未支付。成都達誠有限公司採用實際成本法進行原材料的核算。

(1) 如果成都達誠有限公司收回的委託加工物資用於繼續生產應稅消費品，會計分錄如下：

借：委託加工物資　　　　　　　　　　　　　　　1,000,000
　　貸：原材料　　　　　　　　　　　　　　　　　　1,000,000
借：委託加工物資　　　　　　　　　　　　　　　　200,000
　　應交稅費——應交消費稅　　　　　　　　　　　　80,000
　　貸：應付帳款　　　　　　　　　　　　　　　　　280,000
借：原材料　　　　　　　　　　　　　　　　　　1,200,000
　　貸：委託加工物資　　　　　　　　　　　　　　1,200,000

(2) 如果成都達誠有限公司收回的委託加工物資直接用於對外銷售，會計分錄如下：

借：委託加工物資　　　　　　　　　　　　　　　1,000,000
　　貸：原材料　　　　　　　　　　　　　　　　　　1,000,000
借：委託加工物資　　　　　　　　　　　　　　　　280,000
　　貸：應付帳款　　　　　　　　　　　　　　　　　280,000
借：原材料　　　　　　　　　　　　　　　　　　1,280,000
　　貸：委託加工物資　　　　　　　　　　　　　　1,280,000

(3) 四川鯤鵬有限公司對應收取的受託加工代收代交消費稅的會計分錄如下：

借：應收帳款　　　　　　　　　　　　　　　　　　80,000
　　貸：應交稅費——應交消費稅　　　　　　　　　　80,000

4. 進口應稅消費品

進口應稅物資在進口環節應交的消費稅，計入該項物資的成本，借記「材料採購」「固定資產」等科目，貸記「銀行存款」科目。

【例2-51】四川鯤鵬有限公司從國外進口一批需要交納消費稅的商品，商品價值2,000,000元，進口環節需要交納的消費稅為400,000元（不考慮增值稅），採購的商品已經驗收入庫，貨款尚未支付，稅款已經用銀行存款支付。

進口應稅物資在進口環節應交的消費稅400,000元，應計入該項物資的成本。四

四川鯤鵬有限公司的有關會計分錄如下：

借：庫存商品　　　　　　　　　　　　　　　　　　　　2,400,000
　　貸：應付帳款　　　　　　　　　　　　　　　　　　　2,000,000
　　　　銀行存款　　　　　　　　　　　　　　　　　　　　400,000

三、應交營業稅

（一）營業稅

營業稅是對在中國境內提供應稅勞務單位和個人徵收的流轉稅。

營業稅以營業額作為計稅依據。營業額是納稅人提供應稅勞務而向對方收取的全部價款和價外費用。

（二）應交營業稅的核算

應交營業稅的發生、交納情況在「應交稅費」科目下設置「應交營業稅」明細科目核算。「應交營業稅」科目貸方登記應交納的營業稅，借方登記已交納的營業稅，期末貸方餘額為尚未交納的營業稅。

企業按照營業額及其適用的稅率，計算應交的營業稅，借記「稅金及附加」科目，貸記「應交稅費——應交營業稅」科目。企業出售不動產時，計算應交的營業稅，借記「固定資產清理」等科目，貸記「應交稅費——應交營業稅」科目。實際交納營業稅時，借記「應交稅費——應交營業稅」科目，貸記「銀行存款」科目。

四、其他應交稅費

其他應交稅費包括應交資源稅、應交城市維護建設稅、應交土地增值稅、應交所得稅、應交房產稅、應交土地使用稅、應交車船使用稅、應交教育費附加、應交個人所得稅等。其他應交稅費在「應交稅費」科目下設置相應的明細科目進行核算，貸方登記應交納的有關稅費，借方登記已交納的有關稅費，期末貸方餘額表示尚未交納的有關稅費。

1. 應交資源稅

資源稅是對在中國境內開採礦產品或者生產鹽的單位和個人徵收的稅。資源稅按照應稅產品的課稅數量和規定的單位稅額計算。開採或生產應稅產品對外銷售的，以銷售數量為課稅數量；開採或生產應稅產品自用的，以自用數量為課稅數量。

對外銷售應稅產品應交納的資源稅借記「稅金及附加」科目，貸記「應交稅費——應交資源稅」科目；自產自用應稅產品應交納的資源稅借記「生產成本」「製造費用」等科目，貸記「應交稅費——應交資源稅」科目。

【例2-52】四川鯤鵬有限公司2016年8月對外銷售某種資源稅應稅礦產品2,000噸，每噸應交資源稅5元。

應交的資源稅 = 2,000 × 5 = 10,000（元），會計分錄如下：

借：稅金及附加　　　　　　　　　　　　　　　　　　　　10,000
　　貸：應交稅費——應交資源稅　　　　　　　　　　　　10,000

【例2－53】四川鯤鵬有限公司2016年8月將自產的資源稅應稅礦產品500噸用於企業的產品生產，每噸應交資源稅5元。

應交納的資源稅＝500×5＝2,500（元），會計分錄如下：

借：生產成本　　　　　　　　　　　　　　　　　　　　　2,500
　　貸：應交稅費——應交資源稅　　　　　　　　　　　　　　　2,500

2. 應交城市維護建設稅

城市維護建設稅是以增值稅、消費稅、營業稅為計稅依據徵收的一種稅，稅率因納稅人所在地不同從1%到7%不等。應交的城市維護建設稅借記「稅金及附加」等科目，貸記「應交稅費——應交城市維護建設稅」科目。

【例2－54】四川鯤鵬有限公司2016年11月實際應上交增值稅500,000元，消費稅200,000元，營業稅100,000元。適用的城市維護建設稅稅率為7%。四川鯤鵬有限公司的有關會計處理如下：

應交的城市維護建設稅＝(500,000＋200,000＋100,000)×7%＝56,000（元），會計分錄如下：

借：稅金及附加　　　　　　　　　　　　　　　　　　　　56,000
　　貸：應交稅費——應交城市維護建設稅　　　　　　　　　　56,000

3. 應交教育費附加

教育費附加是為了發展教育事業而向企業徵收的附加費用，按應交增值稅、消費稅、營業稅的一定比例計算交納。應交的教育費附加借記「稅金及附加」等科目，貸記「應交稅費——應交教育費附加」科目。

【例2－55】四川鯤鵬有限公司2016年11月應交納教育費附加為800,000×1%＝8,000元。款項已經用銀行存款支付。四川鯤鵬有限公司的有關會計處理如下：

借：稅金及附加　　　　　　　　　　　　　　　　　　　　 8,000
　　貸：應交稅費——應交教育費附加　　　　　　　　　　　　 8,000
借：應交稅費——應交教育費附加　　　　　　　　　　　　　 8,000
　　貸：銀行存款　　　　　　　　　　　　　　　　　　　　 8,000

4. 應交土地增值稅

土地增值稅是在中國境內有償轉讓土地使用權及地上建築物和其他附著物產權的單位和個人，就其土地增值額徵收的一種稅。土地增值額是指轉讓收入減去規定扣除項目金額后的餘額。轉讓收入包括貨幣收入、實物收入和其他收入。扣除項目主要包括取得土地使用權所支付的金額、開發土地的費用、新建及配套設施的成本、舊房及建築物的評估價格等。

企業應交的土地增值稅視情況記入不同科目：

（1）企業轉讓的土地使用權連同地上建築物及其附著物一併在「固定資產」等科目核算的，轉讓時應交的土地增值稅，借記「固定資產清理」科目，貸記「應交稅費——應交土地增值稅」科目；

（2）土地使用權在「無形資產」科目核算的，按實際收到的金額，借記「銀行存

款」科目，按應交的土地增值稅，貸記「應交稅費——應交土地增值稅」科目，同時沖銷土地使用權的帳面價值，貸記「無形資產」科目，按其差額，借記「營業外支出」科目或貸記「營業外收入」科目。

【例2-56】四川鯤鵬有限公司2016年9月對外轉讓一棟廠房，計算的應交土地增值稅為30,000元。會計處理如下：

(1) 計算應交納的土地增值稅：

借：固定資產清理　　　　　　　　　　　　　　　30,000
　　貸：應交稅費——應交土地增值稅　　　　　　　　　　30,000

(2) 用銀行存款交納應交土地增值稅稅款：

借：應交稅費——應交土地增值稅　　　　　　　　30,000
　　貸：銀行存款　　　　　　　　　　　　　　　　　　30,000

5. 應交房產稅、土地使用稅和車船使用稅

房產稅是國家對在城市、縣城、建制縣和工礦區徵收的由產權所有人繳納的一種稅。房產自用的，房產稅依照房產原值一次減除10%至30%后的餘額計算交納。房產出租的，以房產租金收入為房產稅的計稅依據。

土地使用稅是國家為了合理利用城鎮土地，調節土地級差收入，提高土地使用效益，加強土地管理而開徵的一種稅，以納稅人實際佔用的土地面積為計稅依據，依照規定稅額計算徵收。

車船使用稅由擁有並且使用車船的單位和個人交納。車船使用稅按照適用稅額計算交納。

企業應交的房產稅、土地使用稅、車船使用稅，借記「管理費用」科目，貸記「應交稅費——應交房產稅（或應交土地使用稅、應交車船使用稅）」科目。

6. 應交個人所得稅

企業按規定計算的代扣代交的職工個人所得稅，借記「應付職工薪酬」科目，貸記「應交稅費——應交個人所得稅」科目；企業交納個人所得稅時，借記「應交稅費——應交個人所得稅」科目，貸記「銀行存款」等科目。

【例2-57】四川鯤鵬有限公司結算2016年7月應付職工工資總額300,000元，代扣職工個人所得稅共計3,000元，實發工資297,000元。

按規定計算的代扣代交的職工個人所得稅2,000元，應記入「應付職工薪酬」科目。四川鯤鵬有限公司的會計分錄如下：

借：應付職工薪酬——工資　　　　　　　　　　　3,000
　　貸：應交稅費——應交個人所得稅　　　　　　　　　　3,000

第五節　應付股利及其他應付款

一、應付股利

應付股利是企業根據股東大會或類似機構審議批准的利潤分配方案，確定分配給投資者的現金股利或利潤。企業通過「應付股利」科目，核算企業確定或宣告支付但尚未實際支付的現金股利或利潤。「應付股利」科目貸方登記應支付的現金股利或利潤，借方登記實際支付的現金股利或利潤，期末貸方餘額反應企業應付未付的現金股利或利潤。「應付股利」科目應按照投資者設置明細科目進行明細核算。

企業根據股東大會或類似機構審議批准的利潤分配方案，確認應付給投資者的現金股利或利潤時，借記「利潤分配——應付現金股利或利潤」科目，貸記「應付股利」科目；向投資者實際支付現金股利或利潤時，借記「應付股利」科目，貸記「銀行存款」等科目。企業分配的股票股利不通過「應付股利」科目核算。

【例2-58】四川鯤鵬有限公司2016年度實現淨利潤900,000元，董事會批准決定2016年度分配現金股利700,000元。股利已經用銀行存款支付。會計處理如下：

　　借：利潤分配——應付現金股利或利潤　　　　　　　　700,000
　　　　貸：應付股利　　　　　　　　　　　　　　　　　　700,000
　　借：應付股利　　　　　　　　　　　　　　　　　　　700,000
　　　　貸：銀行存款　　　　　　　　　　　　　　　　　　700,000

二、其他應付款

其他應付款是指企業除應付票據、應付帳款、預收帳款、應付職工薪酬、應交稅費、應付利息、應付股利等經營活動以外的其他各項應付、暫收的款項。企業通過「其他應付款」科目，核算其他應付款的增減變動及其結存情況。「其他應付款」科目貸方登記發生的各種應付、暫收款項，借方登記償還或轉銷的各種應付、暫收款項，期末貸方餘額，反應企業應付未付的其他應付款項。

發生其他各種應付、暫收款項時，借記「管理費用」等科目，貸記「其他應付款」科目；支付或退回其他各種應付、暫收款項時，借記「其他應付款」科目，貸記「銀行存款」等科目。

【例2-59】四川鯤鵬有限公司以2016年1月1日起，以經營租賃方式租入管理用辦公設備一批，每月租金3,000元，按季支付。2016年3月31日，四川鯤鵬有限公司以銀行存款支付應付租金，會計處理如下：

（1）1月31日計提應付經營租入固定資產租金：
　　借：管理費用　　　　　　　　　　　　　　　　　　　　3,000
　　　　貸：其他應付款　　　　　　　　　　　　　　　　　　3,000
2月底計提應付經營租入固定資產租金的會計處理同上。

(2) 3月31日支付租金：

借：其他應付款   6,000

    管理費用   3,000

  貸：銀行存款   9,000

第六節　長期借款

一、長期借款概述

長期借款是企業向銀行或其他金融機構借入的期限在一年以上（不含一年）的各種借款，是企業長期負債的重要組成部分，一般用於固定資產的購建、改擴建工程、大修理工程、對外投資以及為了保持長期經營能力等方面。

長期借款會計處理的基本要求是反應和監督企業長期借款的借入、借款利息的結算和借款本息的歸還情況，促使企業遵守信貸紀律、提高信用等級，確保長期借款發揮效益。

二、長期借款的核算

企業通過「長期借款」科目，核算長期借款的借入、歸還等情況。「長期借款」科目按照貸款單位和貸款種類設置明細帳，分別「本金」「利息調整」等進行明細核算。「長期借款」科目的貸方登記長期借款本息的增加額，借方登記本息的減少額，貸方餘額表示企業尚未償還的長期借款。

（一）取得長期借款

借入長期借款應按實際收到的金額，借記「銀行存款」科目，貸記「長期借款——本金」科目；如存在差額，還應借記「長期借款——利息調整」科目。

【例2-60】四川鯤鵬有限公司於2013年11月30日從銀行借入資金3,000,000元，借款期限為3年，年利率為8.4%，到期一次還本付息，不計複利。所借款項已存入銀行。

四川鯤鵬有限公司用該借款於當日購買不需安裝的設備一臺，價款2,900,000元，支付運雜費及保險等費用100,000元，設備已於當日投入使用。有關會計處理如下：

（1）取得借款時：

借：銀行存款   3,000,000

  貸：長期借款——本金   3,000,000

（2）支付設備款和運雜費、保險費時：

借：固定資產   3,000,000

  貸：銀行存款   3,000,000

(二) 長期借款的利息

長期借款利息費用應當在資產負債表日按照實際利率法計算確定，實際利率與合同利率差異較小的，也可以採用合同利率計算確定利息費用。

長期借款計算確定的利息費用，計入有關成本、費用：

（1）屬於籌建期間的，計入管理費用；屬於生產經營期間的，計入財務費用。

（2）如果長期借款用於購建固定資產的，在固定資產尚未達到預定可使用狀態前，所發生的應當資本化的利息支出數，計入在建工程成本；固定資產達到預定可使用狀態后發生的利息支出，以及按規定不予資本化的利息支出，計入財務費用。

長期借款按合同利率計算確定的應付未付利息，貸記「應付利息」科目，借記「在建工程」「製造費用」「財務費用」「研發支出」等科目。

【例2-61】承【例2-60】，四川鯤鵬有限公司於2013年12月31日計提長期借款利息。

2013年12月31日計提的長期借款利息 = 3,000,000 × 8.4% ÷ 12 = 21,000（元）。會計分錄如下：

借：財務費用　　　　　　　　　　　　　　　　　　21,000
　　貸：應付利息　　　　　　　　　　　　　　　　　21,000

2014年1月31日至2016年10月31日每月計提利息的會計處理與上相同。

(三) 歸還長期借款

企業歸還長期借款的本金時，應按歸還的金額，借記「長期借款——本金」科目，貸記「銀行存款」科目；按歸還的利息，借記「應付利息」科目，貸記「銀行存款」科目。

【例2-62】承【例2-61】，2016年11月30日，四川鯤鵬有限公司償還該筆銀行借款本息。

2013年11月30日至2016年11月30日已經計提的利息為735,000元，應借記「長期借款——應付利息」科目，2016年11月應當計提的利息21,000元，應借記「財務費用」科目，長期借款本金3,000,000元，應借記「長期借款——本金」科目；實際支付的長期借款本金和利息3,756,000元，貸記「銀行存款」科目。會計分錄如下：

借：財務費用　　　　　　　　　　　　　　　　　　　21,000
　　長期借款——本金　　　　　　　　　　　　　3,000,000
　　　　　　——應計利息　　　　　　　　　　　　735,000
　　貸：銀行存款　　　　　　　　　　　　　　　3,756,000

第七節　應付債券及長期應付款

一、應付債券

(一) 應付債券概述

應付債券是企業為籌集（長期）資金而發行的債券。債券是企業為籌集長期使用資金而發行的一種書面憑證，企業通過發行債券取得資金是以將來履行歸還購買債券者的本金和利息的義務作為保證的。

企業設置企業債券備查簿登記每一企業債券的票面金額、債券票面利率、還本付息期限與方式、發行總額、發行日期和編號、委託代銷單位、轉換股份等資料。企業債券到期清算時，應當在備查簿內逐筆註銷。

企業債券發行價格的高低取決於債券票面金額、債券票面利率、發行當時的市場利率以及債券期限的長短因素。債券發行有面值發行、溢價發行和折價發行三種情況。企業債券按面值出售的，稱為面值發行。折價發行是債券以低於面值的價格發行，溢價發行則是債券按高於面值實務價格發行。

(二) 應付債券的核算

企業設置「應付債券」科目，核算應付債券發行、計提利息、還本付息等情況。「應付債券」科目貸方登記應付債券的本金和利息，借方登記歸還的債券本金和利息，期末貸方餘額表示企業尚未償還的長期債券。「應付債券」科目下應設置「面值」「利息調整」「應計利息」等明細科目。

1. 發行債券

企業按面值發行債券時，應按實際收到的金額，借記「銀行存款」等科目，按債券票面金額，貸記「應付債券——面值」科目。

【例 2-63】四川鯤鵬有限公司於 2013 年 7 月 1 日按面值發行三年期、到期時一次還本付息、年利率為 8%（不計複利）、發行面值總額為 30,000,000 元的債券。會計分錄如下：

借：銀行存款　　　　　　　　　　　　　　　　　　　30,000,000
　　貸：應付債券——面值　　　　　　　　　　　　　　　　30,000,000

2. 債券的利息

發行長期債券應按期計提利息。按面值發行的債券，在每期採用票面利率計提利息時，應當按照與長期借款相一致的原則計入有關成本費用，借記「在建工程」「製造費用」「財務費用」「研發支出」等科目。對於分期付息、到期一次還本的債券，其按票面利率計算確定的應付未付利息記入「應付利息」科目；對於一次還本付息的債券，其按票面利率計算確定的應付未付利息記入「應付債券——應計利息」科目。

【例2－64】承【例2－63】，四川鯤鵬有限公司發行債券所籌資金用於建造固定資產，至2013年12月31日時工程尚未完工，計提本年長期債券利息。該期債券產生的實際利息費用應全部資本化，作為在建工程成本。

至2013年12月31日，債券發行在外的時間為6個月，應計的債券利息為：30,000,000×8%÷12×6＝1,200,000（元）。長期債券為到期時一次還本付息，利息1,200,000元應記入「應付債券——應計利息」科目。會計分錄如下：

借：在建工程　　　　　　　　　　　　　　　　　　　　1,200,000
　　貸：應付債券——應計利息　　　　　　　　　　　　　　　1,200,000

3. 債券還本付息

長期債券到期支付債券本息時，借記「應付債券——面值」和「應付債券——應計利息」「應付利息」等科目，貸記「銀行存款」等科目。

【例2－65】承【例2－63】和【例2－64】，2016年7月1日，四川鯤鵬有限公司償還債券本金和利息。

2013年7月1日至2016年6月30日，四川鯤鵬有限公司長期債券的應計利息＝30,000,000×8%×3＝7,200,000（元）。會計分錄如下：

借：應付債券——面值　　　　　　　　　　　　　　　　　30,000,000
　　　　　　——應計利息　　　　　　　　　　　　　　　　9,600,000
　　貸：銀行存款　　　　　　　　　　　　　　　　　　　　39,600,000

二、長期應付款

長期應付款是除了長期借款和應付債券以外的其他多種長期應付款。主要有應付補償貿易引進設備款和應付融資租入固定資產租賃費，以及以分期付款方式購入固定資產發生的應付款項等。

企業設置「長期應付款」科目核算長期應付款的發生及以后歸還的情況。「長期應付款」科目是負債類科目，貸方登記發生的長期應付款，主要有應付補償貿易補償登記引進設備款及其應付利息、應付融資租入固定資產的租賃費、分期付款方式購入固定資產發生的應付款項等，借方登記長期應付款的歸還數，期末餘額在貸方，表示尚未支付的各種長期應付款。

【例2－66】四川鯤鵬有限公司採用補償貿易方式引進一套設備，設備價款為1,000,000美元，隨同設備一起進口的零配件價款為50,000美元，支付的國外運雜費為2,000美元，另以人民幣支付進口關稅111,500元，國內運雜費為2,000元，安裝費為22,000元。設備在一週內即安裝完畢，引進設備當日美元匯率為￥6.4/USD1。

（1）引入設備時：

設備總款＝6.4×102,000＝－6,412,800（元）

借：在建工程　　　　　　　　　　　　　　　　　　　　6,412,800
　　原材料——修理用備件　　　　　　　　　　　　　　　　320,000
　　貸：長期應付款——應付引進設備款　　　　　　　　　　6,732,800

(2) 支付進口關稅、國內運雜費和設備安裝費時：
借：在建工程　　　　　　　　　　　　　　　　135,500
　　貸：銀行存款　　　　　　　　　　　　　　　　　135,500
(3) 將安裝完畢的設備及進口工具和零配件交付使用時：
借：固定資產　　　　　　　　　　　　　　　　6,548,300
　　貸：在建工程　　　　　　　　　　　　　　　　6,548,300
(4) 以引進設備所生產的產品的銷售收入美元100,000歸還設備款時：（假設當日匯率為¥8.9/USD1）
借：長期應付款——應付引進設備款　　　　　　6,500,000
　　貸：銀行存款　　　　　　　　　　　　　　　　6,500,000
(5) 第一年末（假設當日匯率為¥8.7/USD1），根據補償貿易合同的規定，按6%計提應付利息時，應記錄：
借：財務費用——利息支出　　　　　　　　　　390,000
　　貸：長期應付款——應付引進設備款　　　　　　390,000

練　習　題

一、單項選擇題

1. 企業的應付帳款確實無法支付的，經確認后作為（　　）處理。
　　A. 壞帳準備　　B. 資本公積　　C. 營業外收入　　D. 其他業務收入
2. 短期借款利息核算不會涉及的帳戶是（　　）。
　　A. 預提費用　　B. 應付利息　　C. 財務費用　　D. 銀行存款
3. 企業繳納當月的增值稅，應通過的帳戶是（　　）。
　　A. 應交稅費——應交增值稅（轉出多交增值稅）
　　B. 應交稅費——應交增值稅（轉出多交增值稅）
　　C. 應交稅費——未交增值稅
　　D. 應交稅費——應交增值稅（已交稅金）
4. 委託加工應納消費稅物資（非金銀首飾）收回後直接出售的應稅消費品，其由受託方代扣代交的消費稅，應計入（　　）帳戶。
　　A. 管理費用　　　　　　　　B. 委託加工物資
　　C. 稅金及附加　　　　　　　D. 應交稅費——應交消費稅
5. 甲企業因採購商品開出3個月期限的商業票據一張，該票據的票面價值為400,000元，票面年利率為10%，該應付票據到期時，企業應支付的金額為（　　）元。
　　A. 400,000　　B. 440,000　　C. 410,000　　D. 415,000
6. 甲公司為增值稅一般納稅人企業。因山洪暴發毀損庫存材料一批，實際成本為20,000元，收回殘料價值800元，保險公司賠償11,600元。甲企業購入材料的增值稅

稅率為17%，該批毀損原材料的非常損失淨額是（　　）元。

  A. 7,600 B. 18,800 C. 8,400 D. 11,000

7. 下列不應徵繳營業稅的是（　　）。

  A. 銷售不動產一棟 B. 郵電部門銷售信封

  C. 某汽車修理廠修理汽車 D. 保險公司的承保業務

8. 甲公司結算本月應付職工工資共300,000元，代扣職工個人所得稅5,000元，實發工資295,000元，該企業會計處理中，不正確的是（　　）。

  A. 借：管理費用   300,000
    貸：應付職工薪酬——工資   300,000

  B. 借：應付職工薪酬——工資   5,000
    貸：應交稅費——應交個人所得稅 5,000

  C. 借：其他應收款   5,000
    貸：應交稅費——應交個人所得稅 5,000

  D. 借：應付職工薪酬——工資   295,000
    貸：銀行存款   295,000

9. 甲公司於2015年10月1日發行5年期面值總額為100萬元的債券，債券票面年利率為12%，到期一次還本付息，按面值發行（發行手續費略）。2016年6月30日該公司應付債券的帳面價值為（　　）元。

  A. 1,000,000 B. 1,120,000 C. 1,090,000 D. 1,080,000

10. 甲公司生產一種具有國際先進水平的數控機床，按照國家有關規定，該公司的此種產品適用增值稅先徵後返政策，即先按規定徵收增值稅，然後按實際繳納增值稅額返還60%。2015年1月1日，該公司實際繳納增值稅120萬元。2016年3月，甲公司實際收到返還的增值稅稅額72萬元。甲公司所作會計處理正確的是（　　）。

  A. 借：銀行存款   720,000
    貸：營業外收入   720,000

  B. 借：銀行存款   720,000
    貸：資本公積   720,000

  C. 借：銀行存款   720,000
    貸：應交稅費——應交增值稅   720,000

  D. 借：應交稅費——應交增值稅   720,000
    貸：營業外收入   720,000

11. 企業開出、承兌商業匯票抵付應付帳款時，應借記（　　）科目。

  A. 材料採購 B. 應交稅費——應交增值稅(進項稅額)

  C. 庫存商品 D. 應付帳款

12. 下列各項開支中，不應從「應付職工薪酬——福利費」反應的是（　　）。

  A. 職工醫藥費 B. 職工生活困難補助

  C. 職工食堂補助費用 D. 撫恤費

13. 企業將自產貨物作為集體福利消費，應視同銷售貨物計算應交增值稅，應借記

（　　）科目，貸記「庫存商品」「應交稅費——應交增值稅」等科目。

  A. 營業外支出　　B. 應付職工薪酬　　C. 盈餘公積　　D. 在建工程

14. 某企業根據通過的利潤分配方案確認應付給投資者的利潤時，應貸記（　　）科目。

  A. 利潤分配——分配股利　　　B. 利潤分配——應付利潤
  C. 應付股利　　　　　　　　　D. 應付利潤

15. 企業收取的包裝物押金及其他各種暫收款項時，應貸記（　　）科目。

  A. 營業外收入　　　　　　　　B. 其他業務收入
  C. 其他應付款　　　　　　　　D. 其他應收款

16. 企業發生的下列各項稅金，能夠計入固定資產價值的是（　　）。

  A. 房產稅　　B. 印花稅　　C. 土地使用稅　　D. 增值稅

17. 小規模納稅人企業購入原材料取得的增值稅專用發票上註明：貨款 20,000 元，增值稅 3,400 元，在購入材料過程中另支付運雜費 500 元，已知運輸費用的抵扣率為 7%，則企業該批原材料的入帳價值為（　　）元。

  A. 19,500　　B. 23,900　　C. 20,500　　D. 23,300

18. 企業簽發並承兌的商業承兌匯票如果不能如期支付，應在票據到期且未簽發新的票據時，將應付票據帳面餘額轉入（　　）。

  A. 應收帳款　　B. 應付帳款　　C. 壞帳損失　　D. 其他應付款

19. 甲公司為一般納稅人企業，將外購材料用於修建廠房時，關於增值稅部分，其正確的會計處理是（　　）。

  A. 作為銷項稅額處理
  B. 作進項稅額轉出處理，並將進項稅額轉入在建工程成本
  C. 作進項稅額不得抵扣處理
  D. 將進項稅額計入存貨成本

20. 某一般納稅人企業盤點時發現外購商品變質損失，實際成本為 50 萬元，售價為 60 萬元，增值稅率為 17%，其計入「待處理財產損溢」科目的金額為（　　）萬元。

  A. 50　　B. 60.2　　C. 58.5　　D. 70.2

21. 甲公司本月收回委託加工應稅消費品時，支付加工費 5,000 元，消費稅 600 元，該消費品加工用原材料為 15,000 元，收回後用於連續加工生產應稅消費品，則應計入委託加工物資的成本為（　　）元。

  A. 21,600　　B. 15,600　　C. 20,000　　D. 5,600

22. 甲公司於 2016 年 1 月 1 日發行四年期公司債券 5,000 萬元，實際收到發行價款 5,000 萬元。該債券票面年利率為 6%，半年付息一次，2016 年 12 月 31 日公司對於該債券應確認的財務費用為（　　）萬元。

  A. 300　　B. 150　　C. 100　　D. 200

23. 企業以其自產產品作為非貨幣性福利發放給職工的，應當據受益原則，按該產品的（　　）計入相關成本或損益。

A. 公允價值 B. 重置成本

C. 該種產品平均售價 D. 實際成本

24. 下列職工薪酬中，不應當根據職工提供服務的受益對象計入成本費用的是（ ）

A. 構成工資總額的各組成部分

B. 因解除與職工的勞動關係給予的補償

C. 工會經費和職工教育經費

D. 醫療保險費、養老保險費等社會保險費

25. X公司2016年7月1日按面值發行5年期債券100萬元。該債券到期一次還本付息，票面年利率為5%。X公司當年12月31日應付債券的帳面餘額為（ ）萬元。

A. 100　　　　B. 102.5　　　　C. 105　　　　D. 125

二、多項選擇題

1. 在進行會計核算時，若貸記「應付職工薪酬——福利費」，則對應借記的科目有（ ）。

A. 製造費用　　B. 營業費用　　C. 生產成本　　D. 管理費用

2. 下列各項工資中，不應由「管理費用」列支的有（ ）。

A. 生產人員工資 B. 行政人員工資

C. 車間管理人員工資 D. 醫務人員工資

3. 企業下列各項行為中，應視同銷售必須計算繳納增值稅銷項稅額的有（ ）

A. 將貨物對外捐贈 B. 銷售代銷貨物

C. 委託他人代銷貨物 D. 委託他人保管貨物

4. 企業下列各項行為中，應作為增值稅進項稅額轉出處理的有（ ）。

A. 工程項目領用本企業的材料 B. 工程項目領用本企業的產品

C. 非常損失造成的存貨盤虧 D. 以產品對外投資

5. 企業支付短期利息時，可能借記的會計科目有（ ）。

A. 短期借款　B. 預提費用　C. 應付利息　D. 財務費用

6. 「預收帳款」科目貸方登記（ ）。

A. 預收貨款金額

B. 企業向購貨方發貨后衝銷的預收貨款的數額

C. 退回對方多付的貨款

D. 購貨方補付的貨款

7. 下列各項中，一定計入「財務費用」的有（ ）。

A. 支付銀行承兌匯票的手續費 B. 期末計算帶息商業匯票的利息

C. 銷售企業實際發生的現金折扣 D. 發行債券計提的利息

8. 甲企業為一般納稅人企業，其購進貨物支付了相關稅金，應計入貨物成本的有（ ）。

A. 與客戶簽訂購貨合同支付了印花稅

B. 購入工程物資時支付了增值稅，取得對方開具的專用發票

C. 進口商品支付的關稅

D. 購買一批材料，預計將用於食堂，已支付了增值稅，取得對方開具的專用發票

9. 下列屬於其他應付款核算範圍的有（　　）。

A. 職工未按期領取的工資

B. 應付經營租入固定資產租金

C. 存出投資款

D. 應付、暫收所屬單位、個人的款項

10. 應付債券的利息有可能計入的帳戶有（　　）。

A. 預提費用　　B. 財務費用　　C. 管理費用　　D. 在建工程

11. 企業應交營業稅可以計入（　　）科目。

A. 管理費用　　B. 其他業務支出　　C. 固定資產清理　　D. 稅金及附加

12. 下列各項因素中，屬於影響債券發行價格高低的因素有（　　）。

A. 票面金額　　B. 票面利率　　C. 市場利率　　D. 期限長短

13. 甲公司為一家儲備糧企業，2016年實際糧食儲量1億斤，根據國家有關規定，財政部門按照企業的實際儲備量給予每斤0.033元的糧食保管費補貼，於每個季度初支付。2016年1月甲公司做的相關會計處理，正確的是（　　）。

A. 借：銀行存款　　　　　　　　　　　　3,300,000
　　　貸：遞延收益　　　　　　　　　　　　3,300,000

B. 借：銀行存款　　　　　　　　　　　　3,300,000
　　　貸：資本公積　　　　　　　　　　　　3,300,000

C. 借：遞延收益　　　　　　　　　　　　1,100,000
　　　貸：營業外收入　　　　　　　　　　　1,100,000

D. 借：遞延收益　　　　　　　　　　　　275,000
　　　貸：營業外收入　　　　　　　　　　　275,000

14. 甲公司本期實際上交增值稅450,000元，消費稅240,000元，營業稅220,000元，該企業適用的城市維護建設稅稅率為7%，下列處理正確的是（　　）。

A. 甲公司應交的城建稅為63,700元

B. 甲公司計算城建稅時，借記「稅金及附加」科目

C. 甲公司應以實際交納的增值稅、消費稅、營業稅為計稅依據

D. 甲公司應以應交納的增值稅、消費稅、營業稅為計稅依據

15. 甲公司為電器生產企業，共有職工300人，其中250為直接參加生產人員，30人為車間管理人員，20人為廠部管理人員。2007年2月14日，甲公司以其生產的電咖啡壺作為職工春節福利發放給職工，其成本為每臺300元，市場售價為每臺500元，甲公司適用的增值稅率為17%。下列會計處理不正確的是（　　）。

A. 借：生產成本　　　　　　　　　　　　146,250
　　　　製造費用　　　　　　　　　　　　17,550

	管理費用	11,700
	貸：應付職工薪酬——非貨幣性福利	175,500
B.	借：生產成本	96,250
	製造費用	11,550
	管理費用	7,700
	貸：應付職工薪酬	115,500
C.	借：應付職工薪酬	115,500
	貸：庫存商品	90,000
	應交稅費——應交增值稅（銷項稅額）	25,500
D.	借：主營業務成本	90,000
	貸：庫存商品	90,000

三、判斷題

1. 短期借款利息在預提或實際支付時均應通過「短期借款」科目核算。（　　）
2. 對企業來說，從會計核算上看，增值稅是與企業損益無關的稅金。（　　）
3. 企業購入貨物驗收入庫後，若發票帳單尚未收到，應在月末按照估計的金額確認一筆負債，反應在資產負債表有關負債項目內。（　　）
4. 企業向股東宣告的現金股利，在尚未支付給股東之前，是企業股東權益的一個組成部分。（　　）
5. 「長期借款」帳戶的月末餘額，反應企業尚未支付的各種長期借款的本金。（　　）
6. 甲公司按合同約定，由外部機修公司對其數控車床進行修理，甲公司據合同應付機修公司修理費10,000元，增值稅1,700元。若上述款項均未支付，甲公司應貸記「應付帳款」10,000元，貸記「應交稅費——應交增值稅（銷項稅額）」1,700元。（　　）
7. 甲公司為增值稅一般納稅人企業，其下屬獨立核算的乙公司為小規模納稅人企業。乙公司銷售產品一批，開具普通發票中註明貨款36,888元，已知甲公司適用增值稅率為17%，乙公司徵收率為6%，則其應納增值稅為5,359.79元。（　　）
8. 企業按規定計算出應交的礦產資源補償費應區分受益對象計入相關產品成本或當期損益。（　　）
9. 企業無法支付的到期商業匯票，應按應付本息金額將其轉入「應付帳款」科目。（　　）
10. 企業以自己產品贈送他人，由於會計處理時不作銷售核算，所以不用計算增值稅。（　　）
11. 一般納稅人企業購入貨物時支付的增值稅，均應先通過「應交稅費——應交增值稅（進項稅額）」科目核算，然后再將購入貨物不能抵扣的增值稅進項稅額從「應交稅費——應交增值稅」科目轉出。（　　）
12. 職工因公傷赴外地就醫路費應計入「管理費用」，在當期損益列支。（　　）
13. 企業只有在對外銷售應稅消費品時才應交消費稅。（　　）

14. 企業長期借款所發生的利息支出，應在實際支付時計入在建工程成本或當期損益。（　）

15. 對於確實無法支付的應付帳款，應計入當期損益。（　）

16. 企業委託加工應稅消費品在收回後，應將由受託方代扣代繳的消費稅計入相關成本。（　）

17. 由於企業交納的消費稅屬於價內稅，因此應將應交消費稅計入「稅金及附加」。（　）

18. 對於固定資產借款發生的利息支出，在竣工決算前發生的，應予資本化，將其計入固定資產成本；在竣工決算后發生的，應作為當期費用處理。（　）

19. 商業承兌匯票到期企業無法支付時，應按票面本金數額轉作應付帳款。（　）

四、計算分析題

1. 甲企業於2016年1月1日發行2年期、到期時一次還本付息、利率為6%、面值總額為2,000,000元的債券，所籌資金用於廠房擴建，其擴建工程延長了廠房的使用壽命。該債券已按面值發行成功，款項已收存銀行。A企業每半年計提一次利息。廠房擴建工程於2016年1月1日開工建設，2016年12月31日達到預定可使用狀態。假定2016年6月30日計提利息時，按規定，實際利息支出的60%應予資本化。2016年12月31日計提利息時，按規定實際利息支出的90%應予資本化。債券到期時，以銀行存款償還本息。要求：編製A企業按面值發行債券，各期計提債券利息和債券還本付息的會計分錄。（「應付債券」科目需寫出明細科目）。

2. 某企業2016年4月份發生如下經濟業務：(1) 根據供電部門通知，企業本月應付電費6萬元。其中生產車間電費5萬元，企業行政管理部門電費1萬元。(2) 購入不需要安裝的設備一臺，價款及價外費用100,000元，增值稅專用發票上註明的增值稅額17,000元，款項尚未支付。(3) 生產車間委託外單位修理機器設備，對方開具的專用發票上註明修理費用2,000元，增值稅額340元，款項已用銀行存款支付。(4) 庫存材料因意外火災毀損一批，對方開來的專用發票上註明修理費用2,000元，增值稅額340元，款項已用銀行存款支付。(5) 建造廠房領用生產用原材料20,000元，其購入時支付的增值稅為3,400元。(6) 醫務室維修領用原材料2,000元，其購入時支付的增值稅為340元。(7) 出售一棟辦公樓，出售收入640,000元已存入銀行。該辦公樓的帳面原價為800,000元，已提折舊200,000元，出售過程中用銀行存款支付清理費用10,000元。銷售該項固定資產適用的營業稅稅率為5%。要求：編製上述業務會計分錄。

3. 甲企業委託乙企業加工用於連續生產的應稅消費品。甲、乙兩企業均為增值稅一般納稅人，適用的增值稅稅率為17%，適用的消費稅稅率為5%。甲企業對材料採用計劃成本核算。有關資料如下：(1) 甲企業發出材料一批，計劃成本為70,000元，材料成本差異率為2%。(2) 按合同規定，甲企業用銀行存款支付乙企業加工費用4,600元（不含增值稅），以及相應的增值稅和消費稅。(3) 甲企業用銀行存款支付往返運雜費600元（不考慮增值稅進項稅額）。(4) 甲企業委託乙企業加工完成后的材料計劃成

本為80,000元，該批材料已驗收入庫。要求：(1) 計算甲企業應支付的增值稅和消費稅。(2) 編製甲企業委託加工材料發出、支付相關稅費和入庫有關的會計分錄（對於「應交稅費」帳戶，需列出明細帳戶，涉及增值稅的，還應列出專欄）。

4. 長江公司為家電生產企業，共有職工310人，其中生產工人200人，車間管理人員15人，行政管理人員20人，銷售人員15人，在建工程人員60人。長江公司適用的增值稅稅率為17%。2016年12月份發生如下經濟業務：(1) 本月應付職工資產總額為380萬元，工資費用分配匯總表中列示的產品生產工人工資為200萬元，車間管理人員工資為30萬元，企業行政管理人員工資為50萬元，銷售人員工資40萬元，在建工程人員工資60萬元。(2) 下設的職工食堂享受企業提供的補貼，本月領用自產產品一批，該產品的帳面價值為8萬元，市場價格為10萬元（不含增值稅），適用的消費稅稅率為10%。(3) 以其自己生產的某種電暖氣發放給公司每名職工，每臺電暖氣的成本為800元，市場售價為每臺1,000元。(4) 為總部部門經理以上職工提供汽車免費使用，為副總裁以上高級管理人員每人租賃一套住房。長江公司現有總部部門經理以上職工共10人，假定所提供汽車每月計提折舊2萬元；現有副總裁以上職工3人，所提供住房每月的租金2萬元。(5) 用銀行存款支付副總裁以上職工住房租金2萬元。(6) 結算本月應付職工工資總額380萬元，代扣職工房租10萬元，企業代墊職工家屬醫藥費2萬元，代扣個人所得稅20萬元，餘款用銀行存款支付。(7) 上交個人所得稅20萬元。(8) 下設的職工食堂維修領用原材料5萬元，其購入時支付的增值稅為0.85萬元。要求：編製上述業務的會計分錄。

第三章　所有者權益

所有者權益是企業資產扣除負債後由所有者享有的剩餘權利。所有者權益來源於所有者投入的資本、直接計入所有者權益的利得和損失、留存收益等。直接計入所有者權益的利得和損失，是不應計入當期損益、會導致所有者權益發生增減變動的、與所有者投入資本或者向所有者分配利潤無關的利得或者損失。

第一節　實收資本

企業申請開業，投資者必須投入資本，必須具備國家規定的與其生產經營和服務規模相適應的資金。企業應通過「實收資本」科目反應和監督投資者投入資本的增減變動情況，進行實收資本的核算，維護所有者各方面在企業的權益。

一、接受現金資產投資

（一）股份有限公司以外的企業接受現金資產投資

【例3-1】甲、乙、丙共同投資設立A有限責任公司，註冊資本為2,000,000元，甲、乙、丙持股比例分別為60%，25%和15%。按照章程規定，甲、乙、丙投入資本分別為1,200,000元、500,000元和300,000元。A公司已如期收到各投資者一次繳足的款項。

實收資本的構成比例是確定所有者在企業所有者權益中所占的份額和參與企業財務經營決策的基礎，是企業進行利潤分配的依據，是企業清算時確定所有者對淨資產的要求權的依據。

借：銀行存款　　　　　　　　　　　　　　2,000,000
　　貸：實收資本——甲　　　　　　　　　1,200,000
　　　　　　　　——乙　　　　　　　　　　500,000
　　　　　　　　——丙　　　　　　　　　　300,000

（二）股份有限公司接受現金資產投資

股份有限公司在核定的股本總額及核定的股份總額的範圍內發行股票時，應在實際收到現金資產時進行會計處理。

【例3-2】四川鯤鵬股份有限公司發行普通股10,000,000股，每股面值1元，每股發行價格5元。股票發行成功，股款50,000,000元已全部收到。

四川鯤鵬股份有限公司發行股票實際收到的款項為 50,000,000 元，應借記「銀行存款」科目；實際發行的股票面值為 10,000,000 元，貸記「股本」科目，差額貸記「資本公積——股本溢價」科目。

四川鯤鵬股份有限公司應記入「資本公積」科目的金額＝50,000,000－10,000,000＝40,000,000（元），帳務處理如下：

借：銀行存款　　　　　　　　　　　　　　　　50,000,000
　　貸：股本　　　　　　　　　　　　　　　　　10,000,000
　　　　資本公積——股本溢價　　　　　　　　　40,000,000

二、接受非現金資產投資

企業接受非現金資產投資時，應按投資合同或協議約定價值確定非現金資產價值和在註冊資本中應享有的份額。

（一）接受投入固定資產

【例3-3】四川鯤鵬有限公司於設立時收到成都天成有限公司作為資本投入的不需要安裝的機器設備一臺，合同約定該機器設備的價值為 2,000,000 元，增值稅進項稅額為 340,000 元。

四川鯤鵬有限公司接受成都天成有限公司投入的固定資產按合同約定全額作為實收資本，按 2,340,000 元的金額貸記「實收資本」科目。

借：固定資產　　　　　　　　　　　　　　　　2,340,000
　　貸：實收資本——成都天成有限公司　　　　　2,340,000

（二）接受投入材料物資

【例3-4】四川鯤鵬有限公司於設立時收到成都天成有限公司作為資本投入的原材料一批，該批原材料投資合同或協議約定價值為 100,000 元，增值稅進項稅額為 17,000 元。成都天成有限公司已開具了增值稅專用發票。

四川鯤鵬有限公司接受成都天成有限公司投入的原材料按合同約定金額作為實收資本，按 117,000 元的金額貸記「實收資本」科目。

借：原材料　　　　　　　　　　　　　　　　　100,000
　　應交稅費——應交增值稅　　　　　　　　　　17,000
　　貸：實收資本——成都天成有限公司　　　　　117,000

（三）接受投入無形資產

【例3-5】四川鯤鵬有限公司於設立時收到成都天成有限公司作為資本投入的非專利技術一項，投資合同約定價值為 60,000 元，同時收到成都達發有限公司作為資本投入的土地使用權一項，投資合同約定價值為 80,000 元。

四川鯤鵬有限公司接受成都天成有限公司與成都達發有限公司投入的非專利技術和土地使用權按合同約定全額作為實收資本，分別按 60,000 元和 80,000 元的金額貸記「實收資本」科目。

借：無形資產——非專利技術　　　　　　　　　　　　　60,000
　　　　　　——土地使用權　　　　　　　　　　　　　80,000
　　貸：實收資本——成都天成有限公司　　　　　　　　60,000
　　　　　　——成都達發有限公司　　　　　　　　　　80,000

三、實收資本（股本）的增減變動

（一）實收資本的增加

增加資本有三個途徑：投資者追加投資、資本公積轉增資本和盈餘公積轉增資本。資本公積和盈餘公積均屬於所有者權益，轉增資本時應該按照原投資者各出資比例相應增加各投資者的出資額。

【例3-6】甲、乙、丙三人共同投資設立A有限責任公司，原註冊資本為4,000,000元，甲、乙、丙分別出資500,000元、2,000,000元和1,500,000元。為擴大經營規模，A公司註冊資本擴大為5,000,000元，甲、乙、丙按照原出資比例分別追加投資125,000元、500,000元和375,000元。A公司如期收到甲、乙、丙追加的現金投資。

甲、乙、丙按原出資比例追加實收資本，A公司分別按照125,000元、500,000元和375,000元的金額貸記「實收資本」科目。

借：銀行存款　　　　　　　　　　　　　　　　　　1,000,000
　　貸：實收資本——甲　　　　　　　　　　　　　　　125,000
　　　　　　——乙　　　　　　　　　　　　　　　　　500,000
　　　　　　——丙　　　　　　　　　　　　　　　　　375,000

【例3-7】經批准，【例3-6】中A公司按原出資比例將資本公積1,000,000元轉增資本。

資本公積1,000,000元按原出資比例轉增實收資本，A公司分別按照125,000元、500,000元和375,000元的金額貸記「實收資本」科目。

借：資本公積　　　　　　　　　　　　　　　　　　1,000,000
　　貸：實收資本——甲　　　　　　　　　　　　　　　125,000
　　　　　　——乙　　　　　　　　　　　　　　　　　500,000
　　　　　　——丙　　　　　　　　　　　　　　　　　375,000

【例3-8】經批准，【例3-6】中A公司按原出資比例將盈餘公積1,000,000元轉增資本。

盈餘公積1,000,000元按原出資比例轉增實收資本，A公司分別按照125,000元、500,000元和375,000元的金額貸記「實收資本」科目。

借：盈餘公積　　　　　　　　　　　　　　　　　　1,000,000
　　貸：實收資本——甲　　　　　　　　　　　　　　　125,000
　　　　　　——乙　　　　　　　　　　　　　　　　　500,000
　　　　　　——丙　　　　　　　　　　　　　　　　　375,000

(二) 股本的減少

股份有限公司採用收購本公司股票方式減資的，按股票面值和註銷股數計算的總額衝減股本，按註銷庫存股的帳面餘額與所衝減股本的差額衝減股本溢價（資本公積）；股本溢價不足衝減的，再衝減盈餘公積直至未分配利潤。如果購回股票支付的價款低於面值總額的，所註銷庫存股的帳面餘額與所衝減股本的差額作為增加股本溢價處理。

【例3-9】A公司2016年12月31日的股本為100,000,000股，面值為1元，資本公積（股本溢價）30,000,000元，盈餘公積40,000,000元。經股東大會批准，A公司以現金按每股2元回購本公司股票20,000,000股並註銷。

(1) 回購本公司股票時：

庫存股成本＝20,000,000×2＝40,000,000（元）

借：庫存股　　　　　　　　　　　　　　　　　40,000,000
　　貸：銀行存款　　　　　　　　　　　　　　　　40,000,000

(2) 註銷本公司股票時：

應衝減的資本公積；20,000,000×2－20,000,000×1＝20,000,000（元）

借：股本　　　　　　　　　　　　　　　　　　20,000,000
　　資本公積——股本溢價　　　　　　　　　　　20,000,000
　　貸：庫存股　　　　　　　　　　　　　　　　40,000,000

【例3-10】假定【例3-9】中A公司按每股3元回購股票，其他條件不變。

(1) 回購本公司股票時：

庫存股成本＝20,000,000×3＝60,000,000（元）

借：庫存股　　　　　　　　　　　　　　　　　60,000,000
　　貸：銀行存款　　　　　　　　　　　　　　　　60,000,000

(2) 註銷本公司股票時：

應衝減的資本公積＝20,000,000×3－20,000,000×1＝40,000,000（元）

由於應衝減的資本公積大於公司現有的資本公積，所有只能衝減資本公積30,000,000元，剩餘的10,000,000元應衝減盈餘公積。

借：股本　　　　　　　　　　　　　　　　　　20,000,000
　　資本公積——股本溢價　　　　　　　　　　　30,000,000
　　盈餘公積　　　　　　　　　　　　　　　　　10,000,000
　　貸：庫存股　　　　　　　　　　　　　　　　60,000,000

【例3-11】假定【例3-9】中A公司按每股0.9元回購股票，其他條件不變。

(1) 回購本公司股票：

庫存股成本＝20,000,000×0.9＝18,000,000（元）

借：庫存股　　　　　　　　　　　　　　　　　18,000,000
　　貸：銀行存款　　　　　　　　　　　　　　　　18,000,000

(2) 註銷本公司股票時：

應增加的資本公積＝20,000,000×1－20,000,000×0.9＝2,000,000（元）
由於折價回購，股本與庫存股成本的差額2,000,000元應作為增加資本公積處理。
借：股本　　　　　　　　　　　　　　　　　　　　　20,000,000
　　貸：庫存股　　　　　　　　　　　　　　　　　　　18,000,000
　　　　資本公積——股本溢價　　　　　　　　　　　　18,000,000

第二節　資本公積

資本公積是企業收到投資者的超出其在企業註冊資本（或股本）中所占份額的投資，以及直接計入所有者權益的利得和損失等。資本公積包括資本溢價（股本溢價）和直接計入所有者權益的利得和損失等。

一、資本溢價（或股本溢價）的核算

資本溢價（或股本溢價）是企業收到投資者的超出其在企業註冊資本（或股本）中所占份額的投資。形成資本溢價（或股本溢價）的原因有溢價發行股票、投資者超額繳入資本等。

1. 資本溢價

【例3-12】A有限責任公司由兩位投資者投資200,000元設立，每人各出資100,000元。一年後，為擴大經營規模，經批准，A有限責任公司註冊資本增加到300,000元，並引入第三位投資者加入。按照投資協議，新投資者需繳入現金110,000元，同時享有該公司三分之一的股份。

A有限責任公司收到第三位投資者的現金投資110,000元中，100,000元屬於第三位投資者在註冊資本中所享有的份額，應記入「實收資本」科目，10,000元屬於資本溢價，應記入「資本公積——資本溢價」科目。

借：銀行存款　　　　　　　　　　　　　　　　　　　110,000
　　貸：實收資本　　　　　　　　　　　　　　　　　　100,000
　　　　資本公積——資本溢價　　　　　　　　　　　　 10,000

2. 股本溢價

股本溢價的數額等於股份有限公司發行股票時實際收到的款額超過股票面值總額的部分。在溢價發行股票的情況下，企業發行股票取得的收入，等於股票面值部分作為股本處理，超出股票面值的溢價收入應作為股本溢價處理。發行股票相關的手續費、佣金等交易費用，如果是溢價發行股票的，應從溢價中抵扣，衝減資本公積（股本溢價）；無溢價發行股票或溢價金額不足以抵扣的，應將不足抵扣的部分衝減盈餘公積和未分配利潤。

【例3-13】B股份有限公司首次公開發行了普通股50,000,000股，每股面值1元，每股發行價格為4元。B公司以銀行存款支付發行手續費、諮詢費等費用共計

6,000,000 元。假定發行收入已全部收到，發行費用已全部支付。

（1）收到發行收入時：

應增加的資本公積 = 50,000,000 ×（4-1）= 150,000,000（元）。本例中，B 股份有限公司溢價發行普通股，發行收入中等於股票面值的部分 50,000,000 元應記入「股本」科目，發行收入超出股票面值的部分 150,000,000 元記入「資本公積——股本溢價」科目。

借：銀行存款　　　　　　　　　　　　　　　　　　200,000,000
　　貸：股本　　　　　　　　　　　　　　　　　　　50,000,000
　　　　資本公積——股本溢價　　　　　　　　　　150,000,000

（2）支付發行費用時：

B 股份有限公司的股本溢價 150,000,000 元高於發行中發生的交易費用 6,000,000 元，交易費用可從股本溢價中扣除，作為衝減資本公積處理。

借：資本公積——股本溢價　　　　　　　　　　　　　6,000,000
　　貸：銀行存款　　　　　　　　　　　　　　　　　6,000,000

二、其他資本公積的核算

其他資本公積是指除資本溢價（或股本溢價）項目以外所形成的資本公積，其中主要是直接計入所有者權益的利得和損失。

直接計入所有者權益的利得和損失是不應計入當期損益、會導致所有者權益發生增減變動的、與所有者投入資本或者向所有者分配利潤無關的利得或者損失。

企業對某被投資單位的長期股權投資採用權益法核算的，在持股比例不變的情況下，對因被投資單位除淨損益以外的所有者權益的其他變動，如果是利得，則應按持股比例計算其應享有被投資企業所有者權益的增加數額；如果是損失，則作相反的分錄。在處置長期股權投資時，應轉銷與該筆投資相關的其他資本公積。

【例 3-14】C 有限責任公司於 2016 年 1 月 1 日向 F 公司投資 8,000,000 元，擁有該公司 20% 的股份，對 F 公司長期股權投資採用權益法核算。2016 年 12 月 31 日，F 公司淨損益之外的所有者權益增加了 1,000,000 元。假定除此以外，F 公司的所有者權益沒有變化，C 有限責任公司的持股比例沒有變化，F 公司資產的帳面價值與公允價值一致。

C 有限責任公司增加的資本公積 = 1,000,000 × 20% = 200,000（元），C 有限責任公司對 F 公司的長期股權投資採用權益法核算，持股比例未發生變化，F 公司發生了除淨損益之外的所有者權益的其他變動，C 有限責任公司應按其持股比例計算應享有的 F 公司權益的數額 200,000 元，作為增加其他資本公積處理。

借：長期股權投資——F 公司　　　　　　　　　　　　200,000
　　貸：資本公積——其他資本公積　　　　　　　　　200,000

三、資本公積轉增資本的核算

經股東大會或類似機構決議，用資本公積轉增資本時，應衝減資本公積，同時按

照轉增前的實收資本（股本）的結構或比例，將轉增的金額記入「實收資本」（股本）科目。

第三節 留存收益

留存收益包括盈餘公積和未分配利潤兩個部分。

一、利潤分配

利潤分配是指企業根據國家有關規定和企業章程、投資者協議等，對企業當年可供分配的利潤所進行的分配。

利潤分配的順序依次是：

(1) 提取法定盈餘公積；

(2) 提取任意盈餘公積；

(3) 向投資者分配利潤。

未分配利潤是經過彌補虧損、提取法定盈餘公積、提取任意盈餘公積和向投資者分配利潤等利潤分配之后剩餘的利潤，是企業留待以後年度進行分配的歷年結存的利潤。相對於所有者權益的其他部分來說，企業對於未分配利潤的使用有較大的自主權。

企業設置「利潤分配」科目核算利潤的分配（或虧損的彌補）和歷年分配（或彌補）后的未分配利潤（或未彌補虧損）。「利潤分配」科目以「提取法定盈餘公積」「提取任意盈餘公積」「應付現金股利或利潤」「盈餘公積補虧」「未分配利潤」等進行明細核算。企業未分配利潤通過「利潤分配——未分配利潤」明細科目進行核算。年度終了，企業應將全年實現的淨利潤或發生的淨虧損，自「本年利潤」科目轉入「利潤分配——未分配利潤」科目一。結轉后，「利潤分配——未分配利潤」科目如為貸方餘額，表示累積未分配的利潤數額；如為借方餘額，則表示累積未彌補的虧損數額。

【例3-15】D股份有限公司年初未分配利潤為0，本年實現淨利潤2,000,000元，本年提取法定盈餘公積200,000元，宣告發放現金股利800,000元。

(1) 結轉本年利潤：

借：本年利潤　　　　　　　　　　　　　　　　　　　2,000,000

　　貸：利潤分配——未分配利潤　　　　　　　　　　　2,000,000

如企業當年發生虧損，則應借記「利潤分配——未分配利潤」科目，貸記「本年利潤」科目。

(2) 提取法定盈餘公積、宣告發放現金股利：

借：利潤分配——提取法定盈餘公積　　　　　　　　　　200,000

　　　　　　——應付現金股利　　　　　　　　　　　　800,000

　　貸：盈餘公積　　　　　　　　　　　　　　　　　　200,000

　　　　應付股利　　　　　　　　　　　　　　　　　　800,000

借：利潤分配——未分配利潤　　　　　　　　　　　　1,000,000

貸：利潤分配——提取法定盈餘公積　　　　　　　　　　　　200,000
　　　　　　——應付現金股利　　　　　　　　　　　　　　800,000

「利潤分配——未分配利潤」明細科目的餘額在貸方，貸方餘額1,000,000元為D股份有限公司本年年末的累計未分配利潤。

二、盈餘公積

盈餘公積是企業按規定從淨利潤中提取的企業累積資金，包括法定盈餘公積和任意盈餘公積。企業提取的盈餘公積經批准可用於彌補虧損、轉增資本、發放現金股利或利潤等。

企業應當按照淨利潤（減彌補以前年度虧損，下同）的10%提取法定盈餘公積。法定盈餘公累積計額已達註冊資本的50%時可以不再提取。在計算提取法定盈餘公積的基數時，不應包括企業年初未分配利潤。

企業可根據股東大會的決議提取任意盈餘公積。法定盈餘公積和任意盈餘公積的區別在於其各自計提的依據不同：前者以國家的法律法規為依據；后者由企業的權力機構自行決定。

(一) 提取盈餘公積

企業通過「利潤分配」和「盈餘公積」科目處理盈餘公積。

【例3-16】E股份有限公司本年實現淨利潤為5,000,000元，年初未分配利潤為0。經股東大會批准，E股份有限公司按當年淨利潤的10%提取法定盈餘公積。

本年提取盈餘公積金額＝5,000,000×10%＝500,000（元）

借：利潤分配——提取法定盈餘公積　　　　　　　　　　　500,000
　　貸：盈餘公積——法定盈餘公積　　　　　　　　　　　　500,000

(二) 盈餘公積補虧

【例3-17】經股東大會批准，F股份有限公司用以前年度提取的盈餘公積彌補當年虧損，當年彌補虧損的數額為600,000元。

借：盈餘公積　　　　　　　　　　　　　　　　　　　　　600,000
　　貸：利潤分配——盈餘公積補虧　　　　　　　　　　　　600,000

(三) 盈餘公積轉增資本

【例3-18】經股東大會批准，G股份有限公司將盈餘公積400,000元轉增股本。

借：盈餘公積　　　　　　　　　　　　　　　　　　　　　400,000
　　貸：股本　　　　　　　　　　　　　　　　　　　　　　400,000

(四) 用盈餘公積發放現金股利或利潤

【例3-19】H股份有限公司2015年12月31日普通股股本為50,000,000股，每股面值1元，可供投資者分配的利潤為5,000,000元，盈餘公積20,000,000元。2016年3月20日，股東大會批准了2015年度利潤分配方案，以2015年12月31日為登記

日，按每股0.2元發放現金股利。H股份有限公司共需要分派10,000,000元現金股利，其中動用可供投資者分配的利潤5,000,000元、盈餘公積5,000,000元。

以未分配利潤和盈餘公積發放現金股利，屬於以未分配利潤發放現金股利的部分5,000,000元應記入「利潤分配——應付現金股利」科目，屬於以盈餘公積發放現金股利的部分5,000,000元應記入「盈餘公積」科目。

(1) 宣告分派股利時：

借：利潤分配——應付現金股利　　　　　　　　5,000,000
　　盈餘公積　　　　　　　　　　　　　　　　5,000,000
　貸：應付股利　　　　　　　　　　　　　　　　　　10,000,000

(2) 支付股利時：

借：應付股利　　　　　　　　　　　　　　　　10,000,000
　貸：銀行存款　　　　　　　　　　　　　　　　　　10,000,000

練　習　題

一、單項選擇題

1. 下列各項，能夠引起企業所有者權益減少的是（　　）。
   A. 股東大會宣告派發現金股利　　B. 以資本公積轉增資本
   C. 提取法定盈餘公積　　　　　　C. 提取任意盈餘公積

2. 某企業於2008年成立，（假定所得稅率為33%）當年發生虧損80萬元，2009年至2014年每年實現利潤總額為10萬元。除彌補虧損外，假定不考慮其他納稅調整事項。則2014年年底該企業「利潤分配——未分配利潤」科目的借方餘額為（　　）萬元。
   A. 20　　　　B. 20.2　　　　C. 23.3　　　　D. 40

3. 下列各項中，會引起留存收益總額發生增減變動的是（　　）。
   A. 盈餘公積轉增資本　　　　　　B. 盈餘公積補虧
   C. 資本公積轉增資本　　　　　　D. 用稅後利潤補虧

4. 企業增資擴股時，投資者實際繳納的出資額大於按約定比例計算的其在註冊資本中所占的份額部分，應作為（　　）。
   A. 資本溢價　　　　　　　　　　B. 實收資本
   C. 盈餘公積　　　　　　　　　　D. 營業外收入

5. 對有限責任公司而言，如有新投資者介入，新介入的投資者繳納的出資額大於其按約定比例計算的其在註冊資本中所占的份額部分，應記入（　　）科目。
   A. 實收資本　　　　　　　　　　B. 營業外收入
   C. 資本公積　　　　　　　　　　D. 盈餘公積

6. 某股份制公司委託某證券公司代理發行普通股100,000股，每股面值1元，每股按1.2元的價格出售。按協議，證券公司從發行收入中收取3%的手續費，從發行收

入中扣除。則該公司計入資本公積的數額為（　　）元。

　　A. 16,400　　　　B. 100,000　　　C. 116,400　　　D. 0

7. 企業用當年實現的利潤彌補虧損時，應作的會計處理是（　　）。

　　A. 借記「本年利潤」科目，貸記「利潤分配——未分配利潤」

　　B. 借記「銷售股票的會計分錄」科目，貸記「本年利潤」科目

　　C. 借記「利潤分配——未分配利潤」科目，貸記「利潤分配——未分配利潤」科目

　　D. 無須專門作會計處理

8. 上市公司發生下列交易或事項中，會引起上市公司所有者權益總額發生增減變動的有（　　）。

　　A. 發放股票股利　　　　　　B. 應付帳款獲得債權人豁免
　　C. 以本年利潤彌補以前年度虧損　　D. 註銷庫存股

9. 股份有限公司採用收購本公司股票方式減資的，下列說法中正確的是（　　）。

　　A. 應按股票面值和註銷股數計算的股票面值總額減少股本
　　B. 應按股票面值和註銷股數計算的股票面值總額減少庫存股
　　C. 應按股票面值和註銷股數計算的股票面值總額增加股本
　　D. 應按股票面值和註銷股數計算的股票面值總額增加庫存股

二、多項選擇題

1. 下列項目中，屬於資本公積核算的內容有（　　）。

　　A. 企業收到投資者出資額超出其在註冊資本或股本中所占份額的部分
　　B. 直接計入所有者權益的利得
　　C. 直接計入所有者權益的損失
　　D. 企業收到投資者的出資額

2. 下列項目中，能夠引起資本公積增減變化的有（　　）。

　　A. 企業按規定提取的盈餘公積
　　B. 外商投資企業按規定提取的儲備基金
　　C. 外商投資企業按規定提取的職工獎勵及福利基金
　　D. 外商投資企業按規定提取的企業發展基金

3. 下列各項，屬於企業留存收益的有（　　）。

　　A. 法定盈餘公積　　　　　　B. 任意盈餘公積
　　C. 資本公積　　　　　　　　D. 未分配利潤

4. 股份有限公司採用收購本公司股票方式減資的，下列說法中正確的有（　　）。

　　A. 按股票面值和註銷股數計算的股票面值總額減少股本
　　B. 按股票面值和註銷股數計算的股票面值總額減少庫存股
　　C. 按所註銷庫存股的帳面餘額減少庫存股
　　D. 購回股票支付的價款底於面值總額的，應按股票面值總額，借記「實收資本」科目或「股本」科目，按所註銷庫存股的帳面餘額，貸記「庫存股」科目，按其差額，貸記「資本公積——股本溢價」科目

5. 下列項目中，僅影響所有者權益結構發生變動的有（　　）。
   A. 用盈餘公積彌補虧損　　　　B. 用盈餘公積轉增資本
   C. 支付超標的業務招待費　　　D. 無形資產攤銷

6. 下列項目中，能同時引起資產和所有者權益發生增減變化的有（　　）。
   A. 分配股票股利　　　　　　　B. 接受現金捐贈
   C. 用盈餘公積彌補虧損　　　　D. 投資者投入資本

7. 下列事項中，可能引起資本公積變動的有（　　）。
   A. 經批准將資本公積轉增資本
   B. 宣告現金股利
   C. 投資者投入的資金大於其按約定比例在註冊資本中享有的份額
   D. 直接計入所有者權益的利得

8. 盈餘公積可用於（　　）。
   A. 派送新股　　　　　　　　　B. 轉增資本
   C. 彌補虧損　　　　　　　　　D. 發放工資

9. 留存收益屬於企業的所有者權益，包括（　　）。
   A. 盈餘公積　　　　　　　　　B. 未分配利潤
   C. 實收資本　　　　　　　　　D. 資本公積

三、判斷題

1. 由於所有者權益和負債都是對企業資產的要求權，因此它們的性質是一樣的。
   （　　）

2. 處置採用權益法核算的長期股權投資，還應結轉原記入資本公積的相關金額，借記或貸記「資本公積（其他資本公積）」科目，借記或貸記「資本公積（資本溢價或股本溢價）」科目。（　　）

3. 用法定盈餘公積轉增資本或彌補虧損時，均不導致所有者權益總額的變化。
   （　　）

4. 用盈餘公積轉增資本不影響所有者權益總額的變化，但會使企業淨資產減少。
   （　　）

5. 企業不能用盈餘公積擴大生產經營。（　　）

6. 企業接受的原材料投資，其增值稅額不能計入實收資本。（　　）

7. 收入能夠導致企業所有者權益增加，但導致所有者權益增加的不一定都是收入。（　　）

8. 當企業投資者投入的資本高於其註冊資本時，應當將高出部分計入營業外收入。（　　）

9. 企業接受非現金資產投資時，應將非現金資產按投資各方確認的價值入帳。對於投資各方確認的資產價值超過其在註冊資本中所占份額的部分，計入營業外收入。
   （　　）

四、計算分析題

1．（1）東方公司 2015 年稅后利潤為 1,800,000 元，公司董事會決定按 10% 提取法定盈餘公積，25% 提取任意盈餘公積，分派現金股利 500,000 元（其盈餘公積未達註冊資本 50%）。

（2）東方公司現有股東情況如下：A 公司占 25%，B 公司占 30%，C 公司占 10%。D 公司占 5%，其他占 30%。經股東大會決議，以盈餘公積 500,000 元轉增資本，並已辦妥轉增手續。

（3）2016 年東方公司虧損 100,000 元，決議以盈餘公積補虧。

要求：根據以上資料，編製有關會計分錄。

2．甲公司 2016 年 12 月 31 日的股本為 20,000 萬股，每股面值為 1 元，資本公積（股本溢價）50,000 萬元，盈餘公積 3,000 萬元。經股東大會批准，甲公司以現金回購本公司股票 3,000 萬股並註銷。

要求：（1）假定每股回購價為 0.8 元，編製回購股票和購銷股票的會計分錄。

（2）假定每股回購價為 2 元，編製回購股票和購銷股票的會計分錄。

（3）假定每股回購價為 3 元，編製回購股票和購銷股票的會計分錄。

第四章　收入

收入是企業在日常活動中形成的、會導致所有者權益增加的、與所有者投入資本無關的經濟利益的總流入。收入按性質不同，分為商品銷售收入、提供勞務收入、讓渡資產使用權的收入。收入按經濟業務的主次不同，分為主營業務收入和其他業務收入。

第一節　銷售商品收入

銷售商品收入是企業通過銷售商品實現的收入，既包括企業為銷售而生產的產品銷售收入，也包括企業為轉售而購進的商品銷售收入。企業銷售的其他存貨如原材料、包裝物等也視同商品銷售收入。

一、銷售商品收入的確認與計量

1. 銷售商品收入的確認

同時具備以下五個條件才能確認銷售商品收入：

（1）企業已將商品所有權上的主要風險和報酬轉移給購貨方。

風險是商品由於貶值、損壞或報廢等造成的損失，報酬是商品中包含的如商品升值等未來經濟利益。企業已將商品所有權上的主要風險和報酬轉移給購貨方，構成確認銷售商品收入的重要條件。

所有權上的風險和報酬是隨著商品所有權的憑證的轉移或實物的交付而轉移的。如果與商品所有權有關的任何損失均不需要銷貨方承擔，與商品所有權有關的任何經濟利益也不歸銷貨方所有，就意味著商品所有權上的主要風險和報酬轉移給了購貨方。

（2）企業既沒有保留通常與所有權相聯繫的繼續管理權，也沒有對已售出的商品實施有效控制。

企業售出商品后，如果仍然保留與所有權相聯繫的繼續管理權，或是對已售出的商品實施控制，則不能確認相應的銷售收入，如銷售同時訂立回購協議的交易。但如果企業所保留的管理權是所有權無關的，則不影響企業對該收入的確認。

（3）收入的金額能夠可靠的計量。

收入能否可靠地計量，是確認收入的基本前提。企業在銷售商品時，售價通常已經確定。但銷售過程中由於某種不確定因素，也有可能出現售價變動的情況，新的售價未確定前不應確定收入。

(4) 與交易相關的經濟利益很可能流入企業。

與交易相關的經濟利益是銷售商品的價款。一般情況下，企業售出的商品符合合同或協議的要求，並已將發票單交付購貨方，對方也承諾付款，表明銷售商品的價款能夠收回，收入也能得到確認。

(5) 相關的已發生或將發生的成本能夠可靠計量。

銷售商品相關的收入和成本能夠可靠地計量，是確認收入的基本前提。根據收入與費用配比原則，與同一項銷售有關的收入和成本應在同一會計期間予以確認。如果成本不能可靠計量，相關的收入就不能確認。

2. 銷售商品收入的計量

企業按照從購貨方已收或應收的合同或協議價款確定銷售商品收入金額。企業在確定商品銷售收入金額時，不考慮各種預計可能發生的現金折扣、銷售折讓。現金折扣在實際發生時計入當期的財務費用，銷售折讓在實際發生時衝減當期銷售收入。

二、銷售商品收入的帳務處理

(一) 一般銷售商品收入業務

符合收入準則所規定的五項確認條件的，應及時確認收入並結轉相關銷售成本。

1. 交款提貨銷售商品

交款提貨銷售商品，是購買方已根據企業開出的發票帳單支付貨款並取得提貨單的銷售方式。交款提貨銷售商品時，若貨款已經收到或取得收取貨款的憑證，發票帳單和提貨單已交給購貨方，無論商品是否發出，都應確定銷售收入實現。

【例4-1】四川鯤鵬有限公司2016年5月8日年向成都旺盛有限公司銷售一批商品，開出的增值稅專用發票上註明售價為300,000元，增值稅稅額為51,000元；四川鯤鵬有限公司已收到成都旺盛有限公司支付的貨款351,000元，並將提貨單送交成都旺盛有限公司，該批商品成本為240,000元。

(1) 確認銷售收入：

借：銀行存款　　　　　　　　　　　　　　　　351,000
　　貸：主營業務收入　　　　　　　　　　　　　300,000
　　　　應交稅費——應交增值稅（銷項稅額）　　 51,000

(2) 結轉銷售成本：

借：主營業務成本　　　　　　　　　　　　　　240,000
　　貸：庫存商品　　　　　　　　　　　　　　　240,000

2. 托收承付和委託銀行收款結算的方式銷售

托收承付和委託銀行收款結算的方式銷售商品時，以商品產品已經發出或勞務已經提供，並已經將發票、帳單及運輸部門的提貨單等有關單據提交給銀行並辦妥托收手續確定銷售收入的實現。

【例4-2】四川鯤鵬有限公司2016年5月5日發給成都發信有限公司甲產品1,000件，成本350,000元，增值稅專用發票註明貨款500,000元，增值稅額85,000元，代

墊運雜費10,000元，已向銀行辦妥托收手續。

(1) 確認銷售收入：

借：應收帳款		595,000
貸：銀行存款		10,000
主營業務收入		500,000
應交稅費——應交增值稅（銷項稅額）		85,000

(2) 結轉銷售成本：

借：主營業務成本		350,000
貸：庫存商品		350,000

3. 採取分期收款方式銷售

採取分期收款方式銷售時，以本期收到的現款或以合同約定的本期應收現款的日期確定本期收入的實現。

【例4-3】四川鯤鵬有限公司採用分期收款方式向成都克準有限公司銷售產品10件，每件售價5萬元，計50萬元。合同約定分四次等額付款。該產品單位成本3萬元，增值稅率17%。

(1) 發出商品時：

借：分期收款發出商品		300,000
貸：庫存商品		300,000

(2) 取得第一次貨款時：

借：銀行存款		146,250
貸：主營業務收入		125,000
應交稅費——應交增值稅（銷項稅額）		21,250
借：主營業務成本		75,000
貸：分期收款發出商品		75,000

以后三次取得貨款時會計處理同上。

4. 預收貨款方式銷售

預收貨款方式銷售時，在商品發出或勞務提供給接受方確定收入的實現。

【例4-4】四川鯤鵬有限公司2016年5月18日向成都大發商場採用預收貨款方式銷售甲產品。當日按合同規定向成都大發商場預收貨款500,000元；5月28日按合同規定向成都大發商場發出甲產品800件，增值稅發票註明價款400,000元，增值稅額68,000元，同時將多餘的款項退成都大發商場。

(1) 預收成都大發商場貨款時

借：銀行存款		500,000
貸：預收帳款		500,000

(2) 發出商品確認銷售收入時

借：預收帳款		468,000
貸：主營業務收入		400,000
應交稅費——應交增值稅（銷項稅額）		68,000

銀行存款   32,000

5. 委託其他單位代銷方式銷售

委託其他單位代銷方式銷售時，在代銷的商品已經售出，收到代銷單位的代銷清單時確定銷售收入的實現。

【例 4－5】四川鯤鵬有限公司委託成都發發有限公司銷售商品 200 件，商品已經發出，每件成本為 60 元。合同約定成都發發有限公司應按每件 100 元對外銷售，四川鯤鵬有限公司按售價的 10% 向成都發發有限公司支付手續費。成都發發有限公司對外實際銷售 100 件，開出的增值稅專用發票上註明的銷售價格為 10,000 元，增值稅稅額為 1,700 元，款項已經收到。四川鯤鵬有限公司收到成都發發有限公司開具的代銷清單時，向成都發發有限公司開具一張相同金額的增值稅專用發票。

(1) 發出商品時：
借：委託代銷商品   12,000
　　貸：庫存商品   12,000

(2) 收到代銷清單時：
代銷手續費金額 = 10,000 × 10% = 1,000（元）
借：應收帳款   11,700
　　貸：主營業務收入   10,000
　　　　應交稅費——應交增值稅（銷項稅額）   1,700
借：主營業務成本   6,000
　　貸：委託代銷商品   6,000
借：銷售費用   1,000
　　貸：應收帳款   1,000

(3) 收到成都發發有限公司支付的貨款時：
借：銀行存款   10,700
　　貸：應收帳款   10,700

6. 採用商業匯票方式銷售

採用商業匯票方式銷售時，在發出商品和取得商業匯票后確定銷售收入的實現。

【例 4－6】四川鯤鵬有限公司 2016 年 5 月 10 日向重慶蓉旺有限公司銷售商品一批，開出的增值稅專用票上註明售價為 400,000 元，增值稅額為 68,000 元；四川鯤鵬有限公司收到重慶蓉旺有限公司開出的不帶息銀行承兌匯票一張，票面金額為 468,000 元，期限為 2 個月；該批商品已經發出，四川鯤鵬有限公司以銀行存款代墊運雜費 2,000 元；該批商品成本為 320,000 元。

(1) 確認銷售收入：
借：應收票據   468,000
　　應收帳款   2,000
　　貸：主營業務收入   400,000
　　　　應交稅費——應交增值稅（銷項稅額）   68,000

　　　　銀行存款　　　　　　　　　　　　　　　　　　　　　　　2,000
　（2）結轉銷售成本：
　　借：主營業務成本　　　　　　　　　　　　　　　　　　　320,000
　　　貸：庫存商品　　　　　　　　　　　　　　　　　　　　　320,000

（二）已經發出但不符合銷售商品收入確認條件的商品的處理

　　如果企業售出商品不符合銷售商品收入確認的五項條件，不應確認收入。為了單獨反應已經發出但尚未確認銷售收入的商品成本，企業應增設「發出商品」科目。「發出商品」科目核算已經發出但尚未確認銷售收入的商品成本。

　　發出的商品不符合收入確認條件，但如果該商品的納稅義務已經發生，已經開出增值稅專用發票，則應確認應交的增值稅銷項稅額。借記「應收帳款」等科目，貸記「應交稅費——應交增值稅（銷項稅額）」科目。

　　【例4-7】假設【例4-2】四川鯤鵬有限公司2016年5月5日發給成都發信有限公司的1,000件產品，（成本350,000元，增值稅專用發票註明貨款500,000元，增值稅額85,000元，代墊運雜費10,000元，已向銀行辦妥托收手續。）在發出商品並辦妥托手續後得知，成都發信有限公司在另一筆交易中發生巨額損失，資金週轉緊張，經與成都發信有限公司交涉，此項收入本月收回的可能性不大。決定不確認收入。7月20日，成都發信有限公司財務狀況已經好轉並承諾付款。

　（1）5月5日發出商品：
　　借：發出商品　　　　　　　　　　　　　　　　　　　　　350,000
　　　貸：庫存商品——甲　　　　　　　　　　　　　　　　　　350,000
　（2）將增值稅額、代墊付運雜費入應收帳款：
　　借：應收帳款——成都發信有限公司　　　　　　　　　　　　95,000
　　　貸：應交稅費——應交增值稅（銷項稅額）　　　　　　　　85,000
　　　　　銀行存款　　　　　　　　　　　　　　　　　　　　　10,000
　（3）7月20日確認收入：
　　借：應收帳款——成都發信有限公司　　　　　　　　　　　500,000
　　　貸：主營業務收入　　　　　　　　　　　　　　　　　　　500,000
　　借：主營業務成本　　　　　　　　　　　　　　　　　　　　350,000
　　　貸：發出商品　　　　　　　　　　　　　　　　　　　　　350,000

（三）商業折扣、現金折扣和銷售折讓的處理

　　在確定銷售商品收入的金額時，應注意區分現金折扣、商業折扣和銷售折讓。

　1. 商業折扣

　　商業折扣是企業為促進商品銷售而在商品標價上給予的價格扣除。例如，購買10件以上商品給予10%的折扣，或客戶買10件送1件，或降價（打折）銷售。商業折扣在銷售時已發生，不構成最終成交價格的一部分。企業銷售商品涉及商業折扣的，應當按照扣除商業折扣後的金額確定銷售商品收入金額。

2. 現金折扣

現金折扣是債權人為鼓勵債務人在規定的期限內付款而向債務人提供的債務扣除。現金折扣用符號「折扣率/付款期限」表示，例如，「2/10，1/20，n/30」表示：銷貨方允許客戶最長的付款期限為 30 天，如果客戶在 10 天內付款；銷貨方可按商品售價給予客戶 2% 的折扣；如果客戶在 20 天內付款，銷貨方可按商品售價給予客戶 1% 的折扣；如果客戶在 30 天內付款，將不能享受現金折扣。

企業銷售商品後現金折扣是否發生以及發生多少要視買方的付款情況而定，在確認銷售商品收入時不能確定現金折扣金額。因此，企業銷售商品涉及現金折扣的，應當按照扣除現金折扣前的金額確定銷售商品收入金額。現金折扣是企業為了盡快回籠資金而發生的理財費用，在實際發生時計入當期財務費用。

計算現金折扣時，應注意是按不包含增值稅的價款提供現金折扣，還是按包含增值稅的銷售商品收入價款提供現金折扣，兩種情況下購買方享有的現金折扣金額不同。例如，銷售價格為 1,000 元的商品，增值稅稅額為 170 元，購買方應享有的現金折扣為 1%。如果購銷雙方約定計算現折扣時不考慮增值稅，則購買方應享有的現金折扣金額為 10 元；如果購銷雙方約定計算現金折扣時一併考慮增值稅，則購買方享有的現金折扣金額為 11.7 元。

【例 4-8】四川鯤鵬有限公司在 2016 年 6 月 11 日向成都躍飛有限公司銷售一批商品 1,000 件，增值稅發標上註明的售價 100,000 元，增值稅額 17,000 元，（成本 8,000 元）。四川鯤鵬有限公司為了及早收回貨款而在合同中規定符合現金折扣的條件為：2/10，1/20，n/30。假定買方在 6 月 19 日、或 6 月 26 日、或 7 月 20 日付清貨款，購銷雙方約定計算現金折扣時不考慮增值稅

(1) 6 月 11 日：

借：應收帳款——成都躍飛有限公司	117,000
貸：主營業務收入	100,000
應交稅費——應交增值稅（銷項稅額）	17,000
借：主營業務成本	80,000
貸：庫存商品	80,000

(2) 6 月 19 日收到貨款時：

借：銀行存款	115,000
財務費用	2,000
貸：應收帳款	117,000

(3) 6 月 26 日收到貨款時：

借：銀行存款	116,000
財務費用	1,000
貸：應收帳款	117,000

(4) 7 月 20 日收到貨款時：

借：銀行存款	117,000
貸：應收帳款	11,700

3. 銷售折讓

銷售折讓是企業因售出商品的質量不符合要求等原因而在售價上給予的減讓。企業將商品銷售給買方後，如買方發現商品在質量、規格等方面不符合要求，可能要求賣方在價格上給予一定的減讓。

銷售折讓如發生在確認銷售收入之前，則應在確認銷售收入時直接按扣除銷售折讓後的金額確認；已確認銷售收入的售出商品發生銷售折讓，且不屬於資產負債表日後事項的，應在發生時衝減當期銷售商品收入，如按規定允許扣減增值稅額的，還應衝減已確認的應交增值稅銷項稅額。

【例4-9】四川鯤鵬有限公司銷售一批商品給成都程程有限公司，開出的增值稅專用發票上註明的售價為100,000元，增值稅稅額為17,000元。該批商品的成本為70,000元。貨到後成都程程有限公司發現商品質量不合格，要求在價格上給予5%的折讓。成都程程有限公司提出的銷售折讓要求符合原合同的約定，四川鯤鵬有限公司同意並辦妥了相關手續，開具了增值稅專用發票（紅字）。假定此前四川鯤鵬有限公司已確認該批商品的銷售收入，銷售款項尚未收到，發生的銷售折讓允許扣減當期增值稅銷項稅額。

(1) 銷售實現時：

借：應收帳款　　　　　　　　　　　　　　　　　　　　　　117,000
　　貸：主營業務收入　　　　　　　　　　　　　　　　　　　　100,000
　　　　應交稅費——應交增值稅（銷項稅額）　　　　　　　　17,000
借：主營業務成本　　　　　　　　　　　　　　　　　　　　　70,000
　　貸：庫存商品　　　　　　　　　　　　　　　　　　　　　　70,000

(2) 發生銷售折讓時：

借：主營業務收入　　　　　　　　　　　　　　　　　　　　　5,000
　　應交稅費——應交增值稅（銷項稅額）　　　　　　　　　　850
　　貸：應收帳款——成都程程有限公司　　　　　　　　　　　5,850

(3) 實際收到款項時：

借：銀行存款　　　　　　　　　　　　　　　　　　　　　　111,150
　　貸：應收帳款——成都程程有限公司　　　　　　　　　　111,150

如假定發生銷售折讓前，因該項銷售在貨款回收上存在不確定性，四川鯤鵬有限公司未確認該批商品的銷售收入，納稅義務也未發生；發生銷售折讓後2個月，成都程程有限公司承諾近期付款。

(1) 發出商品時：

借：發出商品　　　　　　　　　　　　　　　　　　　　　　70,000
　　貸：庫存商品　　　　　　　　　　　　　　　　　　　　　70,000

(2) 成都程程有限公司承諾付款時：

借：應收帳款　　　　　　　　　　　　　　　　　　　　　　111,150
　　貸：主營業務收入　　　　　　　　　　　　　　　　　　　95,000
　　　　應交稅費——應交增值稅（銷項稅額）　　　　　　　16,150

借：主營業務成本 70,000
  貸：發出商品 70,000
(3) 實際收到款項時：
借：銀行存款 111,150
  貸：應收帳款——成都程程有限公司 111,150

(四) 銷售退回的處理

售出商品發生的銷售退回，應當分不同情況進行會計處理：一是尚未確認銷售商品收入的售出商品發生銷售退回的，應當衝減「發出商品」，同時增加「庫存商品」；二是已確認銷售商品收入的售出商品發生銷售退回的，除屬於資產負債表日后事項外，一般應在發生時衝減當期銷售商品收入，同時衝減當期銷售商品成本，如按規定允許扣減增值稅稅額的，應同時衝減已確認的應交增值稅銷項稅額。如該項銷售退回已發生現金折扣的，應同時調整相關財務費用的金額。

【例4－10】四川鯤鵬有限公司2016年9月5日收到成都中鐵有限公司因質量問題而退回的商品10件，每件商品成本為510元。該批商品系四川鯤鵬有限公司2016年6月2日出售給乙公司，每件商品售價為300元，適用的增值稅稅率為17%，貨款尚未收到，四川鯤鵬有限公司尚未確認銷售商品收入。因成都中鐵有限公司提出的退貨要求符合銷售合同約定，四川鯤鵬有限公司同意退貨，並按規定向成都中鐵有限公司開具了增值稅專用發票（紅字）。

四川鯤鵬有限公司應在驗收退貨入庫時作如下會計分錄：
借：庫存商品 5,100
  貸：發出商品 5,100

【例4－11】四川鯤鵬有限公司2016年3月20日銷售A商品一批，增值稅專用發票上註明售價為300,000元，增值稅稅額為51,000元；該批商品成本為180,000元。A商品於2016年3月20日發出，購貨方於3月27日付款。四川鯤鵬有限公司對該項銷售確認了銷售收入。2016年9月15日，該批商品質量出現嚴重問題，購貨方將該批商品全部退回給四川鯤鵬有限公司，四川鯤鵬有限公司同意退貨，於退貨當日支付了退貨款，並按規定向購貨方開具了增值稅專用發票（紅字）。

四川鯤鵬有限公司會計處理如下：
(1) 銷售實現時：
借：應收帳款 351,000
  貸：主營業務收入 300,000
    應交稅費——應交增值稅（銷項稅額） 51,000
借：主營業務成本 180,000
  貸：庫存商品 180,000
(2) 收到貨款時：
借：銀行存款 351,000
  貸：應收帳款 351,000

(3) 銷售退回時：

借：主營業務收入 300,000
　　應交稅費——應交增值稅（銷項稅額） 51,000
　　貸：銀行存款 351,000
借：庫存商品 180,000
　　貸：主營業務成本 180,000

【例 4-12】四川鯤鵬有限公司在 2016 年 3 月 18 日向成都華發有限公司銷售一批商品，開出的增值稅專用發票上註明售價為 50,000 元，增值稅額為 8,500 元。該批商品成本為 26,000 元。為及早收回貨款，四川鯤鵬有限公司和成都華發有限公司約定的現金折扣條件為 2/10，1/20，n/30。成都華發有限公司在 2016 年 3 月 27 日支付貨款。2016 年 7 月 5 日，該批商品應質量問題被成都華發有限公司退回，四川鯤鵬有限公司公司當日支付有關退貨款。假定計算現金折扣時不考慮增值稅。

四川鯤鵬有限公司公司會計處理如下：

(1) 2016 年 3 月 18 日銷售實現時：

借：應收帳款——成都華發有限公司 58,500
　　貸：主營業務收入 50,000
　　　　應交稅費——應交增值稅（銷項稅額） 8,500
借：主營業務成本 26,000
　　貸：庫存商品 26,000

(2) 2016 年 3 月 27 日收到貨款時，發生現金折扣 1,000（50,000×2%）元，實際收款 58,500-1,000=57,500 元：

借：銀行存款 57,500
　　財務費用 1,000
　　貸：應收帳款 58,500

(3) 2016 年 7 月 5 日發生銷售退回時：

借：主營業務收入 50,000
　　應交稅費——應交增值稅（銷項稅額） 8,500
　　貸：銀行存款 57,500
　　　　財務費用 1,000
借：庫存商品 26,000
　　貸：主營業務成本 26,000

(五) 銷售材料等存貨的處理

銷售原材料、包裝物等存貨也視同商品銷售，收入確認和計量原則商品銷售相同，實現的收入作為其他業務收入，結轉的相關成本作為其他業務成本。企業設置「其他業務收入」「其他業務成本」科目核算銷售原材料、包裝物等存貨實現的收入以及結轉的相關成本。

「其他業務收入」科目核算企業除主營業務活動以外的其他經營活動實現的收入，

包括銷售材料、出租包裝物和商品、出租固定資產、出租無形資產等實現的收入。「其他業務收入」科目貸方登記企業實現的各項其他業務收入，借方登記期末結轉入「本年利潤」科目的其他業務收入，結轉後應無餘額。

「其他業務成本」科目核算企業除主營業務活動以外的其他經營活動所發生的成本，包括銷售材料的成本、出租固定資產的折舊額、出租無形資產的攤銷額、出租包裝物的成本或攤銷額。「其他業務成本」科目借方登記企業結轉或發生的其他業務成本，貸方登記期末結轉入「本年利潤」科目的其他業務成本，結轉後應無餘額。

【例4-12】四川鯤鵬有限公司銷售一批原材料，開出的增值稅專用發票上註明的售價為10,000元，增值稅稅額為1,700元，款項已由銀行收妥。該批原材料的實際成本為9,000元。

(1) 取得原材料銷售收入：

借：銀行存款	11,700
貸：其他業務收入	10,000
應交稅費——應交增值稅（銷項稅額）	1,700

(2) 結轉已銷原材料的實際成本：

借：其他業務成本	9,000
貸：原材料	9,000

第二節　提供勞務收入

提供勞務收入是企業從事建築安裝、修理修配、交通運輸、倉儲租賃、金融保險、郵電通信、諮詢經紀、文化體育、科學研究、技術服務、教育培訓、餐飲住宿、仲介代理的收入。

一、提供勞務收入的確認和計量

會計核算中，提供的勞務是否跨年度是一個劃分標準。不跨年度的勞務，提供勞務收入按完成合同確認，確認的金額為合同或協議的總金額，確認時參照銷售商品收入的確認原則。跨年度的勞務，提供勞務收入在資產負債表日勞務的結果是否能夠可靠地予以估計來加以確認。

(一) 在資產負債表日，勞務的結果能夠可靠地估計

在資產負債表日，提供勞務的結果能夠可靠地估計，則應採用完工百分比法確認勞務收入。完工百分比法是按照勞務的完成程度確認收入和費用的方法。採用完工百分比法確認收入時，收入與相關費用計算公式為：

本年確認的收入 = 勞務總收入 × 本年末止勞務的完成程度 - 以前年度已確認的收入

本年確認的費用 = 勞務總成本 × 本年末止勞務的完成程度 - 以前年度已確認的費用

提供勞務的交易結果如同時滿足以下條件，則能夠可靠地估計。

1. 勞務總收入和總成本能夠可靠地計量

勞務總收入一般根據雙方簽訂的合同或協議註明的交易總金額確定。隨著勞務的不斷提供，可能會根據實際情況增加或減少交易總金額，企業應及時調整勞務總收入。勞務總成本包括至資產負債表日止已經發生的成本和完成勞務將要發生的成本。

2. 與交易相關的經濟利益能夠流入企業

只有當與交易相關的經濟利益能夠流入企業時，企業才能確認收入。企業可以從接受勞務方的信譽、以往的經驗以及雙方應結算和期限達成的協議等方面進行判斷。

3. 勞務的完工程度能夠可靠地確定

確定勞務的完工程度可以採用以下方法：

（1）已完工作的測量，由專業測量師對已經提供的勞務進行測量，並按一定方法計算確定提供勞務交易的完工程度。

（2）已經提供的勞務占應提供勞務總量的比例，主要以勞務量為標準確定提供勞務交易的完工程度。

（3）已經發生的成本占估計總成本的比例。

（二）在資產負債表日，勞務交易的結果不能可靠地估計

在資產負債表日，如不能可靠地估計所提供勞務的交易結果，企業不能按完工百分比法確認收入。這時應正確預計已經收回或將要收回的款項能彌補多少已經發生的成本，分別以下列情況進行處理：

已經發生的勞務成本預計能夠得到補償的，應按已經發生的勞務成本金額確認收入；同時按相同的金額結轉成本，不確認利潤。

已經發生的勞務成本預計只能部分地得到補償的，應按能夠得到補償的勞務成本金額確認收入，並按已經發生的勞務成本結轉成本。確認的收入金額小於已經發生的勞務成本的金額，確認為當期損失。

已經發生的勞務成本預計全部不能得到補償的，不應確認收入，但應將發生的勞務成本確認為當期費用。

二、提供勞務收入的帳務處理

（一）在同一會計期間內開始並完成的勞務的帳務處理

對於一次就能完成的勞務，或在同一會計期間內開始並完成的勞務，應在提供勞務交易完成時確認收入。

提供勞務如屬於企業的主營業務，所實現的收入作為主營業務收入處理，結轉的相關成本作為主營業務成本處理；如屬於主營業務以外的其他經營活動，所實現的收入作為其他業務收入處理，結轉的相關成本作為其他業務成本處理。企業對外提供勞務發生的支出先在「勞務成本」科目核算，待確認為費用時，再由「勞務成本」科目轉入「主營業務成本」或「其他業務成本」科目。

【例4-13】四川鯤鵬有限公司於2016年3月10日接受一項可一次完成設備安裝的任務，合同總價款為9,000元，已收妥存入銀行，實際發生安裝成本5,000元。安裝

業務是四川鯤鵬有限公司的主營業務。

  借：銀行存款   9,000
   貸：主營業務收入   9,000
  借：主營業務成本   5,000
   貸：銀行存款等   5,000

（二）勞務的開始和完成分屬不同的會計期間的帳務處理

  在採用完工百分比確認勞務收入的情況下，提供勞務收入確認時，應按確定的收入金額，借記「應收帳款」「銀行存款」等科目，貸記「主營業務收入」科目。結轉成本時，借記「主營業務成本」科目，貸記「勞務成本」科目。

  【例4-14】四川鯤鵬有限公司於2016年11月受託為成都達發有限公司培訓的一批學員，培訓期為6個月，11月1日開學。雙方簽訂的協議註明，成都達發有限公司應支付培訓費總額為60,000元，分三次支付：第一次在開學時預付；第二次在培訓期中間，即2017年2月1日支付；第三次在培訓結束時支付，每期支付20,000元。成都達發有限公司已在11月1日預付第一期款項。2016年12月31日，四川鯤鵬有限公司得知成都達發有限公司當年效益不好，經營發生困難，對後兩次的培訓費是否能收回沒有把握。因此四川鯤鵬有限公司只將已經發生的培訓費用30,000元（假定均為培訓人員工資費用）中能夠得到補償的部分（即20,000元）確認為收入，並將發生的3,000元成本全部確認為當年費用。

  （1）2016年11月1日，收到成都達發有限公司預付的培訓費時：
  借：銀行存款   20,000
   貸：預收帳款   20,000
  （2）四川鯤鵬有限公司發生成本時：
  借：勞務成本   30,000
   貸：應付職工薪酬   30,000
  （3）2016年12月31日，確認收入並結轉成本：
  借：預收帳款   20,000
   貸：主營業務收入   20,000
  借：主營業務成本   30,000
   貸：勞務成本   30,000

  【例4-15】四川鯤鵬有限公司於2016年10月5日為客戶訂制一套軟件，工期大約5個月，合同總收入4,000,000元，至2016年12月31日發生成本2,200,000元（假定均為開發人員工資），預收帳款2,500,000元。預計開發完整軟件還將發生成本800,000元。2016年12月31日經專業測量師測量，軟件的開發完成程序為60%。

  2016年確認收入＝勞務總收入×勞務的完成程度－以前年度已確認的收入
       ＝4,000,000×60%－0＝2,400,000（元）
  2016年確認費用＝勞務總成本×勞務的完成程度－以前年度已確認的費用
       ＝（2,200,000＋800,000）×60%－0＝1,800,000（元）

(1) 發生成本時：
借：勞務成本　　　　　　　　　　　　　　　　2,200,000
　　貸：應付職工薪酬　　　　　　　　　　　　　　2,200,000
(2) 預收款項時：
借：銀行存款　　　　　　　　　　　　　　　　　2,500,000
　　貸：預收帳款　　　　　　　　　　　　　　　　2,500,000
(3) 確認收入：
借：預收帳款　　　　　　　　　　　　　　　　　2,400,000
　　貸：主營業務收入　　　　　　　　　　　　　　2,400,000
(4) 結轉成本：
借：主營業務成本　　　　　　　　　　　　　　　1,800,000
　　貸：勞務成本　　　　　　　　　　　　　　　　1,800,000

【例4-16】四川鯤鵬有限公司於2016年11月1日接受一項產品安裝任務，安裝期3個月，合同總收入300,000元，至年底已預收款項220,000元，實際發生成本140,000元（均為安裝人員工資），估計還會發生60,000元。按實際發生的成本占估計總成本的比例確定勞務的完成程度。

實際發生的成本占估計總成本的比例＝140,000÷（140,000＋60,000）＝70%

2016年確認收入＝300,000×70%－0＝210,000（元）

2016年結轉成本＝200,000×70%－0＝140,000（元）

(1) 實際發生成本時：
借：勞務成本　　　　　　　　　　　　　　　　　140,000
　　貸：應付職工薪酬　　　　　　　　　　　　　　140,000
(2) 預收帳款時：
借：銀行存款　　　　　　　　　　　　　　　　　220,000
　　貸：預收帳款　　　　　　　　　　　　　　　　220,000
(3) 12月31日確認收入：
借：預收帳款　　　　　　　　　　　　　　　　　210,000
　　貸：主營業務收入　　　　　　　　　　　　　　210,000
(4) 結轉成本：
借：主營業務成本　　　　　　　　　　　　　　　140,000
　　貸：勞務成本　　　　　　　　　　　　　　　　140,000

第三節　讓渡資產使用權收入

讓渡資產使用權收入包括出租固定資產取得的租金、進行債權投資收取的利息、進行股權投資取得的現金股利等利息收入，以及讓渡無形資產等資產使用權的使用費

收入。

一、讓渡資產使用權收入的確認條件

讓渡資產使用權的使用費收入同時滿足下列條件的，才能予以確認：

（一）相關的經濟利益很可能流入企業

企業應當根據對方企業的信譽、生產經營情況、雙方就結算方式和期限等達成的合同或協議條款等因素，綜合進行判斷使用費收入金額是否有可能收回，如果收回的可能性不大，就不應確認收入。

（二）收入的金額能夠可靠地計量

讓渡資產使用權的使用費收入金額能夠可靠計量時，才能確認收入。使用費收入金額，應按照有關合同或協議約定的收費時間和方法計算確定。

（1）使用費一次性收取，且不提供后續服務的，應當視同銷售該項資產一次性確認收入；

（2）使用費一次性收取，但提供后續服務的，應在合同或協議規定的有效期內分期確認收入；

（3）使用費分期收取，應按合同或協議規定的收款時間和金額或規定的收費方法計算確定的金額分期確認收入。

二、讓渡資產使用權收入的帳務處理

企業設置「其他業務收入」科目核算讓渡資產使用權的使用費收入；所讓渡資產計提的攤銷額等，通過「其他業務成本」科目核算。

【例4-17】四川鯤鵬有限公司向成都躍發有限公司轉讓軟件的使用權，一次性收取使用費80,000元，不提供后續服務，款項已經收回。

借：銀行存款　　　　　　　　　　　　　　　　80,000
　　貸：其他業務收入　　　　　　　　　　　　　　80,000

【例4-18】四川鯤鵬有限公司於2016年1月1日向成都華成有限公司轉讓專利權的使用權，協議約定轉讓期為5年，每年年末收取使用費300,000元，2016年年末使用費已存入銀行。2016年專利權計提的攤銷額為120,000元，每月計提金額為10,000元。

（1）2016年年末確認使用費收入：

借：銀行存款　　　　　　　　　　　　　　　　300,000
　　貸：其他業務收入　　　　　　　　　　　　　　300,000

（2）2016年每月計提專利權攤銷額：

借：其他業務成本　　　　　　　　　　　　　　10,000
　　貸：累計攤銷　　　　　　　　　　　　　　　　10,000

【例4-19】四川鯤鵬有限公司向成都華飛有限公司轉讓商品的商標使用權，約定成都華飛有限公司每年年末按年銷售收入的10%支付使用費，使用期10年。第一年，

成都華飛有限公司實現銷售收入 1,200,000 元；第二年，成都華飛有限公司實現銷售收入 1,800,000 元。假定四川鯤鵬有限公司均於每年年末收到使用費。

（1）第一年年末確認使用費收入：

應確認的使用費收入 = 1,200,000 × 10% = 120,000（元）

借：銀行存款　　　　　　　　　　　　　　　　　120,000
　　貸：其他業務收入　　　　　　　　　　　　　　　120,000

（2）第二年年末確認使用費收入：

應確認的使用費收入 = 1,800,000 × 10% = 180,000（元）

借：銀行存款　　　　　　　　　　　　　　　　　180,000
　　貸：其他業務收入　　　　　　　　　　　　　　　180,000

第四節　政府補助收入

政府補助是企業從政府無償取得除政府作為企業所有者投入的資本外的貨幣性資產或非貨幣性資產。其中，「政府」既包括各級人民政府以及政府組成部門、政府直屬機構等，也包括視同為「政府」的聯合國、世界銀行等類似國際組織。

一、政府補助的特徵

1. 無償性

無償性是政府不因政府補助享有企業的所有權，企業將來也不需要以提供服務、轉讓資產等方式償還。

2. 政府補助通常附有條件

政府補助附有一定條件，企業經過法定程序申請取得政府補助後，應當按照政府規定的用途使用該項補助。

3. 直接取得資產

政府補助是企業從政府直接取得的資產，包括貨幣性資產和非貨幣性資產。如財政撥款、先徵后返或徵即退等方式返還的稅款等。

4. 政府資本性投入資本不屬於政府補助

政府如以企業所有者身分向企業投入資本，將擁有企業相應的所有權，分享企業利潤，屬於政府與企業之間互惠交易的投資者與被投資者的關係。

二、政府補助的主要形式

1. 財政撥款

財政撥款是政府為了支出企業而無償撥付的款項。符合申報條件的企業才能申報撥款，同時附有明確的使用條件，政府在批准撥款時規定了資金的具體用途。如財政部門撥付給企業的糧食定額補貼等。

2. 財政貼息

財政貼息是政府為支持特定領域或區域發展，根據國家宏觀經濟形勢和政策目標，對承貸企業的銀行貸款利息給予的補貼。

3. 稅收返還

稅收返還是政府按照國家有關規定採取先徵後返（退）、即徵即退等辦法向企業返還的稅款，屬於以稅收優惠形式給予的一種政府補助。直接減徵、免徵、增加計稅抵扣額、抵免部分稅額等形式的稅收優惠，不作為政府補助。

三、政府補助的帳務處理

（一）與資產相關的政府補助的處理

與資產相關的政府補助是企業取得的用於購建或以其他方式形成長期資產的政府補助。

資產相關的政府補助應當確認為遞延收益，然后自相關資產可供使用時起，在該項資產使用壽命內平均分配，計入當期營業外收入。

【例4-20】2007年1月1日，政府撥付A企業500萬元財政撥款（同日到帳），要求用於購買大型科研設備1臺；並規定若有結餘，留歸企業自行支配。2007年2月1日，A企業購入大型設備（假設不需安裝），實際成本為480萬元，使用壽命為10年。2016年2月1日，A企業出售了這臺設備。假定該設備預計淨殘值為零，採用直線法計提折舊。

（1）2007年1月1日實際收到財政撥款，確認政府補助：

借：銀行存款　　　　　　　　　　　　　　　　5,000,000
　　貸：遞延收益　　　　　　　　　　　　　　　　5,000,000

（2）2007年2月1日購入設備：

借：固定資產　　　　　　　　　　　　　　　　4,800,000
　　貸：銀行存款　　　　　　　　　　　　　　　　4,800,000

（3）在該項固定資產的使用期間，每個月計提折舊和分配遞延收益：

借：研發支出　　　　　　　　　　　　　　　　　　40,000
　　貸：累計折舊　　　　　　　　　　　　　　　　　40,000

借：遞延收益　　　　　　　　　　　　　　　　　　41,667
　　貸：營業外收入　　　　　　　　　　　　　　　　41,667

（4）2016年2月1日出售該設備：

借：固定資產清理　　　　　　　　　　　　　　　960,000
　　累計折舊　　　　　　　　　　　　　　　　3,840,000
　　貸：固定資產　　　　　　　　　　　　　　　4,800,000

借：遞延收益　　　　　　　　　　　　　　　　1,000,000
　　貸：營業外收入　　　　　　　　　　　　　　1,000,000

【例4-21】2015年1月1日，B企業為建造一項環保工程向銀行貸款500萬元，期限2年，年利率為6%。當年12月31日，B企業向當地政府提出財政貼息申請。經

審核，當地政府批准按照實際貸款額 500 萬元給予 B 企業年利率 3%的財政貼息，共計 30 萬元，分兩次支付。2016 年 1 月 15 日，第一筆財政貼息資金 12 萬元到帳。2016 年 7 月 1 日，工程完工，第二筆財政貼息資金 18 萬元到帳，該工程預計使用壽命 10 年。

(1) 2016 年 1 月 15 日實際收到財政貼息，確認政府補助：

借：銀行存款　　　　　　　　　　　　　　　　　　　　120,000
　　貸：遞延收益　　　　　　　　　　　　　　　　　　　　　　120,000

(2) 2016 年 7 月 1 日實際收到財政貼息，確認政府補助：

借：銀行存款　　　　　　　　　　　　　　　　　　　　180,000
　　貸：遞延收益　　　　　　　　　　　　　　　　　　　　　　180,000

(3) 2016 年 7 月 1 日工程完工，開始分配遞延收益，自 2016 年 7 月 1 日起，每個月資產負債表日：

借：遞延收益　　　　　　　　　　　　　　　　　　　　　2,500
　　貸：營業外收入　　　　　　　　　　　　　　　　　　　　　2,500

(二) 與收益相關的政府補助的處理

與收益相關的政府補助是除與資產相關的政府補助之外的政府補助，在實際收到款項時按照到帳的實際金額確認和計量。與收益相關的政府補助應當在其補償的相關費用或損失發生的期間計入當期損益。

【例 4-22】甲企業生產一種先進的模具產品，按照國家相關規定，這種產品適用增值稅先徵後返政策，即先按規定徵收增值稅率，然後按實際繳納增值稅稅額返還 70%。2016 年 1 月，該企業實際繳納增值稅稅額 120 萬元。2016 年 2 月，該企業實際收到返還的增值稅稅額 84 萬元。

借：銀行存款　　　　　　　　　　　　　　　　　　　　840,000
　　貸：營業外收入　　　　　　　　　　　　　　　　　　　　　840,000

【例 4-23】乙企業為一家糧食儲備企業，2016 年實際糧食儲備量 1 億斤。根據國家有關規定，財政部門按照企業的實際儲備量給予每斤 0.039 元/季的糧食保管費補貼，於每個季度初支付。

(1) 2016 年 1 月，乙企業收到財政撥付的補貼款時：

借：銀行存款　　　　　　　　　　　　　　　　　　　3,900,000
　　貸：遞延收益　　　　　　　　　　　　　　　　　　　　3,900,000

(2) 2016 年 1 月，將補償 1 月份保管費的補貼計入當期收益：

借：遞延收益　　　　　　　　　　　　　　　　　　　1,300,000
　　貸：營業外收入　　　　　　　　　　　　　　　　　　　　1,300,000

2016 年 2 月和 3 月的會計分錄同上。

【例 4-24】按照相關規定，糧食儲備企業需要根據有關主管部門每季度下達的輪換計劃出售陳糧，同時購入新糧。為彌補糧食儲備企業發生的輪換費用，財政部門按照輪換計劃中規定的輪換量支付給企業 0.02 元/斤的輪換費補貼。假設按照輪換計劃，丙企業需要在 2016 年第一季度輪換儲備糧 1.2 億斤，款項尚未收到。

(1) 2016 年 1 月，按照輪換量 1.2 億斤和國家規定的補貼定額 0.02 元/斤，計算和確認其他應收款 240 萬元：
  借：其他應收款   2,400,000
    貸：遞延收益   2,400,000
(2) 2016 年 1 月，將補償 1 月份輪換費補貼計入當期收益：
  借：遞延收益   800,000
    貸：營業外收入   800,000
2016 年 2 月和 3 月的會計分錄同上。

【例 4-25】2016 年 3 月，丁糧食企業為購買儲備糧從國家農業發展銀行貸款 2,000 萬元，同期銀行貸款利率為 6%。自 2016 年 4 月開始，財政部門於每季度初，按照丁企業的實際貸款額和貸款利率撥付丁企業貸款利息，丁企業收到財政部門撥付的貸款利息后再支付給銀行。
(1) 2016 年 4 月，實際收到財政貼息 30 萬元時：
  借：銀行存款   300,000
    貸：遞延收益   300,000
(2) 將補償 2016 年 4 月份利息費用的補貼計入當期收益：
  借：遞延收益   100,000
    貸：營業外收入   100,000
2016 年 5 月和 6 月的會計分錄同上。

(三) 與資產和收益均相關的政府補助的處理

企業取得與資產和收益均相關的政府補助時，需要分解為與資產相關的部分和與收益相關的部分，分別進行會計處理。

【例 4-26】A 公司 2013 年 12 月申請某國家級研發補貼。申報書中的有關內容如下：本公司於 2013 年 1 月啓動數字印刷技術開發項目，預計總投資 360 萬元、為期 3 年，已投入資金 120 萬元。項目還需新增投資 240 萬（其中，購置固定資產 80 萬元、場地租賃費 40 萬元、人員費 100 萬元、市場營銷 20 萬元），計劃自籌資金 120 萬元、申請財政撥款 120 萬元。

2014 年 1 月 1 日，主管部門批准了 A 公司的申報，簽訂的補貼協議規定：批准 A 公司補貼申請，共補貼款項 120 萬元，分兩次撥付。合同簽訂日撥付 60 萬元，結項驗收時支付 60 萬元（如果不能通過驗收，則不支付第二筆款項）。
(1) 2014 年 1 月 1 日，實際收到撥款 60 萬元：
  借：銀行存款   600,000
    貸：遞延收益   600,000
(2) 自 2014 年 1 月 1 日至 2016 年 1 月 1 日，每個資產負債表日，分配遞延收益（假設按年分配）：
  借：遞延收益   300,000
    貸：營業外收入   300,000

(3) 2016 年項目完工，假設通過驗收，於 5 月 1 日實際收到撥付 60 萬元：

借：銀行存款　　　　　　　　　　　　　　　　　　600,000
　　貸：營業外收入　　　　　　　　　　　　　　　　　　600,000

【例 4-27】按照有關規定，2014 年 9 月甲企業為其自主創新的某高新技術項目申報政府財政貼息，申報材料中表明該項目已於 2014 年 3 月啟動，預計共需投入資金 2,000 萬元，項目期 2.5 年，已投入資金 600 萬元。項目尚需新增投資 1,400 萬元，其中計劃貸款 800 萬元，已與銀行簽訂貸款協議，協議規定貸款年利率 6%，貸款期 2 年。

經審核，2014 年 11 月政府批准撥付甲企業貼息資金 70 萬元，分別在 2015 年 10 月和 2016 年 10 月支付 30 萬元和 40 萬元。甲企業的會計處理如下：

(1) 2015 年 10 月實際收到貼息資金 30 萬元：

借：銀行存款　　　　　　　　　　　　　　　　　　300,000
　　貸：遞延收益　　　　　　　　　　　　　　　　　　300,000

(2) 2015 年 10 月起，在項目期內分配遞延收益（假設按月分配）：

借：遞延收益　　　　　　　　　　　　　　　　　　 25,000
　　貸：營業外收入　　　　　　　　　　　　　　　　　 25,000

(3) 2016 年 10 月實際收到貼息資金 40 萬元：

借：銀行存款　　　　　　　　　　　　　　　　　　400,000
　　貸：營業外收入　　　　　　　　　　　　　　　　　400,000

練 習 題

一、單項選擇題

1. 下列項目中，應計入其他業務收入的是（　　）。
   A. 轉讓無形資產所有權收入　　B. 出租固定資產收入
   C. 罰款收入　　　　　　　　　D. 股票發行收入

2. 某企業銷售商品 6,000 件，每件售價 60 元（不含增值稅），增值稅稅率 17%；企業為購貨方提供的商業折扣為 10%，提供的現金折扣條件為 2/10、1/20、n/30，並代墊運雜費 500 元。該企業在這項交易中應確認的收入金額為（　　）元。
   A. 320,000　　　B. 308,200　　　C. 324,000　　　D. 320,200

3. 企業 2013 年 1 月售出的產品 2013 年 3 月被退回時，其衝減的銷售收入應在退回當期計入（　　）科目的借方。
   A. 營業外收入　　　　　　　　B. 營業外支出
   C. 利潤分配　　　　　　　　　D. 主營業務收入

4. 某企業在 2016 年 10 月 8 日銷售商品 100 件，增值稅專用發票上註明的價款為 10,000 元，增值稅額為 1,700 元。企業為了及早收回貨款而在合同中規定的現金折扣條件為：2/10、1/20、n/30。假定計算現金折扣時不考慮增值稅。如買方在 2016 年 10 月 24 日付清貨款，該企業實際收款金額應為（　　）元。

A. 11,466　　B. 11,500　　C. 11,583　　D. 11,600

5. 企業取得與資產相關的政府補助，在收到撥款時，應該貸記（　）科目。
   A. 營業外收入　　　　　　B. 資本公積
   C. 遞延收益　　　　　　　D. 實收資本

6. 企業取得與收益相關的政府補助，用於補償已發生相關費用的，直接計入補償當期的（　）。
   A. 資本公積　　　　　　　B. 營業外收入
   C. 其他業務收入　　　　　D. 主營業務收入

7. 企業讓渡資產使用權所計提的攤銷額等，一般應該計入（　）。
   A. 營業外支出　　　　　　B. 主營業務成本
   C. 其他業務成本　　　　　D. 管理費用

8. 委託方採用支付手續費的方式委託代銷商品，委託方在收到代銷清單后應按（　）確認收入。
   A. 銷售價款和增值稅之和　B. 商品的進價
   C. 銷售價款和手續費之和　D. 商品售價

9. 在受託方收取手續費代銷方式下，企業委託其他單位銷售商品，商品銷售收入確認的時間是（　）。
   A. 發出商品日期　　　　　B. 受託方發出商品日期
   C. 收到代銷單位的代銷清單日期　D. 全部收到款項

10. A企業2016年8月10日收到B公司因質量問題而退回的商品10件，每件商品成本為100元。該批商品系A公司2016年5月13日出售給B公司，每件商品售價為230元，適用的增值稅稅率為17%，貨款尚未收到，A公司尚未確認銷售商品收入。因B公司提出的退貨要求符合銷售合同約定，A公司同意退貨。A公司應在驗收退貨入庫時做的會計處理為（　）。

    A. 借：庫存商品　　　　　　　　　　　　　　　1,000
　　　　貸：主營業務成本　　　　　　　　　　　　　　1,000
    B. 借：主營業務收入　　　　　　　　　　　　　2,691
　　　　貸：應收帳款　　　　　　　　　　　　　　　　2,691
    C. 借：庫存商品　　　　　　　　　　　　　　　1,000
　　　　貸：發出商品　　　　　　　　　　　　　　　　1,000
    D. 借：應交稅費——應交增值稅（銷項稅額）　　391
　　　　貸：應收帳款　　　　　　　　　　　　　　　　391

11. 大明公司於2016年8月接受一項產品安裝任務，安裝期5個月，合同收入200,000元，當年實際發生成本120,000元，預計已完工80%，則該企業2016年度確認收入為（　）元。
    A. 120,000　　B. 160,000　　C. 200,000　　D. 0

12. 某企業銷售商品5,000件，每件售價100元（不含增值稅），增值稅稅率為17%；企業為購貨方提供的商業折扣為10%，提供的現金折扣條件為2/10、1/20、

n/30，並代墊運雜費500元。該企業在這項交易中應確認的收入金額為（　　）元。

    A. 526,500　　　　B. 450,000　　　　C. 500,000　　　　D. 450,500

13. 企業對於已經發出但尚未確認銷售收入的商品成本，應借記的會計科目是（　　）。

    A. 在途物資　　　　　　　　　　B. 庫存商品
    C. 主營業務成本　　　　　　　　D. 發出商品

14. 下列關於收入的說法中不正確的是（　　）。

    A. 收入是企業在日常活動中形成的經濟利益的總流入
    B. 收入會導致企業所有者權益的增加
    C. 收入形成的經濟利益總流入的形式多種多樣，既可能表現為資產的增加，也可能表現為負債的減少
    D. 收入與所有者投入資本有關

二、多項選擇題

1. 關於政府補助的計量，下列說法中正確的有（　　）。

    A. 政府補助為貨幣性資產的，應當按收到或應收的金額計算
    B. 政府補助為非貨幣性資產的，公允價值能夠可靠計量時，應當公允價值計量
    C. 政府補助為非貨幣性資產的，應當按照帳面價值計量
    D. 政府補助為非貨幣性資產的，如沒有註明價值且沒有活躍交易市場、不能可靠取得公允價值的，應當按照名義金額計量

2. 有關政府補助的表述正確的有（　　）。

    A. 與收益相關的政府補助，用於補償企業以後期間的相關費用或損失的，取得時確認為遞延收益，在確認相關費用的期間計入當期損益（營業外收入）
    B. 與收益相關的政府補助，用於補償企業已發生的相關費用或損失的，取得時直接計入當期損益（營業外收入）
    C. 政府補助為非貨幣性資產的，應當按照公允價值計量
    D. 公允價值不能可靠取得的，按照名義金額計量

3. 讓渡資產使用權的收入確認條件不包括（　　）。

    A. 與交易相關的經濟利益能夠流入企業
    B. 收入的金額能夠可靠地計量
    C. 資產所有權上的風險已經轉移
    D. 沒有繼續保留資產的控制權

4. 企業跨期提供勞務的，期末可以按照完工百分比法確認收入的條件包括（　　）。

    A. 勞務總收入能夠可靠地計量
    B. 相關的經濟利益能夠流入企業
    C. 勞務的完成程度能夠可靠地確定
    D. 勞務總成本能夠可靠地計量

5. 根據企業會計制度的規定，下列有關收入確認的表述中，正確的有（　　）。

A. 在提供勞務交易的結果不能可靠估計的情況下，已經發生的勞務成本預計能夠得到補償時，公司應在資產負債表日按已經發生的勞務成本確認收入

B. 勞務的開始和完成分屬不同的會計年度，在勞務的結果能夠可靠地計量的情況下，公司應在資產負債表日按完工百分比法確認收入

C. 在資產負債表日，已發生的合同成本預計不能收回時，公司應將已發生的成本計入當期損益，不確認收入

D. 在同一會計年度內開始並完成的勞務，公司應按完工百分比法確認各月收入

6. 下列有關銷售商品收入的處理中，不正確的有（　　）。

A. 在採用收取手續費的委託代銷方式下銷售商品，發出商品時就確認收入

B. 當期售出的商品被退回時，直接衝減退回當期的收入、成本、稅金等相關項目

C. 當期已經確認收入的售出商品發生銷售折讓時，直接將發生的銷售折讓作為當期的銷售費用處理

D. 當期已經確認收入的售出商品發生銷售折讓時，將發生的銷售折讓衝減當期的收入和稅金

7. 下列各項中，對收入的描述正確的有（　　）。

A. 營業外收入也屬於企業的收入

B. 收入可能表現為企業資產的增加或負債的減少

C. 所有使企業利潤增加的經濟利益的流入均屬於企業的收入

D. 收入不包括為第三方或客戶代收的款項

8. 收入的特徵表現為（　　）。

A. 收入從日常活動中產生，而不是從偶發的交易或事項中產生

B. 收入與所有者投入資本有關

C. 收入可能表現為所有者權益的增加

D. 收入包括代收的增值稅

三、判斷題

1. 對需要安裝的商品的銷售，必須在安裝和檢驗完畢後確認收入。（　　）

2. 企業出售無形資產和出租無形資產取得的收益，均應作為其他業務收入核算。（　　）

3. 銷售收入已經確認後發生的現金折扣和銷售折讓（非資產負債表日後事項），均應在實際發生時計入當期財務費用。（　　）

4. 企業已經確認銷售商品收入發生銷售折讓時，應衝減當月的銷售商品收入，不應該衝減銷售商品的成本和相應的增值稅銷項稅額。（　　）

5. 2016年11月1日，A公司收到政府補助7,000元，用於補償A公司已經發生的管理部門相關費用和損失，甲公司應衝減管理費用。（　　）

6. 政府向企業提供補助屬於非互惠交易，具有無償性的特點。（　　）

7. 如果合同或協議規定一次性收取使用費，且提供后續服務的，應在合同或協議

137

規定的有效期內分期確認收入。   (   )

8. 在支付手續費委託代銷方式下，委託方應在發出商品時確認銷售收入。(   )

9. 企業對於在同一會計期間內能夠一次完成的勞務，應分期採用完工百分比法確認收入和結轉成本。   (   )

10. 企業銷售商品一批，並已收到款項，即使商品的成本不能夠可靠地計量，也要確認相關的收入。   (   )

11. 企業為客戶提供的現金折扣應在實際發生時衝減當期收入。   (   )

12. 增值稅進項稅額是銷項稅額的抵扣項目，是不會影響銷售收入的。 (   )

13. A公司將一批商品銷售給B公司，按合同規定A公司仍保留通常與所有權相聯繫的繼續管理權和對已售出的商品實施控制。因而，A公司不能確認收入。(   )

14. 企業的收入包括主營業務收入、其他業務收入和營業外收入。   (   )

四、計算題

1. 正保股份有限公司（以下簡稱正保公司）為增值稅一般納稅企業，適用的增值稅稅率為17%。商品銷售價格均不含增值稅額，所有勞務均屬於工業性勞務。銷售實現時結轉銷售成本。正保公司銷售商品和提供勞務為主營業務。2016年12月，正保公司銷售商品和提供勞務的資料如下：

(1) 12月1日，對A公司銷售商品一批，增值稅專用發票上銷售價格為100萬元，增值稅額為17萬元。提貨單和增值稅專用發票已交A公司，A公司已承諾付款。為及時收回貨款，給予A公司的現金折扣條件如下：2/10，1/20，n/30（假設計算現金折扣時不考慮增值稅因素）。該批商品的實際成本為85萬元。12月19日，收到A公司支付的扣除所享受現金折扣金額后的款項，並存入銀行。

(2) 12月2日，收到B公司來函，要求對當年11月2日所購商品在價格上給予5%的折讓（正保公司在該批商品售出時，已確認銷售收入200萬元，並收到款項）。經查核，該批商品外觀存在質量問題。正保公司同意了B公司提出的折讓要求。當日，收到B公司交來的稅務機關開具的索取折讓證明單，並出具紅字增值稅專用發票和支付折讓款項。

(3) 12月14日，與D公司簽訂合同，以現銷方式向D公司銷售商品一批。該批商品的銷售價格為120萬元，實際成本75萬元，提貨單已交D公司。款項已於當日收到，存入銀行。

(4) 12月15日，與E公司簽訂一項設備維修合同。該合同規定，該設備維修總價款為60萬元（不含增值稅額），於維修完成並驗收合格后一次結清。12月31日，該設備維修任務完成並經E公司驗收合格。正保公司實際發生的維修費用為20萬元（均為維修人員工資）。12月31日，鑒於E公司發生重大財務困難，正保公司預計很可能收到的維修款為17.55萬元（含增值稅額）。

(5) 12月25日，與F公司簽訂協議，委託其代銷商品一批。根據代銷協議，正保公司按代銷協議價收取所代銷商品的貨款，商品實際售價由受託方自定。該批商品的協議價200萬元（不含增值稅額），實際成本為180萬元。商品已運往F公司。12月31日，正保公司收到F公司開來的代銷清單，列明已售出該批商品的20%，款項尚未

收到。

(6) 12月31日，與G公司簽訂一件特製商品的合同。該合同規定，商品總價款為80萬元（不含增值稅額），自合同簽訂日起2個月內交貨。合同簽訂日，收到G公司預付的款項40萬元，並存入銀行。商品製造工作尚未開始。

(7) 12月31日，收到A公司退回的當月1日所購全部商品。經查核，該批商品存在質量問題，正保公司同意了A公司的退貨要求。當日，收到A公司交來的稅務機關開具的進貨退出證明單，並開具紅字增值稅專用發票和支付退貨款項。

要求：(1) 編製正保公司12月份發生的上述經濟業務的會計分錄。

(2) 計算正保公司12月份主營業務收入和主營業務成本。（「應交稅費」科目要求寫出明細科目，答案中的金額單位用萬元表示）。

2. 同順股份有限公司（以下簡稱同順公司）系工業企業，為增值稅一般納稅人，適用的增值稅稅率為17%，適用的所得稅稅率為25%。銷售單價除標明為含稅價格外，均為不含增值稅價格，產品銷售為其主營業務。同順公司2016年12月發生如下業務：

(1) 12月5日，向甲企業銷售材料一批，價款為350,000元，該材料發出成本為250,000元。當日收取面值為409,500元的票據一張。

(2) 12月10日，收到外單位租用本公司辦公用房下一年度租金300,000元，款項已收存銀行。

(3) 12月13日，向乙企業賒銷A產品50件，單價為10,000元，單位銷售成本為5,000元。

(4) 12月18日，丙企業要求退回本年11月25日購買的20件A產品。該產品銷售單價為10,000元，單位銷售成本為5,000元，其銷售收入200,000元已確認入帳，價款尚未收取。經查明退貨原因系發貨錯誤，同意丙企業退貨，並辦理退貨手續和開具紅字增值稅專用發票。

(5) 12月21日，乙企業來函提出12月13日購買的A產品質量不完全合格。經協商同意按銷售價款的10%給予折讓，並辦理退款手續和開具紅字增值稅專用發票。

(6) 12月31日，計算本月應交納的城市維護建設稅4,188.8元，其中銷售產品應交納3,722.3元，銷售材料應交納466.5元；教育費附加1,795.2元，其中銷售產品應交納1,616.7元，銷售材料應交納178.5元。

要求：根據上述業務編製相關的會計分錄。

3. 甲公司為增值稅一般納稅企業，適用的增值稅稅率為17%。2016年3月1日，向乙公司銷售某商品1,000件，每件標價2,000元，實際售價1,800元（售價中不含增值稅額），已開出增值稅專用發票，商品已交付給乙公司。為了及早收回貨款，甲公司在合同中規定的現金折扣條件為：2/10, 1/20, n/30。假定計算現金折扣不考慮增值稅。根據以下假定，分別編製甲公司收到款項時的會計分錄。（不考慮成本的結轉）

①乙公司在3月8日按合同規定付款，甲公司收到款項並存入銀行。
②乙公司在3月19日按合同規定付款，甲公司收到款項並存入銀行。
③乙公司在3月29日按合同規定付款，甲公司收到款項並存入銀行。

4. 甲、乙兩企業均為增值稅一般納稅人，增值稅稅率均為17%。2016年3月6

日，甲企業與乙企業簽訂代銷協議，甲企業委託乙企業銷售 A 商品 500 件，A 商品的單位成本為每件 350 元。代銷協議規定，乙企業應按每件 A 商品 585 元（含增值稅）的價格售給顧客，甲企業按不含增值稅售價的 10% 向乙企業支付手續費。4 月 1 日，甲企業收到乙企業交來的代銷清單，代銷清單中註明：實際銷售 A 商品 400 件，商品售價為 200,000 元，增值稅額為 34,000 元。當日甲企業向乙企業開具金額相等的增值稅專用發票。4 月 6 日，甲企業收到乙企業支付的已扣除手續費的商品代銷款。

要求：根據上述資料，編製甲企業如下會計分錄：

(1) 發出商品的會計分錄。

(2) 收到代銷清單時確認銷售收入、增值稅、手續費支出，以及結轉銷售成本的會計分錄。

(3) 收到商品代銷款的會計分錄。

第五章　費用

費用是企業在日常活動中發生的、會導致所有者權益減少的、與向所有者分配利潤無關的經濟利益的總流出。所謂企業日常活動發生的經濟利益的總流出，是企業為取得營業收入進行產品生產銷售等活動所發生的企業貨幣資金的流出，具體包括成本費用和期間費用。成本費用包括主營業務成本、其他業務成本、稅金及附加等。期間費用是企業本期發生的、不能直接或間接歸入營業成本，而是直接計入當期損益的各項費用。期間費用包括銷售費用、管理費用和財務費用。這些費用的發生與企業的日常生產經營活動密切相關，是與企業一定會計期間經營成果有直接關係的經濟利益流出，最終會導致企業所有者權益減少。

第一節　營業成本

營業成本是企業為生產產品、提供勞務等發生的可歸屬於產品成本、勞務成本等的費用，應當在確認銷售商品收入、提供勞務收入等時，將已銷商品、已提供勞務的成本計入當期損益。營業成本與營業收入密切相關，按照配比原則，在確認營業收入的當期必須同時確認營業成本。營業成本包括主營業務成本和其他業務成本。

一、主營業務成本

主營業務成本是企業生產和銷售與主營業務有關的產品、提供勞務等經常性活動所必須投入的直接成本，主要包括原材料、人工成本（工資）和固定資產折舊等。「主營業務成本」用於核算企業因銷售商品、提供勞務或讓渡資產使用權等日常活動而發生的實際成本。「主營業務成本」帳戶下應按照主營業務的種類設置明細帳，進行明細核算。期末，應將本帳戶的餘額轉入「本年利潤」帳戶，結轉后本帳戶應無餘額。

【例5-1】2016年10月20日，四川鯤鵬有限公司向成都淮海有限公司銷售A產品一批，開出的增值稅專用發票上註明售價為100,000元，增值稅稅額為17,000元；四川鯤鵬有限公司已經收到成都淮海有限公司支付的貨款117,000元，並將提貨單送交成都淮海有限公司；該批產品成本為80,000元。

（1）實現銷售時：

借：銀行存款　　　　　　　　　　　　　　　　　　　117,000
　　貸：主營業務收入——A產品　　　　　　　　　　　100,000
　　　　應交稅費——應交增值稅（銷項稅額）　　　　　17,000

借：主營業務成本——A產品　　　　　　　　　　　　　　80,000
　　貸：庫存商品——A產品　　　　　　　　　　　　　　　80,000
(2) 期末結轉損益：
借：主營業務收入——A產品　　　　　　　　　　　　　100,000
　　貸：本年利潤　　　　　　　　　　　　　　　　　　100,000
借：本年利潤　　　　　　　　　　　　　　　　　　　　80,000
　　貸：主營業務成本——A產品　　　　　　　　　　　　80,000

【例5-2】2016年10月22日，四川鯤鵬有限公司向成都嘉實有限公司銷售A產品200件，單價300元，單位成本180元，尚未收到成都嘉實有限公司支付的貨款，增值稅稅率17%。本月24日，因產品存在質量問題購貨方退貨。

(1) 實現銷售時：
借：應收帳款——成都嘉實有限公司　　　　　　　　　　70,200
　　貸：主營業務收入——A產品　　　　　　　　　　　　60,000
　　　　應交稅費——應交增值稅（銷項稅額）　　　　　　10,200
借：主營業務成本——A產品　　　　　　　　　　　　　36,000
　　貸：庫存商品——A產品　　　　　　　　　　　　　　36,000
(2) 銷售退回時：
借：主營業務收入——A產品　　　　　　　　　　　　　60,000
　　應交稅費——應交增值稅（銷項稅額）　　　　　　　10,200
　　貸：應收帳款——成都嘉實有限公司　　　　　　　　　70,200
借：庫存商品——A產品　　　　　　　　　　　　　　　36,000
　　貸：主營業務成本——A產品　　　　　　　　　　　　36,000

【例5-3】2016年4月5日，四川鯤鵬建築安裝有限責任公司承接了一項一次性可以完成的設備安裝任務，合同總價款15,000元，實際發生安裝成本10,000元，安裝完成即收到款項，不考慮相關稅費。

借：銀行存款　　　　　　　　　　　　　　　　　　　　15,000
　　貸：主營業務收入　　　　　　　　　　　　　　　　　15,000
借：主營業務成本　　　　　　　　　　　　　　　　　　10,000
　　貸：銀行存款　　　　　　　　　　　　　　　　　　　10,000

如安裝任務需要花費一段時間才能完成，在發生勞務相關支出時，先記入「勞務成本」科目，安裝任務完成時再轉入「主營業務成本」科目。假如2016年4月7日，第一次勞務支出銀行存款4,000元。

(1) 發生第一次勞務支出時：
借：勞務成本　　　　　　　　　　　　　　　　　　　　4,000
　　貸：銀行存款　　　　　　　　　　　　　　　　　　　4,000
(2) 安裝完成確認所提供勞務的收入並結轉該項勞務總成本10,000元時：
借：銀行存款等相關科目　　　　　　　　　　　　　　　15,000
　　貸：主營業務收入　　　　　　　　　　　　　　　　　15,000

借：主營業務成本 10,000
　　貸：勞務成本 10,000
(3) 期末結轉損益：
借：主營業務收入 15,000
　　貸：本年利潤 15,000
借：本年利潤 10,000
　　貸：主營業務成本 10,000

【例5-4】四川鯤鵬有限公司銷售一批商品給成都強風有限公司，開出的增值稅專用發票上註明的售價為100,000元，增值稅稅額為17,000元。該批商品的成本為70,000元。貨到后成都強風有限公司發現商品質量不符合合同要求，要求在價格上給予5%的折讓。成都強風有限公司提出的銷售折讓要求符合原合同的約定，四川鯤鵬有限公司同意並辦妥了相關手續，開具了增值稅專用發票（紅字）。假定此前四川鯤鵬有限公司已確認該批商品的銷售收入，銷售款項尚未收到，發生的銷售折讓允許扣減當期增值稅銷項稅額。

(1) 銷售實現時：
借：應收帳款——成都強風有限公司 117,000
　　貸：主營業務收入 100,000
　　　　應交稅費——應交增值稅（銷項稅額） 17,000
借：主營業務成本 70,000
　　貸：庫存商品 70,000
(2) 發生銷售折讓時：
借：主營業務收入 5,000
　　應交稅費——應交增值稅（銷項稅額） 850
　　貸：應收帳款——成都強風有限公司 5,850
(3) 實際收到款項時：
借：銀行存款 111,150
　　貸：應收帳款——成都強風有限公司 111,150

二、其他業務成本

其他業務成本是指企業除主營業務活動以外的企業經營活動所發生的成本。包括：銷售材料的成本、出租固定資產折舊額、出租無形資產攤銷額、出租包裝物成本或攤銷額等。

「其他業務成本」帳戶下應按照其他業務成本的種類設置明細帳，進行明細核算。期末，應將本帳戶的餘額轉入「本年利潤」帳戶，結轉后本帳戶應無餘額。

【例5-5】2016年10月21日，四川鯤鵬有限公司將自行開發完成的非專利技術出租給另一家公司，該非專利技術成本為240,000元，雙方約定的租賃期限為10年，四川鯤鵬有限公司每月應攤銷2,000元。

(1) 每月攤銷時
借：其他業務成本 2,000

貸：累計攤銷　　　　　　　　　　　　　　　　　　　　　　　　2,000
　（2）期末結轉成本到本年利潤
　　　借：本年利潤　　　　　　　　　　　　　　　　　　　　　　　　2,000
　　　貸：其他業務成本　　　　　　　　　　　　　　　　　　　　　　2,000

【例5-6】2016年10月20日，四川鯤鵬有限公司銷售商品領用單獨計價的包裝物成本10,000元，增值稅專用發票上註明銷售收入14,000元，增值稅額為2,380元，款項已存入銀行。

　（1）出售包裝物時：
　　　借：銀行存款　　　　　　　　　　　　　　　　　　　　　　　16,380
　　　貸：其他業務收入　　　　　　　　　　　　　　　　　　　　　14,000
　　　　　應交稅費——應交增值稅（銷項稅額）　　　　　　　　　　　2,380
　（2）結轉出售包裝物成本：
　　　借：其他業務成本　　　　　　　　　　　　　　　　　　　　　10,000
　　　貸：週轉材料——包裝物　　　　　　　　　　　　　　　　　　10,000
　（3）期末結轉損益：
　　　借：其他業務收入　　　　　　　　　　　　　　　　　　　　　14,000
　　　貸：本年利潤　　　　　　　　　　　　　　　　　　　　　　　14,000
　　　借：本年利潤　　　　　　　　　　　　　　　　　　　　　　　10,000
　　　貸：其他業務成本　　　　　　　　　　　　　　　　　　　　　10,000

【例5-7】2016年10月20日，四川鯤鵬有限公司出租辦公樓一棟給成都達明有限公司使用，已確認為投資性房地產，採用成本模式進行后續計量。假設出租的辦公樓成本為600萬元，按直線法計提折舊，使用壽命30年，預計考慮淨殘值。按合同規定，成都達明有限公司按月支付租金。

　　每月應計提折舊的金額：3,600÷30÷12=10（萬元）
　　　借：其他業務成本　　　　　　　　　　　　　　　　　　　　　100,000
　　　貸：投資性房地產累計折舊　　　　　　　　　　　　　　　　　100,000

第二節　稅金及附加

　　稅金及附加帳戶屬於損益類帳戶，用來核算企業日常主要經營活動應負擔的稅金及附加，包括營業稅、消費稅、城市維護建設稅、資源稅和教育費附加等。這些稅金及附加，一般根據當月銷售額或稅額，按照規定的稅率計算，於下月初繳納。

【例5-8】2016年10月四川鯤鵬有限公司A產品銷售收入為210,000元，B產品銷售收入為200,000元，A、B產品均為應納消費稅產品，消費稅率為5%。

　（1）月末計算本月應交消費稅金=（210,000+200,000）×5%=20,500（元）
　　　借：稅金及附加　　　　　　　　　　　　　　　　　　　　　　20,500

貸：應交稅費——應交消費稅		20,500

（2）下月初實際繳納消費稅時：

借：應交稅費——應交消費稅		20,500
貸：銀行存款		20,500

【例5-9】四川鯤鵬有限公司本月應上交的增值稅為3,995元，應上交消費稅為20,500元，城市維護建設稅率為7%，教育費附加率為3%。

（1）計算本月應交的城市維護建設稅和教育費附加：

本月應交的城市維護建設稅 =（3,995 + 20,500）×7% = 1,714.65（元）

本月應交的教育費附加 =（3,995 + 20,500）×3% = 734.85（元）

借：稅金及附加	2,449.50
貸：應交稅費——應交城市維護建設稅	1,714.65
——應交教育費附加	734.85

（2）實際繳納城市維護建設稅和教育費附加時：

借：應交稅費——應交城市維護建設稅	1,714.65
——應交教育費附加	734.85
貸：銀行存款	2,449.50

第三節　期間費用

期間費用是企業本期發生的、不能直接或間接歸屬於某個特定產品成本，而是直接計入當期損益的各項費用。期間費用隨著時間推移發生，與當期產品的管理和產品銷售直接相關，而與產品的產量、產品的製造過程無直接關係，容易確定發生的期間，而難以判別所應歸屬的產品，因而不能列入有關核算對象的成本，而在發生的當期從損益中扣除。期間費用包括直接從企業的當期產品銷售收入中扣除的銷售費用、管理費用和財務費用。

一、銷售費用

銷售費用是企業在銷售商品和材料、提供勞務過程中發生的各項費用，包括銷售過程中發生的包裝費、保險費、展覽費、廣告費、商品維修費、預計產品質量保證損失、運輸費、裝卸費等費用，以及企業發生的為銷售本企業商品而專設的銷售機構的職工薪酬、業務費、折舊費、固定資產修理費等費用。

企業通過「銷售費用」科目，核算銷售費用的發生和結轉情況。「銷售費用」科目借方登記企業所發生的各項銷售費用，貸方登記期末轉入「本年利潤」科目的銷售費用，結轉后無餘額。

【例5-10】四川鯤鵬有限公司2016年11月1日為宣傳新產品用銀行存款支付了廣告費10,000元。

借：銷售費用——廣告費　　　　　　　　　　　　　　　　10,000
　　　　貸：銀行存款　　　　　　　　　　　　　　　　　　　　　10,000

【例5－11】四川鯤鵬有限公司銷售部門10月份共發生費用200,000元，其中：銷售人員薪酬120,000元，銷售部專用辦公設備折舊費50,000元，以銀行存款支付業務費用30,000元。

　　借：銷售費用　　　　　　　　　　　　　　　　　　　　　200,000
　　　　貸：應付職工薪酬　　　　　　　　　　　　　　　　　　120,000
　　　　　　累計折舊　　　　　　　　　　　　　　　　　　　　 50,000
　　　　　　銀行存款　　　　　　　　　　　　　　　　　　　　 30,000

【例5－12】四川鯤鵬有限公司2016年11月7日銷售一批產品，銷售過程中發生運輸費10,000元、裝卸費5,000元，均用銀行存款支付。

　　借：銷售費用——運輸費　　　　　　　　　　　　　　　　10,000
　　　　　　——裝卸費　　　　　　　　　　　　　　　　　　 5,000
　　　　貸：銀行存款　　　　　　　　　　　　　　　　　　　　15,000

【例5－13】四川鯤鵬有限公司2016年11月8日開出轉帳支票支付產品保險費20,000元。

　　借：銷售費用——保險費　　　　　　　　　　　　　　　　20,000
　　　　貸：銀行存款　　　　　　　　　　　　　　　　　　　　20,000

【例5－14】四川鯤鵬有限公司2016年11月30日計算本月應支付給本企業專設銷售機構人員工資總額為100,000元，按專設銷售機構職工工資總額提取當月職工福利費14,000元。

　　借：銷售費用——工資　　　　　　　　　　　　　　　　　100,000
　　　　　　——職工福利　　　　　　　　　　　　　　　　　 14,000
　　　　貸：應付職工薪酬　　　　　　　　　　　　　　　　　　114,000

【例5－15】四川鯤鵬有限公司2016年4月8日開出轉帳支票銷售部門設備修理費3,000元。

　　借：銷售費用——修理費　　　　　　　　　　　　　　　　 3,000
　　　　貸：銀行存款　　　　　　　　　　　　　　　　　　　　 3,000

【例5－16】四川鯤鵬有限公司2016年5月31日計算出本月專設銷售機構使用房屋應提取的折舊7,000元。

　　借：銷售費用——折舊費　　　　　　　　　　　　　　　　 7,000
　　　　貸：累計折舊　　　　　　　　　　　　　　　　　　　　 7,000

【例5－17】四川鯤鵬有限公司2016年5月31日將本月發生的「銷售費用」65,000元，結轉到「本年利潤」科目。

　　借：本年利潤　　　　　　　　　　　　　　　　　　　　　 65,000
　　　　貸：銷售費用　　　　　　　　　　　　　　　　　　　　65,000

二、管理費用

管理費用是企業為組織和管理生產經營活動而發生的各種費用，包括辦公費、差旅費、聘請仲介機構費、諮詢費、訴訟費、業務招待費、房產稅、車船使用稅、土地使用稅、印花稅、技術轉讓費、礦產資源補償費、研究費用、排污費以及企業行政管理部門發生的固定資產修理費等。

企業通過「管理費用」科目，核算管理費用的發生和結轉情況。「管理費用」科目借方登記企業發生的各項管理費用，貸方登記期末轉入「本年利潤」科目的管理費用，結轉後無餘額。

【例5-18】四川鯤鵬有限公司2016年6月11日發生業務招待費6,000元，用銀行存款支付。

借：管理費用——業務招待費　　　　　　　　　　6,000
　　貸：銀行存款　　　　　　　　　　　　　　　　　　6,000

【例5-19】四川鯤鵬有限公司2016年3月4日以現金支付諮詢費10,000元。

借：管理費用——諮詢費　　　　　　　　　　　　10,000
　　貸：庫存現金　　　　　　　　　　　　　　　　　　10,000

【例5-20】四川鯤鵬有限公司行政部2016年9月份共發生費用207,000元，其中：行政人員薪酬150,000元，行政部專用辦公設備折舊費50,000元，用銀行存款支付辦公、水電費7,000元。

借：管理費用　　　　　　　　　　　　　　　　　207,000
　　貸：應付職工薪酬　　　　　　　　　　　　　　　150,000
　　　　累計折舊　　　　　　　　　　　　　　　　　　50,000
　　　　銀行存款　　　　　　　　　　　　　　　　　　7,000

【例5-21】四川鯤鵬有限公司行政部工作人員2016年9月20日報銷差旅費3,500元，交回現金500元，原預借4,000元。

借：管理費用——差旅費　　　　　　　　　　　　3,500
　　庫存現金　　　　　　　　　　　　　　　　　　　500
　　貸：其他應收款　　　　　　　　　　　　　　　　　4,000

【例5-22】四川鯤鵬有限公司2016年9月30日「管理費用」科目期末餘額85,000元，結轉到「本年利潤」科目。

借：本年利潤　　　　　　　　　　　　　　　　　85,000
　　貸：管理費用　　　　　　　　　　　　　　　　　　85,000

三、財務費用

財務費用是企業為籌集生產經營所需資金等而發生的籌資費用，包括利息支出、匯兌損益以及相關的手續費、企業發生的現金折扣等。

財務費用通過「財務費用」帳戶核算。「財務費用」帳戶借方登記已發生的各項

財務費用，貸方登記期末結轉入「本年利潤」科目的財務費用，結轉後無餘額。

【例5－23】四川鯤鵬有限公司於 2016 年 6 月 1 日向銀行借入生產經營用短期借款 384,000 元，期限 6 個月，年利率 5%，該借款本金到期後一次歸還，利息分月預提，按季支付。

每月末，預提當月份應計利息 = 384,000 × 5% ÷ 12 = 1,600（元）

借：財務費用——利息支出　　　　　　　　　　　　　　　1,600
　　貸：應付利息　　　　　　　　　　　　　　　　　　　　　　1,600

【例5－24】四川鯤鵬有限公司 2016 年 7 月 5 日在購買原材料的業務中，根據供應商規定的現金折扣條件提前付款，獲得了對方給予的現金折扣 5,000 元。

借：應付帳款　　　　　　　　　　　　　　　　　　　　　5,000
　　貸：財務費用　　　　　　　　　　　　　　　　　　　　　　5,000

【例5－25】四川鯤鵬有限公司 2016 年 7 月 21 日用銀行存款支付匯款手續費 500 元。

借：財務費用　　　　　　　　　　　　　　　　　　　　　　500
　　貸：銀行存款　　　　　　　　　　　　　　　　　　　　　　500

【例5－26】四川鯤鵬有限公司 2016 年 9 月 30 日「財務費用」科目期末餘額 45,000 元，結轉到「本年利潤」科目。四川鯤鵬有限公司應編製會計分錄如下：

借：本年利潤　　　　　　　　　　　　　　　　　　　　　45,000
　　貸：財務費用　　　　　　　　　　　　　　　　　　　　　45,000

練 習 題

一、單項選擇題

1. 某企業某月銷售生產的商品確認銷售成本 100 萬元，銷售原材料確認銷售成本 10 萬元，本月發生現金折扣 1.5 萬元。不考慮其他因素，該企業該月計入其他業務成本的金額為（　　）萬元。

　　A. 100　　　　B. 110　　　　C. 10　　　　D. 11.5

2. 2016 年 1 月，某公司銷售一批原材料，開具的增值稅專用發票上註明的售價為 5,000 元，增值稅稅額為 850 元，材料成本 4,000 元，則該企業編製會計分錄時，應借記的其他業務成本科目的金額是（　　）元。

　　A. 4,000　　　B. 5,000　　　C. 5,850　　　D. 9,000

3. 企業對隨同商品出售且單獨計價的包裝物進行會計處理時，該包裝物的實際成本應結轉到的會計科目是（　　）。

　　A. 製造費用　　　　　　　　B. 管理費用
　　C. 銷售費用　　　　　　　　D. 其他業務成本

4. 下列各項中，不應計入其他業務成本的是（　　）。

A. 庫存商品盤虧淨損失
B. 出租無形資產計提的攤銷額
C. 出售原材料結轉的成本
D. 成本模式投資性房地產計提的折舊額

5. 某企業某月銷售商品發生商業折扣 40 萬元、現金折扣 30 萬元、銷售折讓 50 萬元。該企業上述業務計入當月財務費用的金額為（　　）萬元。
A. 30　　　B. 40　　　C. 70　　　D. 90

6. 下列各項中，不應計入財務費用的是（　　）。
A. 長期借款在籌建期間的利息
B. 帶息應付票據的應計利息
C. 不符合資本化條件的生產經營期間長期借款利息支出
D. 帶息應收票據的應計利息

7. 某企業 2015 年 1 月 1 日按面值發行 3 年期面值為 250 萬元的債券，票面利率 5%，截至 2016 年年底企業為此項應付債券所承擔的財務費用是（　　）萬元。
A. 25　　　B. 20　　　C. 27　　　D. 30

8. 下列各項業務，在進行會計處理時應計入管理費用的是（　　）。
A. 支付離退休人員工資　　　B. 銷售用固定資產計提折舊
C. 生產車間管理人員的工資　　　D. 計提壞帳準備

9. 下列各項中，應計入管理費用的是（　　）。
A. 籌建期間的開辦費　　　B. 預計產品質量保證損失
C. 生產車間管理人員工資　　　D. 專設銷售機構的固定資產修理費

10. 企業為購買原材料所發生的銀行承兌匯票手續費，應當計入（　　）。
A. 管理費用　　　B. 財務費用
C. 銷售費用　　　D. 其他業務成本

11. 企業發生的下列各項不符合資本化條件的利息支出，不應該計入財務費用的是（　　）。
A. 應付債券的利息　　　B. 短期借款的利息
C. 帶息應付票據的利息　　　D. 籌建期間的長期借款利息

12. A 公司為高管租賃公寓免費使用，按月以銀行存款支付。應編製的會計分錄是（　　）。
A. 借記「管理費用」科目，貸記「銀行存款」科目
B. 借記「管理費用」科目，貸記「應付職工薪酬」科目
C. 借記「管理費用」科目，貸記「應付職工薪酬」科目；同時借記「應付職工薪酬」科目，貸記「銀行存款」科目
D. 借記「資本公積」科目，貸記「銀行存款」科目；同時借記「應付職工薪酬」科目，貸記「資本公積」科目

13. 下列各項中，不應計入銷售費用的是（　　）。
A. 已售商品預計保修費用

B. 為推廣新產品而發生的廣告費用
C. 隨同商品出售且單獨計價的包裝物成本
D. 隨同商品出售而不單獨計價的包裝物成本

14. 下列各項中，不計入期間費用的是（　　）。
　　A. 訴訟費　　　　　　　　　　B. 聘請仲介機構費
　　C. 生產車間管理人員工資　　　D. 企業發生的現金折扣

15. 下列各項中，不屬於期間費用的是（　　）。
　　A. 管理部門固定資產維修費　　B. 預計產品質量保證損失
　　C. 因違約支付的賠償款　　　　D. 匯兌損益

16. 某公司對外提供運輸勞務，對應交的營業稅應借記（　　）科目。
　　A. 稅金及附加　　　　　　　　B. 應交稅費
　　C. 管理費用　　　　　　　　　D. 營業外支出

二、多項選擇題

1. 下列各項中，應計入財務費用的有（　　）。
　　A. 企業發行股票支付的手續費
　　B. 企業支付的銀行承兌匯票手續費
　　C. 企業購買商品時取得的現金折扣
　　D. 企業銷售商品時發生的現金折扣

2. 下列各項中，應計入稅金及附加的有（　　）。
　　A. 處置無形資產應交的營業稅
　　B. 銷售商品應交的增值稅
　　C. 銷售應稅產品的資源稅
　　D. 銷售應稅消費品應交的消費稅

3. 下列各項中，關於期間費用的處理正確的有（　　）。
　　A. 董事會會費應計入管理費用
　　B. 管理部門的勞動保險費屬於銷售費用核算的內容
　　C. 銷售人員工資計入銷售費用
　　D. 季節性停工損失應計入管理費用

4. 下列各項中，屬於企業期間費用的有（　　）。
　　A. 管理費用　　　　　　　　　B. 財務費用
　　C. 製造費用　　　　　　　　　D. 銷售費用

5. 下列各項中，應在發生時直接確認為期間費用的有（　　）。
　　A. 專設銷售機構固定資產的折舊費　B. 業務招待費
　　C. 管理人員差旅費　　　　　　　　D. 車間管理人員薪酬

6. 下列各項費用，應計入銷售費用的有（　　）。
　　A. 費用化的利息支出　　　　　B. 業務招待費
　　C. 廣告費　　　　　　　　　　D. 展覽費

7. 下列各項中，不應在發生時確認為銷售費用的有（　　）。

A. 車間管理人員的工資　　　　　B. 投資性房地產的折舊額
C. 專設銷售機構固定資產的維修費　D. 預計產品質量保證損失

8. 下列各項中，不應計入管理費用的有（　　）。
A. 總部辦公樓折舊　　　　　　　B. 生產設備改良支出
C. 經營租出專用設備的修理費　　D. 專設銷售機構房屋的修理費

9. 企業下列（　　）會影響管理費用。
A. 企業盤點現金，發生現金的盤虧
B. 存貨盤點，發現存貨盤虧，由管理不善造成的
C. 固定資產盤點，發現固定資產盤虧，盤虧的淨損失
D. 現金盤點，發現現金盤點的淨收益

10. 下列項目屬於「其他業務成本」科目核算的內容有（　　）。
A. 出租的無形資產的攤銷額
B. 出租無形資產支付的服務費
C. 銷售材料結轉的材料成本
D. 出售固定資產發生的處置淨損失

11. 下列各項中，屬於「其他業務成本」科目核算的內容有（　　）。
A. 經營租出固定資產計提的折舊
B. 經營租出無形資產的服務費
C. 銷售材料結轉的材料成本
D. 出售無形資產結轉的無形資產的攤餘價值

12. 某企業 2016 年 12 月份發生的費用有：外設銷售機構辦公費用 40 萬元，銷售人員工資 30 萬元，計提車間用固定資產折舊 20 萬元，發生車間管理人員工資 60 萬元，支付廣告費用 60 萬元，計提短期借款利息 40 萬元，支付業務招待費 20 萬元，行政管理人員工資 10 萬元。則下列說法正確的有（　　）。
A. 該企業 12 月發生財務費用 100 萬元
B. 該企業 12 月發生銷售費用 130 萬元
C. 該企業 12 月發生製造費用 20 萬元
D. 該企業 12 月發生管理費用 30 萬元

三、判斷題

1. 出租固定資產的折舊和出租無形資產的折舊均應計入「其他業務成本」科目中。　　　　　　　　　　　　　　　　　　　　　　　　　　　（　　）
2. 企業出售固定資產發生的處置淨損失屬於企業的費用。　　　　（　　）
3. 應當在確認銷售商品收入、提供勞務收入等時，將已銷售商品、已提供勞務的成本等計入當期損益。　　　　　　　　　　　　　　　　　　（　　）
4. 企業為客戶提供的現金折扣應在實際發生時衝減當期收入。　　（　　）
5. 企業生產經營期間的長期借款利息支出應該全部計入財務費用中。（　　）
6. 企業發生的工會經費應通過稅金及附加科目核算。　　　　　　（　　）

7. 企業發生的增值稅、消費稅、教育費附加等均應計入「稅金及附加」科目。
（　）
8. 企業出售無形資產應交的營業稅，應列入利潤表中的稅金及附加項目。（　）
9. 企業轉讓無形資產所有權時交納的營業稅應計入「稅金及附加」科目。（　）

四、計算題

四川鯤鵬有限公司 2 月初「應交稅費」帳戶餘額為零，當月發生下列相關業務：

（1）購入材料一批，價款 300,000 元，增值稅 51,000 元，以銀行存款支付，企業採用計劃成本法核算，該材料計劃成本 320,000 元，已驗收入庫；

（2）將帳面價值為 540,000 元的產品專利權出售，收到價款 660,000 元存入銀行，適用的營業稅稅率為 5%，假定該專利權沒有計提攤銷和減值準備（不考慮除營業稅以外的其他稅費）；

（3）銷售應稅消費品一批，價款 600,000 元，增值稅 102,000 元，收到貨款並存入銀行，消費稅適用稅率為 10%，該批商品的成本是 500,000 元；

（4）月末計提日常經營活動產生的城市維護建設稅和教育費附加，適用的稅率和費率分別為 7% 和 3%。

要求：編製（1）～（4）業務會計分錄並列示業務（4）的計算過程。

第六章　利潤

利潤是企業在一定會計期間的經營成果，是收入減去費用后的淨額。收入大於相關的成本與費用，企業就盈利；收入小於相關的成本與費用時，企業就虧損。獲利能力的高低，也是衡量企業優劣的一個重要標誌。

利潤有營業利潤、利潤總額、淨利潤，它們的計算公式如下：

營業利潤 = 營業收入 − 營業成本 − 稅金及附加 − 銷售費用 − 管理費用 − 財務費用 − 資產減值損失 + 公允價值變動收益（−公允價值變動損失）+ 投資收益（−投資損失）

其中：營業收入是企業經營業務所確認的收入總額，包括主營業務收入和其他業務收入；營業成本是企業經營業務所發生的實際成本總額，包括主營業務成本和其他業務成本；資產減值損失是企業計提各項資產減值準備所形成的損失；公允價值變動收益（或損失）是企業交易性金融資產等公允價值變動形成的應計入當期損益的利得（或損失）；投資收益（或損失）是指企業以各種方式對外投資所取得的收益（或發生的損失）。

利潤總額 = 營業利潤 + 營業外收入 − 營業外支出

其中：營業外收入是指企業發生的與其日常活動無直接關係的各項利得；營業外支出是指企業發生的與其日常活動無直接關係的各項損失。

淨利潤 = 利潤總額 − 所得稅費用

所得稅費用 = 應納稅所得額 × 所得稅稅率

第一節　營業外收支

一、營業外收入

（一）營業外收入核算的內容

營業外收入是企業發生的與日常經營活動無直接關係的各項利得。營業外收入不是企業經營資金耗費產生的，不需要企業付出代價，是經濟利益的淨流入，不需要與有關的費用進行配比。營業外收入主要包括非流動資產處置利得、政府補助、盤盈利得、罰沒利得、捐贈利得、債務重組利得、確實無法支付而按規定程序經批准後轉作營業外收入的應付款項等。

其中：非流動資產處置利得包括固定資產處置利得和無形資產出售利得；政府補助是企業從政府無償取得貨幣性資產或非貨幣性資產形成的利得，不包括政府作為投

資者對企業的資本收入；盤盈利得是對於現金等清查盤點中發生的盤盈，報經批准後計入營業外收入的金額；罰沒利得果企業取得的各項罰款，在彌補由於對違反合同或協議而造成的經濟損失後的罰款淨收益；捐贈利得是企業接受捐贈產生的利得。

(二) 營業外收入的會計處理

企業設置「營業外收入」科目，核算營業外收入的取得及結轉情況。「營業外收入」科目貸方登記企業確認的各項營業外收入，借方登記期末結轉入「本年利潤」的營業外收入，結轉後無餘額。

1. 處置非流動資產利得

企業確認處置非流動資產利得借記「固定資產清理」「銀行存款」「待處理財產損溢」「無形資產」等科目，貸記「營業外收入」科目。期末，應將「營業外收入」科目餘額轉入「本年利潤」科目，借記「營業外收入」科目，貸記「本年利潤」科目。

【例6-1】四川鯤鵬有限公司2016年5月4日將固定資產報廢清理的淨收益10,000元轉作營業外收入。

借：固定資產清理　　　　　　　　　　　　　　10,000
　貸：營業外收入　　　　　　　　　　　　　　　10,000

【例6-2】四川鯤鵬有限公司2016年5月份營業外收入總額為150,000元，期末結轉本年利潤。

借：營業外收入　　　　　　　　　　　　　　　150,000
　貸：本年利潤　　　　　　　　　　　　　　　　150,000

2. 政府補助利得

(1) 與資產相關的政府補助

與資產相關的政府補助是企業取得的用於購建或以其他方式形成長期資產的政府補助。資產相關的政府補助，借記「銀行存款」等科目，貸記「遞延收益」科目，分配遞延收益時，借記「遞延收益」科目，貸記「營業外收入」科目。

【例6-3】2008年1月5日，政府撥付給四川鯤鵬有限公司450萬元財政撥款（同日到帳），要求用於購買大型科研設備一臺。2008年1月31日，企業購入大型設備（假設不需要安裝），實際成本為480萬元，其中30萬元以自有資金支付，使用壽命10年，採用直線法計提折舊（假設無殘值）。2016年2月1日，該企業出售了這臺設備，取得價款120萬元（假定不考慮其他因素）。

① 2008年1月5日實際收到財政撥款，確認政府補助：

借：銀行存款　　　　　　　　　　　　　　　4,500,000
　貸：遞延收益　　　　　　　　　　　　　　　4,500,000

② 2008年1月31日購入設備：

借：固定資產　　　　　　　　　　　　　　　4,800,000
　貸：銀行存款　　　　　　　　　　　　　　　4,800,000

③ 自2008年2月起每個資產負債表日，計提折舊，同時分攤遞延收益：

借：研發支出　　　　　　　　　　　　　　　　40,000

貸：累計折舊		40,000
借：遞延收益		37,500
貸：營業外收入		37,500

④ 2016 年 2 月 1 日出售該設備，同時轉銷遞延收益餘額：

借：固定資產清理		960,000
累計折舊		3,840,000
貸：固定資產		4,800,000
借：銀行存款		1,200,000
貸：固定資產清理		960,000
營業外收入		240,000
借：遞延收益		900,000
貸：營業外收入		900,000

(2) 與收益相關的政府補助

與收益相關的政府補助是除與資產相關的政府補助之外的政府補助。與收益相關的政府補助，借記「銀行存款」等科目，貸記「營業外收入」科目，或通過「遞延收益」科目分期計入當期損益。

【例6-4】2016 年 5 月 5 日，四川鯤鵬有限公司完成政府下達的節能減排任務，收到政府補助資金 200,000 元。

借：銀行存款		200,000
貸：營業外收入		200,000

【例6-5】四川鯤鵬有限公司享受銀行貸款月利率 0.5% 的地方財政貼息補助。2016 年 1 月，從國家開發銀行取得半年期貸款 10,000,000 元，銀行貸款月利率為 0.5%，同時收到財政部門撥付的一季度貼息款 150,000 元。4 月又收到二季度的貼息款 150,000 元。

① 2016 年 1 月，實際收到財政貼息款時：

借：銀行存款		150,000
貸：遞延收益		150,000

② 2016 年 1~6 月份，分別將補償當月利息費用的補貼計入當期收益：

借：遞延收益		50,000
貸：營業外收入		50,000

3. 盤盈利得及捐贈利得

企業確認盤盈利得及捐贈利得計入營業外收入時，借記「庫存現金」「待處理財產損溢」等科目，貸記「營業外收入」。

【例6-6】四川鯤鵬有限公司在財產清查中盤盈現金 300 元，按管理權限經批准後轉入營業外收入。

① 發現盤盈時：

借：庫存現金		300

貸：待處理財產損溢　　　　　　　　　　　　　　　　　　　300
② 經批准後轉入營業外收入時：
　　借：待處理財產損溢　　　　　　　　　　　　　　　　　　　300
　　貸：營業外收入　　　　　　　　　　　　　　　　　　　　　300

二、營業外支出

(一) 營業外支出核算的內容

　　營業外支出是不屬於企業生產經營費用，與企業生產經營活動沒有直接的關係，但應從企業實現的利潤總額中扣除的支出。營業外支出主要包括固定資產盤虧、處置固定資產淨損失、出售無形資產損失、非常損失、罰款支出、捐贈支出、債務重組損失、提取的固定資產減值準備、提取的無形資產減值準備和提取的在建工程減值準備等。

　　固定資產盤虧是企業在財產清查盤點中，實際固定資產數量和價值低於固定資產帳面數量和價值而發生的固定資產損失；處置固定資產淨損失是企業處置固定資產獲得的收入不足以抵補處置費用和固定資產淨值所發生的損失；出售無形資產損失是企業出售無形資產所取得的收入減去出售無形資產的帳面價值及所發生的相關稅費后的淨損失；非常損失是企業由於客觀原因造成的損失，在扣除保險公司賠償後應計入營業外支出的淨損失；罰款支出是企業由於違反經濟合同、稅收法規等規定而支付的各種罰款；捐贈支出是企業對外捐贈的各種資產的價值；債務重組損失是按照債務重組會計處理規定應計入營業外支出的債務重組損失；提取的固定資產減值準備、提取的無形資產減值準備和提取的在建工程減值準備，是企業按照會計制度規定計提的固定資產、無形資產和在建工程的減值準備。

(二) 營業外支出的會計處理

　　企業設置「營業外支出」科目，核算營業外支出的發生及結轉情況。「營業外支出」科目借方登記企業發生的各項營業外支出，貸方登記期末結轉入本年利潤的營業外支出，結轉後無餘額。

　　企業發生營業外支出時，借記「營業外支出」科目，貸記「固定資產清理」「待處理財產損溢」「庫存現金」「銀行存款」等科目。期末，應將「營業外支出」科目餘額結轉入「本年利潤」科目，借記「本年利潤」科目，貸記「營業外支出」科目。

【例6-7】四川鯤鵬有限公司2016年12月15日，將地震造成的原材料意外災害損失170,000元轉作營業外支出。

(1) 發生原材料意外災害時：
　　借：待處理財產損溢　　　　　　　　　　　　　　　　　170,000
　　貸：原材料　　　　　　　　　　　　　　　　　　　　　170,000
(2) 批准處理時：
　　借：營業外支出　　　　　　　　　　　　　　　　　　　170,000
　　貸：待處理財產損溢　　　　　　　　　　　　　　　　　170,000

【例6-8】四川鯤鵬有限公司2016年5月15日用銀行存款支付稅款滯納金

4,000元。

  借：營業外支出   4,000
   貸：銀行存款   4,000

【例6－9】四川鯤鵬有限公司2016年9月15日將擁有的一項非專利技術出售，取得價款500,000元，應交的營業稅為25,000元。該非專利技術的帳面餘額為600,000元，出售時已累計攤銷80,000元，未計提減值準備。

  借：銀行存款   500,000
    累計攤銷   80,000
    營業外支出   45,000
   貸：無形資產   600,000
     應交稅費——應交營業稅   25,000

【例6－10】四川鯤鵬有限公司2016年9月營業外支出總額為650,000元，期末結轉本年利潤。

  借：本年利潤   650,000
   貸：營業外支出   650,000

第二節 所得稅費用

一、所得稅費用概述

  所得稅是根據企業應納稅所得額的一定比例上交的一種稅金。所得稅費用包括當期所得稅和遞延所得稅兩個部分。

  所得稅費用（或收益）＝當期所得稅＋遞延所得稅費用（－遞延所得稅收益）

  遞延所得稅費用＝遞延所得稅負債增加額＋遞延所得稅資產減少額

  遞延所得稅收益＝遞延所得稅負債減少額＋遞延所得稅資產增加額

  其中：當期所得稅是指按照稅法規定的針對當期發生的交易和事項，應交給稅務部門的所得稅金額，即應交所得稅，公式為：

  應納稅所得額＝稅前會計利潤＋納稅調整增加額－納稅調整減少額

  應交所得稅＝應納稅所得額×所得稅稅率

  遞延所得稅負債是企業根據《企業會計準則》確認的應納稅暫時性差異產生的所得稅負債。遞延所得稅資產是企業根據《企業會計準則》確認的可抵扣暫時性差異產生的所得稅資產，以及根據稅法規定可以用以后年度稅前利潤彌補的虧損及稅款抵減產生的所得稅資產。

二、所得稅費用的會計處理

  企業設置「所得稅費用」帳戶，核算企業確認的應當從當期利潤總額中扣除的所得稅費用。「所得稅費用」帳戶屬於損益類帳戶，借方登記發生的當期所得稅費用和產

生的遞延所得稅費用，貸方登記產生的遞延所得稅收益。期末，應將本帳戶的餘額轉入「本年利潤」帳戶，結轉后無餘額。

【例6-11】四川鯤鵬有限公司2015年度稅前利潤為2,080萬元，所得稅稅率為25%。當年按稅法核定的全年實發工資為200萬元，職工福利費30萬元，工會經費5萬元，職工教育經費10萬元；經查，公司當年營業外支出中有12萬元為稅款滯納罰金。假定公司全年無其他納稅調整因素，計算四川鯤鵬有限公司應交所得稅。

稅法規定，企業發生的合理的工資、薪金支出準予據實扣除；企業發生的職工福利費支出，不超過工資、薪金總額14%的部分準予扣除；企業撥繳的工會經費，不超過工資、薪金總額2%的部分準予扣除；企業發生的職工教育經費支出，不超過工資、薪金總額2.5%的部分準予扣除，超過部分準予結轉以后納稅年度扣除；計入當期營業外支出的稅款滯納金不允許扣除。

四川鯤鵬有限公司所得稅的計算如下：

按稅法規定，計算當期應納稅所得額時，可以扣除工資、薪金支出200萬元；

扣除職工福利費支出$200 \times 14\% = 28$（萬元）

扣除職工工會經費支出$200 \times 2\% = 4$（萬元）

扣除職工教育經費支出$200 \times 2.5\% = 5$（萬元）

納稅調整數 $= (30-28)+(5-4)+(10-5)+12 = 20$（萬元）

應納稅所得額 = 稅前會計利潤 + 納稅調整增加額 − 納稅調整減少額

$\qquad = 2,080 + 20 = 2,100$（萬元）

當期應交所得稅額 = 應納稅所得額 × 所得稅稅率 $= 2,100 \times 25\% = 525$（萬元）

【例6-12】四川鯤鵬有限公司2016年全年稅前利潤為1,530萬元，其中包括本年收到的國庫券利息收入30萬元，所得稅稅率為25%。假定四川鯤鵬有限公司本年無其他納稅調整因素。

稅法規定，企業購買國庫券的利息收入免交所得稅，即在計算納稅所得時可將其扣除。四川鯤鵬有限公司當期所得稅的計算如下：

應納稅所得額 $= 1,530 - 30 = 1,500$（萬元）

當期應交所得稅額 = 應納稅所得額 × 所得稅稅率 $= 1,500 \times 25\% = 375$（萬元）

【例6-13】承【例6-12】，四川鯤鵬有限公司遞延所得稅負債年初數為40萬元，年末數為50萬元，遞延所得稅資產年初數為25萬元，年末數為20萬元。

計算公司所得稅費用：

遞延所得稅費用 $= (50-40)+(25-20) = 15$（萬元）

所得稅費用 = 當期所得稅 + 遞延所得稅費用 $= 375 + 15 = 390$（萬元）

借：所得稅費用——當期所得稅費用　　　　　　　375
　　　　　　　——遞延所得稅費用　　　　　　　 15
　　貸：應交稅費——應交所得稅　　　　　　　　375
　　　　遞延所得稅負債　　　　　　　　　　　　 10
　　　　遞延所得稅資產　　　　　　　　　　　　　5

第三節　本年利潤

一、結轉本年利潤的方法

會計期末結轉本年利潤的方法有表結法和帳結法兩種。

（一）表結法

表結法是用「利潤表」結轉期末損益類項目，計算體現期末財務成果的方法。具體操作是每月月末只結出損益類科目的月末餘額，但不結轉到「本年利潤」科目，只有在年末結轉時才使用「本年利潤」科目。將每月月末損益類科目的本月發生額合計填入利潤表的本月欄，將本月餘額填入利潤表的本年累計欄，科目不結轉。到了年末再使用帳結法結轉整個年度的累計餘額。

（二）帳結法

帳結法是每個會計期間期末將損益類科目淨期末餘額結轉到「本年利潤」科目中，損益類科目月末不留餘額。結轉後「本年利潤」科目的本月餘額反應當月實現的利潤或發生的虧損，「本年利潤」科目的本年餘額反應本年累計實現的利潤或發生的虧損。

二、本年利潤的會計處理

「本年利潤」科目核算企業當期實現的淨利潤（或發生的淨虧損）。企業期（月）末結轉利潤時，應將各損益類科目的金額轉入本科目，結平各損益類科目。結轉後「本年利潤」科目的貸方餘額為當期實現的淨利潤，借方餘額為當期發生的淨虧損。

年度終了，應將本年實現的淨利潤，轉入「利潤分配」科目，借記「本年利潤」科目，貸記「利潤分配——未分配利潤」科目；如為淨虧損，做相反的會計分錄，結轉後「本年利潤」科目無餘額。

【例6-14】四川鯤鵬有限公司2016年有關損益類科目的年末餘額如表6-1（採用表結法，年末一次結轉損益類科目，所得稅稅率為25%）：

表6-1　　　四川鯤鵬有限公司2016年各損益類帳戶的年末餘額　　　單位：元

科目名稱	結帳前餘額	方向	科目名稱	結帳前餘額	方向
主營業務收入	1,490,000	貸	稅金及附加	1,194	借
其他業務收入	50,000	貸	銷售費用	39,000	借
公允價值變動損益	40,000	貸	管理費用	138,800	借
投資收益	1,200	貸	財務費用	73,000	借
營業外收入	80,000	貸	資產減值損失	32,000	借
主營業務成本	820,000	借	營業外支出	68,900	借
其他業務成本	30,531	借			

2016年末未結轉本年利潤的會計分錄如下：

(1) 將各損益類科目年末餘額結轉入「本年利潤」科目：

①結轉各項收入、利得類科目：

借：主營業務收入	1,490,000
其他業務收入	50,000
公允價值變動損益	40,000
投資收益	1,200
營業外收入	80,000
貸：本年利潤	1,661,200

② 結轉各項費用、損失類科目：

借：本年利潤	1,203,425
貸：主營業務成本	820,000
其他業務成本	30,531
稅金及附加	1,194
銷售費用	39,000
管理費用	138,800
財務費用	73,000
資產減值損失	32,000
營業外支出	68,900

(2) 所得稅費用的確認與結轉。

利潤總額為 1,661,200 - 1,203,425 = 457,775 元，假設將該稅前會計利潤進行納稅調整后，應納稅所得額為 467,770 元，則應交所得稅額 = 467,770 × 25% = 116,942.50 元，並考慮遞延所得稅費用後的所得稅費用為 126,942.50 元。

① 確認所得稅費用：

借：所得稅費用	126,942.50
貸：應交稅費——應交所得稅	126,942.50

② 將所得稅費用結轉入「本年利潤」科目：

借：本年利潤	126,942.50
貸：所得稅費用	126,942.50

(3) 將「本年利潤」年末餘額 330,832.50 元 = 457,775 - 126,942.50 轉入「利潤分配——未分配利潤」：

借：本年利潤	330,832.50
貸：利潤分配——未分配利潤	330,832.50

(4) 假設企業按 10% 提取法定盈餘公積，按 5% 提取任意盈餘公積，分配給投資者股利 200,000 元。

借：利潤分配——提取法定盈餘公積	33,083.25
——提取任意盈餘公積	16,541.63

	——應付現金股利	200,000
	貸：盈餘公積——法定盈餘公積	33,083.25
	——任意盈餘公積	16,541.63
	應付股利	200,000

練 習 題

一、單項選擇題

1. 某企業 2016 年度利潤總額為 1,800 萬元，其中本年度國債利息收入 200 萬元，已計入營業外支出的稅收滯納金 6 萬元；企業所得稅稅率為 25%。假定不考慮其他因素，該企業 2016 年度所得稅費用為（　　）萬元。

  A. 400   B. 401.5   C. 450   D. 498.5

2. 下列各項，不影響企業營業利潤的是（　　）。

  A. 計提的工會經費   B. 發生的業務招待費
  C. 收到退回的所得稅   D. 處置投資取得的淨收益

3. 下列交易或事項，不應確認為營業外支出的是（　　）。

  A. 公益性捐贈支出   B. 無形資產出售損失
  C. 固定資產盤虧損失   D. 固定資產減值損失

4. 某企業 2016 年 2 月主營業務收入為 100 萬元，主營業務成本為 80 萬元，管理費用為 5 萬元，資產減值損失為 2 萬元，投資收益為 10 萬元。假定不考慮其他因素，該企業當月的營業利潤為（　　）萬元。

  A. 13   B. 15   C. 18   D. 23

二、多項選擇題

1. 下列各項中，影響利潤表「所得稅費用」項目金額的有（　　）。

  A. 當期應交所得稅   B. 遞延所得稅收益
  C. 遞延所得稅費用   D. 代扣代交的個人所得稅

2. 下列各項中，不應確認為營業外收入的有（　　）。

  A. 存貨盤盈   B. 固定資產出租收入
  C. 固定資產盤盈   D. 無法查明原因的現金溢餘

3. 下列各項中，應計入營業外支出的有（　　）。

  A. 固定資產處置損失   B. 存貨自然災害損失
  C. 無法查明原因的現金短缺   D. 長期股權投資處置損失

4. 下列各項中，影響企業營業利潤的有（　　）。

  A. 處置無形資產淨收益
  B. 交易性金融資產期末公允價值上升
  C. 接受公益性捐贈利得
  D. 經營租出固定資產的折舊額

5. 下列各項，影響當期利潤表中利潤總額的有（　　）。
   A. 固定資產盤盈　　　　　　　　B. 確認所得稅費用
   C. 對外捐贈固定資產　　　　　　D. 無形資產出售利得

三、判斷題

1. 企業採用「表結法」結轉本年利潤的，年度內每月月末損益類科目發生額合計數和月末累計餘額無須轉入「本年利潤」科目但要將其填入利潤表，在年末時將損益類科目全年累計餘額轉入「本年利潤」科目。　　　　　　　　　　　　（　　）

2. 企業發生毀損的固定資產的淨損失，應計入營業外支出。　　　　　　（　　）

3. 年度終了，只有在企業盈利的情況下，應將「本年利潤」科目的本年累計餘額轉入「利潤分配——未分配利潤」科目。　　　　　　　　　　　　　　（　　）

第七章　財務報表

　　財務報表是對企業財務狀況、經營成果和現金流量的結構性表述。企業編製財務報表是向財務報表使用者提供與企業財務狀況、經營成果和現金流量等有關的會計信息，反應企業管理層受託責任的履行情況，有助於財務報表使用者做出經濟決策。

　　一套完整的財務報表至少應當包括資產負債表、利潤表、現金流量表、所有者權益變動表以及附註。

第一節　資產負債表

　　資產負債表是指反應企業在某一特定日期的財務狀況的報表，主要反應資產、負債和所有者權益三方面的內容。

一、資產負債表的結構

　　資產負債表多採用帳戶式結構。帳戶式資產負債表分左右兩方，左方為資產項目，按資產的流動性大小排列，流動性大的資產如「貨幣資金」「存貨」等排在前面，流動性小的資產如「長期股權投資」「固定資產」等排在後面。右方為負債及所有者權益項目，按要求清償時間的先后順序排列，「短期借款」「應付帳款」等需要在一年以內償還的流動負債排在前面，「長期借款」等在一年以上才需償還的非流動負債排在中間，在企業清算之前不需要償還的所有者權益項目排在後面。

　　帳戶式資產負債表中的資產各項目的合計等於負債和所有者權益各項目的合計。因此，通過帳戶式資產負債表，可以反應資產、負債、所有者權益之間的內在聯繫，即「資產＝負債＋所有者權益」。資產負債表如表7-1所示。

表7-1　　　　　　　　　　　資產負債表
編製單位：　　　　　　　　　年　月　日　　　　　　　　　　單位：元

資產	期末餘額	年初餘額	負債和所有者權益	期末餘額	年初餘額
流動資產：			流動負債：		
貨幣資金			短期借款		
交易性金融資產			交易性金融負債		
應收票據			應付票據		

表7－1（續）

資產	期末餘額	年初餘額	負債和所有者權益	期末餘額	年初餘額
應收帳款			應付帳款		
預付帳款			預收帳款		
應收利息			應付職工薪酬		
其他應收款			應交稅費		
存貨			應付利息		
一年內到期的非流動資產			一年內到期的非流動負債		
其他流動資產			其他應付款		
流動資產合計			其他流動負債		
非流動資產：			流動負債合計		
可供出售金融資產			非流動負債：		
持有至到期投資			長期借款		
長期應收款			應付債券		
長期股權投資			長期應付款		
投資性房地產			專項應付款		
固定資產			預計負債		
在建工程			遞延所得稅負債		
工程物資			其他非流動負債		
固定資產清理			非流動負債合計		
生產性生物資產			負債合計		
油氣資產			所有者權益：		
無形資產			實收資本		
開發支出			資本公積		
商譽			減：庫存股		
長期待攤費用			盈餘公積		
遞延所得稅資產			未分配利潤		
其他非流動資產			所有者權益合計		
非流動資產合計					
資產總計			負債和所有者權益總計		

二、資產負債表的編製

資產負債表各項目均需填列「年初餘額」和「期末餘額」欄。其中「年初餘額」欄內各項數字，應根據上年末資產負債表的「期末餘額」欄內所列數字填列。

「期末餘額」欄主要有以下幾種填列方法：

（一）根據總帳科目餘額填列

「交易性金融資產」「短期借款」「應付票據」「應付職工薪酬」等項目，根據各總帳科目的餘額直接填列；有些項目則需根據幾個總帳科目的期末餘額計算填列，如「貨幣資金」項目，需根據「庫存現金」「銀行存款」「其他貨幣資金」三個總帳科目的期末餘額的合計數填列。

【例7-1】四川鯤鵬有限公司2016年12月31日結帳后的「庫存現金」科目餘額為10,000元，「銀行存款」科目餘額為4,000,000元，「其他貨幣資金」科目餘額為1,000,000元。四川鯤鵬有限公司2016年12月31日資產負債表中的「貨幣資金」項目金額為：

10,000+4,000,000+1,000,000=5,010,000（元）

【例7-2】四川鯤鵬有限公司2016年12月31日結帳后的「交易性金融資產」科目餘額為10,000元。四川鯤鵬有限公司2016年12月31日資產負債表中的「交易性金融資產」項目金額為100,000元。

【例7-3】四川鯤鵬有限公司2016年3月1日向銀行借入一年期借款320,000元，向其他金融機構借款230,000元，無其他短期借款業務發生。四川鯤鵬有限公司2016年12月31日資產負債表中的「短期借款」項目金額為：

320,000+230,000=550,000（元）

【例7-4】四川鯤鵬有限公司2016年12月31日向股東發放現金股利400,000元，股票股利100,000元，現金股利尚未支付。

企業發放的股票股利不通過「應付股利」科目核算，因此，資產負債表中「應付股利」即為尚未支付的現金股利金額，即400,000元。

四川鯤鵬有限公司2016年12月31日資產負債表中的「應付股利」項目金額為400,000元。

【例7-5】四川鯤鵬有限公司2016年12月31日應付A企業商業票據32,000元，應付B企業商業票據56,000元，應付C企業商業票據680,000元，尚未支付。四川鯤鵬有限公司2016年12月31日資產負債表中「應付票據」項目金額為：

32,000+56,000+680,000=768,000（元）

【例7-6】四川鯤鵬有限公司2016年12月31日應付管理人員工資300,000元，應計提福利費42,000元，應付車間工作人員工資57,000元，無其他應付職工薪酬項目。四川鯤鵬有限公司2016年12月31日資產負債表中「應付職工薪酬」項目金額為：

300,000+42,000+57,000=399,000（元）

【例7-7】四川鯤鵬有限公司2016年1月1日發行了一次還本付息的公司債券，面值為1,000,000元，當年12月31日應計提的利息為10,000元。四川鯤鵬有限公司2016年12月31日資產負債表中「應付債券」項目金額為：

1,000,000 + 10,000 = 1,010,000（元）

（二）根據明細帳科目餘額計算填列

「應付帳款」項目，需要根據「應付帳款」和「預付帳款」兩個科目所屬的相關明細科目的期末貸方餘額計算填列；「應收帳款」項目，需要根據「應收帳款」和「預付帳款」兩個科目所屬的相關明細科目的期末借方餘額計算填列；

【例7-8】四川鯤鵬有限公司2016年12月31日結帳後有關科目所屬明細科目借貸方餘額如表7-2所示。

表7-2　　　　　　　　　　　　　　　　　　　　　　　　　　　　　　單位：元

科目名稱	明細科目借方餘額合計	明細科目貸方合計
應收帳款	1,600,000	100,000
預付帳款	800,000	60,000
應付帳款	400,000	1,800,000
預收帳款	600,000	1,400,000

四川鯤鵬有限公司2016年12月31日資產負債表中相關項目的金額為：

「應收帳款」項目金額為：1,600,000 + 600,000 = 2,200,000（元）

「預付帳款」項目金額為：800,000 + 400,000 = 1,200,000（元）

「應付帳款」項目金額為：60,000 + 1,800,000 = 1,860,000（元）

「預收帳款」項目金額為：1,400,000 + 100,000 = 1,500,000（元）

【例7-9】四川鯤鵬有限公司2016年12月1日購入原材料一批價款150,000元，增值稅25,500元，款項已付，材料已驗收入庫，當年根據實現的產品銷售收入計算的增值稅銷項稅額為50,000元。該月轉讓一項專利，需要交納營業稅50,000元尚未支付，沒有其他未支付的稅費。四川鯤鵬有限公司2016年12月31日資產負債表中「應交稅費」項目金額為：

50,000 - 25,500 + 50,000 = 74,500（元）

（三）根據總帳科目和明細帳科目餘額分析計算填列

「長期借款」項目，需要根據「長期借款」總帳科目餘額扣除「長期借款」科目所屬的明細科目中將在一年內到期且企業不能自主地將清償義務展期的長期借款後的金額計算填列。

【例7-10】四川鯤鵬有限公司長期借款情況如表7-3所示。

表7-3

借款起始日期	借款期限（年）	金額（元）
2016年1月1日	3	1,000,000
2014年1月1日	5	2,000,000

| 2013 年 6 月 1 日 | 4 | 1,500,000 |

四川鯤鵬有限公司2016年12月31日資產負債表中「長期借款」項目金額為：

1,000,000＋2,000,000＝3,000,000（元）

【例7－11】 四川鯤鵬有限公司2016年「長期待攤費用」科目的期末餘額為375,000元，將於一年內攤銷的數額為204,000元。四川鯤鵬有限公司2016年12月31日資產負債表中的「長期待攤費用」項目金額為：

375,000－204,000＝171,000（元）

（四）根據有關科目餘額減去其備抵科目餘額后的淨額填列

「應收票據」「應收帳款」「長期股權投資」「在建工程」等項目，應當根據「應收票據」「應收帳款」「長期股權投資」「在建工程」等科目的期末餘額減去「壞帳準備」「長期股權投資減值準備」「在建工程減值準備」等科目餘額后的淨額填列。「固定資產」項目，應當根據「固定資產」科目的期末餘額減去「累計折舊」「固定資產減值準備」備抵科目餘額后的淨額填列；「無形資產」項目，應當根據「無形資產」科目的期末餘額，減去「累計攤銷」「無形資產減值準備」備抵科目餘額后的淨額填列。

【例7－12】 四川鯤鵬有限公司2016年12月31日因出售商品應收A企業票據金額為123,000元，因提供勞務應收B企業票據342,000元，12月31日將所持C企業金額為10,000元的未到期商業匯票向銀行貼現，實際收到金額為9,000元。四川鯤鵬有限公司2016年12月31日資產負債表中的「應收票據」項目金額為：

123,000＋342,000－10,000＝455,000（元）

【例7－13】 四川鯤鵬有限公司2016年12月31日結帳后「應收帳款」科目所屬各明細科目的期末借方餘額合計450,000元，貸方餘額合計220,000元，對應收帳款計提的壞帳準備為50,000元，假定「預收帳款」科目所屬明細科目無借方餘額。四川鯤鵬有限公司2016年12月31日資產負債表中的「應收帳款」項目金額為：

450,000－50,000＝400,000（元）

【例7－14】 四川鯤鵬有限公司2016年12月31日結帳后的「其他應收款」科目餘額為63,000元，「壞帳準備」科目中有關其他應收款計提的壞帳準備為2,000元。四川鯤鵬有限公司2016年12月31日資產負債表中的「其他應收款」項目金額為：

63,000－2,000＝61,000（元）

【例7－15】 四川鯤鵬有限公司2016年12月31日結帳后的「長期股權投資」科目餘額為100,000元，「長期股權投資減值準備」科目餘額為6,000元。四川鯤鵬有限公司2016年12月31日資產負債表中的「長期股權投資」項目金額為：

100,000－6,000＝94,000（元）

【例7－16】 四川鯤鵬有限公司2016年12月31日結帳后的「固定資產」科目餘額為1,000,000元，「累計折舊」科目餘額為90,000元，「國定資產減值準備」科目餘額為200,000元。四川鯤鵬有限公司2016年12月31日資產負債表中的「固定資產」項目金額為：

1,000,000 - 90,000 - 200,000 = 710,000（元）

【例 7 - 17】四川鯤鵬有限公司 2016 年交付安裝的設備價值為 305,000 元，未完建築安裝工程已經耗用的材料 64,000 元，工資費用支出 70,200 元，「在建工程減值準備」科目餘額為 20,000 元，安裝工作尚未完成。四川鯤鵬有限公司 2016 年 12 月 31 日資產負債表中的「在建工程」項目金額為：

305,000 + 64,000 + 70,200 - 20,000 = 419,200（元）

【例 7 - 18】四川鯤鵬有限公司 2016 年 12 月 31 日結帳後的「無形資產」科目餘額為 488,000 元，「累計攤銷」科目餘額為 48,800 元，「無形資產減值準備」科目餘額為 93,000 元。四川鯤鵬有限公司 2016 年 12 月 31 日資產負債表中的「無形資產」項目金額為：

488,000 - 48,800 - 93,000 = 346,200（元）

(五) 綜合運用上述填列方法分析填列

【例 7 - 19】四川鯤鵬有限公司 2016 年 12 月 31 日結帳後有關科目餘額為：「材料採購」科目借方餘額為 140,000 元，「原材料」科目借方餘額為 2,400,000 元，「週轉材料」科目借方餘額為 1,800,000 元，「庫存商品」科目借方餘額為 1,600,000 元，「生產成本」科目借方餘額為 600,000 元，「材料成本差異」科目貸方餘額為 120,000 元，「存貨跌價準備」科目餘額為 210,000 元。

企業應當以「材料採購」（表示在途材料採購成本）、「原材料」、「週轉材料」（比如包裝物和低值易耗品等）、「庫存商品」、「生產成本」（表示期末在產品金額）各總帳科目餘額加總後，加上或減去「材料成本差異」總帳科目的餘額（若為貸方餘額，應減去；若為借方餘額，應加上），再減去「存貨跌價準備」總帳科目餘額后的淨額，作為資產負債表中「存貨」項目的金額。四川鯤鵬有限公司 2016 年 12 月 31 日資產負債表中的「存貨」項目金額為：

140,000 + 2,400,000 + 1,800,000 + 1,600,000 + 600,000 - 120,000 - 210,000 = 6,210,000（元）

第二節　利潤表

利潤表是反應企業在一定會計期間內的經營成果的報表，反應企業在一定會計期間的收入、費用、利潤（或虧損）的數額、構成情況，幫助財務報表使用者全面瞭解企業的經營成果，分析企業的獲利能力及盈利增長趨勢。

一、利潤表的結構

中國企業的利潤表採用多步式格式，如表 7 - 4 所示。

表 7-4　　　　　　　　　　　　　　利潤表

編製單位：　　　　　　　　　　　　　　　年　　月　　　　　　　　　　　　　單位：元

項　　目	本期金額	上期金額
一、營業收入		
減：營業成本		
稅金及附加		
銷售費用		
管理費用		
財務費用		
資產減值損失		
加：公允價值變動收益（損失以「－」號填列）		
投資收益（損失以「－」號填列）		
其中：對聯營企業和合營企業的投資收益		
二、營業利潤（虧損以「－」號填列）		
加：營業外收入		
減：營業外支出		
其中：非流動資產處置損失		
三、利潤總額（虧損總額以「－」號填列）		
減：所得稅費用		
四、淨利潤（淨虧損以「－」號填列）		
五、每股收益：		
（一）基本每股收益		
（二）稀釋每股收益		

二、利潤表的編製

　　利潤表各項目均需填列「本期金額」和「上期金額」兩欄。其中「上期金額」欄內各項數字，應根據上年該期利潤表的「本期金額」欄內所列數字填列。「本期金額」欄內各期數字，除「基本每股收益」和「稀釋每股收益」項目外，應當按照相關科目的發生額分析填列。如「營業收入」，根據「主營業務收入」「其他業務收入」科目的發生額分析計算填列；「營業成本」項目，根據「主營業務成本」「其他業務成本」科目的發生額分析計算填列。其他項目均按照各該科目的發生額分析填列。

　　利潤表的主要編製步驟和內容為：

　　第一步，以營業收入為基礎，減去營業成本、稅金及附加、銷售費用、管理費用、財務費用、資產減值損失，加上公允價值變動收益（減去公允價值變動損失）和投資

收益（減去投資損失），計算出營業利潤；

第二步，以營業利潤為基礎，加上營業外收入，減去營業外支出，計算出利潤總額；

第三步，以利潤總額為基礎，減去所得稅費用，計算出淨利潤（或虧損）。

確定利潤表中各主要項目的金額，相關計算公式如下：

(1) 營業利潤＝營業收入－營業成本－稅金及附加－銷售費用－管理費用－財務費用－資產減值損失＋公允價值變動收益（或－公允價值變動損失）＋投資收益（或－投資損失）其中，營業收入＝主營業務收入＋其他業務收入營業成本＝主營業務成本＋其他業務成本

(2) 利潤總額＝營業利潤＋營業外收入－營業外支出

(3) 淨利潤＝利潤總額－所得稅費用

【例7－20】某企業2016年度「主營業務收入」科目的貸方發生額為33,000,000元，借方發生額為200,000元（系11月份發生的購買方退貨），「其他業務收入」科目的貸方發生額為2,000,000元。

該企業2016年度利潤表中「營業收入」的項目金額為：

33,000,000－200,000＋2,000,000＝34,800,000（元）

本例中，企業一般應當以「主營業務收入」和「其他業務收入」兩個總帳科目的貸方發生額之和，作為利潤表中「營業收入」項目金額。當年發生銷售退回的，以應衝減銷售退回主營業務收入或的金額，填列「營業收入」項目。

【例7－21】四川鯤鵬有限公司2016年度「主營業務成本」科目的借方發生額為30,000,000元；2016年12月8日，當年9月銷售給某單位的一批產品由於質量問題被退回，該項銷售已確認成本1,800,000元；「其他業務成本」科目借方發生額為800,000元。四川鯤鵬有限公司2016年度利潤表中的「營業成本」的項目金額為：

30,000,000－1,800,000＋800,000＝29,000,000（元）

【例7－22】四川鯤鵬有限公司2016年12月31日「資產減值損失」科目當年借方發生額為680,000元，貸方發生額為320,000元。2016年度利潤表中「資產減值損失」的項目金額為：

680,000－320,000＝360,000（元）

【例7－23】四川鯤鵬有限公司2016年「公允價值變動損益」科目貸方發生額為900,000元，借方發生額為120,000元。2016年度利潤表中「公允價值變動收益」的項目金額為：

900,000－120,000＝780,000（元）

【例7－24】四川鯤鵬有限公司2016年12月31日「主營業務收入」科目發生額為1,990,000元，「主營業務成本」科目發生額為630,000元，「其他業務收入」科目發生額為500,000元，「其他業務成本」科目發生額為150,000元，「稅金及附加」科目發生額為780,000元，「銷售費用」科目發生額為60,000元，「管理費用」科目發生額為50,000元，「財務費用」科目發生額為170,000元，「資產減值損失」科目借方發生

額為50,000元（無貸方發生額），「公允價值變動損益」科目為借方發生額450,000元（無貸方發生額），「投資收益」科目貸方發生額為850,000元（無借方發生額），「營業外收入」科目發生額為100,000元，「營業外支出」科目發生額為40,000元，「所得稅費用」科目發生額為171,600元。四川鯤鵬有限公司2016年度利潤表中營業利潤、利潤總額和淨利潤的計算過程如下：

營業利潤＝1,990,000＋500,000－630,000－150,000－780,000－60,000－50,000－170,000－50,000－450,000＋850,000＝1,000,000（元）

利潤總額＝1,000,000＋100,000－40,000＝1,060,000（元）

淨利潤＝1,060,000－171,600＝888,400（元）

第三節　現金流量表

現金流量是一定會計期間內企業現金和現金等價物的流入和流出。現金流量表是反應企業在一定會計期間現金和現金等價物流入和流出的報表。

一、現金流量表概述

現金是企業庫存現金以及可以隨時用於支付的存款，包括庫存現金、銀行存款和其他貨幣資金（如外埠存款、銀行匯票存款、銀行本票存款等）等。不能隨時用於支付的存款不屬於現金。

現金等價物是企業持有的期限短、流動性強、易於轉換為已知金額現金、價值變動風險很小的投資。期限短是從購買日起三個月內到期。現金等價物包括三個月內到期的債券投資等。權益性投資變現的金額通常不確定，因而不屬於現金等價物。

企業的現金流量分為三大類：

（一）經營活動產生的現金流量

經營活動是企業投資活動和籌資活動以外的所有交易事項。經營活動產生的現金流量主要包括銷售商品或提供勞務、購買商品、接受勞務、支付工資和交納稅款等流入和流出的現金和現金等價物。

（二）投資活動產生的現金流量

投資活動是企業長期資產的構建和不包括在現金等價物範圍內的投資及其處置活動。投資活動產生的現金流量主要包括構建固定資產、處置子公司及其他營業單位等流入和流出的現金和現金等價物。

（三）籌資活動產生的現金流量

籌資活動是導致企業資本及負債規模或構成發生變化的活動。籌資活動產生的現金流量主要包括吸收投資、發行股票、分配利潤、發行債券、償還債務等流入和流出的現金和現金等價物。償還應付帳款、應付票據等應付款項屬於經營活動，不屬於籌

資活動。

二、現金流量表的結構

現金流量表採用報告式結構（表7-5），分類反應經營活動產生的現金流量、投資活動產生的現金流量和籌資活動產生的現金流量，最后匯總反應企業某一期間現金及現金等價物的淨增加額。

表7-5　　　　　　　　　　　　現金流量表
編製單位：　　　　　　　　　　　年　月　　　　　　　　　　　　　　單位：元

項　目	本期金額	上期金額
一、經營活動產生的現金流量：		
銷售商品、提供勞務收到的現金		
收到的稅費返還		
收到其他與經營活動有關的現金		
經營活動現金流入小計		
購買商品、接受勞務支付的現金		
支付給職工以及為職工支付的現金		
支付的各項稅費		
支付其他與經營活動有關的現金		
經營活動現金流出小計		
經營活動產生的現金流量淨額		
二、投資活動產生的現金流量：		
收回投資收到的現金		
取得投資收益收到的現金		
處置固定資產、無形資產和其他長期資產收回的現金淨額		
處置子公司及其他營業單位收到的現金淨額		
收到其他與投資活動有關的現金		
投資活動現金流入小計		
購建固定資產、無形資產和其他長期資產支付的現金		
投資支付的現金		
取得子公司及其他營業單位支付的現金淨額		
支付其他與投資活動有關的現金		
投資活動現金流出小計		
投資活動產生的現金流量淨額		

表7－5(續)

項 目	本期金額	上期金額
三、籌資活動產生的現金流量：		
吸收投資收到的現金		
取得借款收到的現金		
收到其他與籌資活動有關的現金		
籌資活動現金流入小計		
償還債務支付的現金		
分配股利、利潤或償付利息支付的現金		
支付其他與籌資活動有關的現金		
籌資活動現金流出小計		
籌資活動產生的現金流量淨額		
四、匯率變動對現金及現金等價物的影響		
五、現金及現金等價物淨增加額		
加：期初現金及現金等價物餘額		
六、期末現金及現金等價物餘額		

三、現金流量表的編製

企業採用直線法列示經營活動產生的現金流量。直線法是通過現金收入和現金支出的主要類別列示經營活動的現金流量。

採用直線法編製經營活動的現金流流量時，一般以利潤表中的營業收入為起算點，調整與經營活動有關的項目增減變動，然后計算出經營活動的現金流量。採用直接法具體編製現金流量表時，可以採用工作底稿法或 T 型帳戶法，也可以根據有關科目記錄分析填列。

練 習 題

一、單項選擇題

1. 某企業「應付帳款」科目月末貸方餘額 40,000 元，其中：「應付甲公司帳款」明細科目貸方餘額 35,000 元，「應付乙公司帳款」明細科目貸方餘額 5,000 元；「預付帳款」科目月末貸方餘額 30,000 元，其中：「預付 A 工廠帳款」明細科目貸方餘額 50,000 元，「預付 B 工廠帳款」明細科目借方餘額 20,000 元。該企業月末資產負債表中「應付帳款」項目的金額為（　　）元。

　　　A. 90,000　　　B. 30,000　　　C. 40,000　　　D. 70,000

2. 下列資產負債表項目，可根據有關總帳餘額填列的是（　　）。
   A. 貨幣資金　　　　　　　　B. 應收票據
   C. 存貨　　　　　　　　　　D. 應收帳款

3. 下列資產負債表項目，需要根據相關總帳所屬明細帳戶的期末餘額分析填列的是（　　）。
   A. 應收帳款　　　　　　　　B. 應收票據
   C. 應付票據　　　　　　　　D. 應付職工薪酬

4. 某企業期末「工程物資」科目的餘額為200萬元，「發出商品」科目的餘額為50萬元，「原材料」科目的餘額為60萬元，「材料成本差異」科目的貸方餘額為5萬元。假定不考慮其他因素，該企業資產負債表中「存貨」項目的金額為（　　）萬元。
   A. 105　　　　B. 115　　　　C. 205　　　　D. 215

5. 企業期末「本年利潤」的借方餘額為17萬元，「利潤分配」和「應付股利」帳戶貸方餘額分別為18萬元和12萬元，則當期資產負債表中「未分配利潤」項目金額應為（　　）萬元。
   A. 20　　　　B. 13　　　　C. 8　　　　D. 1

6. 下列資產負債表項目中，應根據多個總帳科目餘額計算填列的是（　　）。
   A. 應付帳款　　　　　　　　B. 盈餘公積
   C. 未分配利潤　　　　　　　D. 長期借款

7. 大明企業2016年發生的營業收入為2,000萬元，營業成本為1,200萬元，銷售費用為40萬元，管理費用為100萬元，財務費用為20萬元，投資收益為80萬元，資產減值損失為140萬元（損失），公允價值變動損益為160萬元（收益），營業外收入為50萬元，營業外支出為30萬元。該企業2016年的營業利潤為（　　）萬元。
   A. 660　　　　B. 740　　　　C. 640　　　　D. 780

8. 編製多步式利潤表的第一步，應（　　）。
   A. 以營業收入為基礎，計算營業利潤
   B. 以營業收入為基礎，計算利潤總額
   C. 以營業利潤為基礎，計算利潤總額
   D. 以利潤總額為基礎，計算淨利潤

9. 甲公司2016年度發生的管理費用為6,600萬元，其中：以現金支付退休職工統籌退休金1,050萬元和管理人員工資3,300萬元，存貨盤盈收益75萬元，管理用無形資產攤銷1,260萬元，其餘均以現金支付。假定不考慮其他因素，甲公司2016年度現金流量表中「支付其他與經營活動有關的現金」項目的金額為（　　）萬元。
   A. 315　　　　B. 1,425　　　　C. 2,115　　　　D. 2,025

10. 對於現金流量表，下列說法錯誤的是（　　）。
    A. 在具體編製時，可以採用工作底稿法或T型帳戶法
    B. 在具體編製時，也可以根據有關科目記錄分析填列
    C. 採用多步式
    D. 採用報告式

11. 某企業「應付帳款」科目月末貸方餘額 40,000 元，其中：「應付甲公司帳款」明細科目貸方餘額 25,000 元，「應付乙公司帳款」明細科目貸方餘額 25,000 元，「應付丙公司帳款」明細科目借方餘額 10,000 元；「預付帳款」科目月末貸方餘額 20,000 元，其中：「預付 A 公司帳款」明細科目貸方餘額 40,000 元，「預付 B 公司帳款」明細科目借方餘額 20,000 元。該企業月末資產負債表中「預付款項」項目的金額為（　　）元。

  A. 20,000   B. 30,000   C. -30,000   D. -10,000

12. 某企業 2016 年平均流動資產總額為 200 萬元，平均應收帳款餘額為 40 萬元。如果流動資產週轉次數為 4 次，則應收帳款週轉次數為（　　）。

  A. 30   B. 50   C. 20   D. 25

二、多項選擇題

1. 資產負債表中的「應收帳款」項目應根據（　　）填列。
   A. 應收帳款所屬明細帳借方餘額合計
   B. 預收帳款所屬明細帳借方餘額合計
   C. 按應收帳款餘額一定比例計提的壞帳準備科目的貸方餘額
   D. 應收帳款總帳科目借方餘額

2. 下列資產負債表項目中，根據總帳餘額直接填列的有（　　）。
   A. 短期借款　　　　　　　　B. 實收資本
   C. 應收票據　　　　　　　　D. 應收帳款

3. 下列各項，會使資產負債表中負債項目金額增加的有（　　）。
   A. 計提壞帳準備
   B. 計提存貨跌價準備
   C. 計提一次還本付息應付債券的利息
   D. 計提長期借款利息

4. 下列各項，可以計入利潤表「稅金及附加」項目的有（　　）。
   A. 增值稅　　　　　　　　　B. 城市維護建設稅
   C. 教育費附加　　　　　　　D. 礦產資源補償費

5. 下列各項，影響企業營業利潤的項目有（　　）。
   A. 銷售費用　　　　　　　　B. 管理費用
   C. 投資收益　　　　　　　　D. 所得稅費用

6. 下列各項屬於經營活動現金流量的有（　　）。
   A. 銷售商品收到的現金
   B. 購買固定資產支付的現金
   C. 吸收投資收到的現金
   D. 償還應付帳款支付的現金

7. 下列各項中，屬於現金流量表中現金及現金等價物的有（　　）
   A. 庫存現金　　　　　　　　B. 其他貨幣資金
   C. 3 個月內到期的債券投資　　D. 隨時用於支付的銀行存款

8. 下列交易和事項中，不影響當期經營活動產生的現金流量的有（　　）。
   A. 用產成品償還短期借款　　　　B. 支付管理人員工資
   C. 收到被投資單位利潤　　　　　D. 支付各項稅費
9. 會計報表的編製要求有（　　）。
   A. 真實可靠　　　　　　　　　　B. 相關可比
   C. 全面完整　　　　　　　　　　D. 編報及時
10. 下列說法正確的有（　　）。
   A. 成本費用利潤率＝利潤總額/成本費用總額×100%
   B. 成本費用總額＝營業成本＋稅金及附加＋銷售費用＋管理費用＋財務費用
   C. 營業毛利率的分子是營業收入－營業成本
   D. 總資產報酬率，是企業一定時期內獲得的利潤總額與平均資產總額的比率

三、判斷題

1. 「應付帳款」項目應根據「應付帳款」和「預付帳款」科目所屬各明細科目的期末貸方餘額合計數填列；如「應付帳款」科目所屬明細科目期末有借方餘額的，應在資產負債表「預付款項」項目內填列。　　　　　　　　　　　　　　（　　）
2. 增值稅應在利潤表的稅金及附加項目中反應。　　　　　　　　　　　　（　　）
3. 受託代銷商品款應作為存貨的抵減項目在資產負債表中列示。　　　　　（　　）
4. 企業在編製現金流量表時，對企業為職工支付的住房公積金、為職工繳納的商業保險金、社會保障基金等，應按照職工的工作性質和服務對象分別在經營活動和投資活動產生的現金流量有關項目中反應。　　　　　　　　　　　　　　　　（　　）
5. 「長期股權投資」項目應根據「長期股權投資」科目的期末餘額，減去「長期股權投資減值準備」科目的期末餘額后的金額填列。　　　　　　　　　　　（　　）
6. 「開發支出」項目應當根據「研發支出」科目中所屬的「費用化支出」明細科目期末餘額填列。　　　　　　　　　　　　　　　　　　　　　　　　　　（　　）
7. 「長期借款」項目應該根據「長期借款」總帳科目餘額填列。　　　　　（　　）
8. 企業對於發出的商品，不符合收入確認條件的，應按其實際成本編製會計分錄：借記「發出商品」科目，貸記「庫存商品」科目。　　　　　　　　　　　（　　）

四、計算題

1. 青益公司2016年有關資料如下：

（1）本年銷售商品本年收到現金1,000萬元，以前年度銷售商品本年收到的現金200萬元，本年預收款項100萬元，本年銷售本年退回商品支付現金80萬元，以前年度銷售本年退回商品支付的現金60萬元。

（2）本年購買商品支付的現金700萬元，本年支付以前年度購買商品的未付款項80萬元和本年預付款項70萬元，本年發生的購貨退回收到的現金40萬元。

（3）本年分配的生產經營人員的職工薪酬為200萬元，「應付職工薪酬」年初餘額和年末餘額分別為20萬元和10萬元，假定應付職工薪酬本期減少數均為本年支付的現金。

(4) 本年年利潤表中的所得稅費用為50萬元（均為當期應交所得稅產生的所得稅費用），「應交稅費——應交所得稅」科目年初數為4萬元，年末數為2萬元。假定不考慮其他稅費。

要求計算：
(1) 銷售商品、提供勞務收到的現金；
(2) 購買商品、接受勞務支付的現金；
(3) 支付給職工以及為職工支付的現金；
(4) 支付的各項稅費。

2. A公司2016年有關資料如下：

資料一：2016年末的總股數為1,000萬股（均為發行在外普通股），股本1,000萬元（每股面值1元），資本公積為3,000萬元，股東權益總額為5,900萬元。

資料二：2016年營業收入為6,000萬元，營業淨利率為10%。

資料三：2016年3月1日增發了200萬股普通股，增加股本200萬元，增加股本溢價800萬元；2016年9月1日回購了50萬股普通股，減少股本50萬元，減少股本溢價250萬元，2016年的資本保值增值率為130%，2016年初的資本公積中有90%屬於股本溢價。

資料四：企業流動資產比流動負債多500萬元，速動比率為1.2，存貨為300萬元，流動資產包括速動資產和存貨。

要求：(1) 計算2016年年初的股東權益總額；
(2) 計算2016年的淨資產收益率；
(3) 計算2016年的流動比率。

五、綜合題

1. 東大股份有限公司（以下簡稱東大公司）為增值稅一般納稅企業，適用的增值稅稅率為17%。商品銷售價格中均不含增值稅額。按每筆銷售分別結轉銷售成本。東大公司銷售商品、零配件及提供勞務均為主營業務。東大公司2016年9月發生的經濟業務如下：

(1) 以交款提貨銷售方式向甲公司銷售商品一批。該批商品的銷售價格為20萬元，實際成本為17萬元，提貨單和增值稅專用發票已交甲公司，款項已收到存入銀行。

(2) 與乙公司簽訂協議，委託其代銷商品一批。根據代銷協議，乙公司按代銷商品協議價的5%收取手續費，並直接從代銷款中扣除。該批商品的協議價為25萬元，實際成本為18萬元，商品已運往乙公司。本月末收到乙公司開來的代銷清單，列明已售出該批商品的50%；同時收到已售出代銷商品的代銷款（已扣除手續費）。

(3) 與丙公司簽訂一項設備安裝合同。該設備安裝期為兩個月，合同總價款為15萬元，分兩次收取。本月末收到第一筆價款5萬元，並存入銀行。按合同約定，安裝工程完成日收取剩餘的款項。至本月末，已實際發生安裝成本6萬元（假定均為安裝人員工資）。

(4) 向丁公司銷售一件特定商品。合同規定，該件商品須單獨設計製造，總價款

175萬元，自合同簽訂日起兩個月內交貨。丁公司已預付全部價款。至本月末，該件商品尚未完工，已發生生產成本75萬元（其中，生產人員工資25萬元，領用原材料50萬元）。

（5）向A公司銷售一批零配件。該批零配件的銷售價格為500萬元，實際成本為400萬元。增值稅專用發票及提貨單已交給A公司。A公司已開出承兌的商業匯票，該商業匯票期限為三個月，到期日為12月10日。A公司因受場地限制，推遲到下月24日提貨。

（6）與B公司簽訂一項設備維修服務協議。本月末，該維修服務完成並經B公司驗收合格，增值稅發票上標明的金額為213.7萬元，增值稅為36.3萬元。貨款已經收到，為完成該項維修服務，發生相關費用52萬元（假定均為維修人員工資）。

（7）C公司退回2015年12月28日購買的商品一批。該批商品的銷售價格為30萬元，實際成本為23.5萬元。該批商品的銷售收入已在售出時確認，但款項尚未收取。經查明，退貨理由符合原合同約定。本月末已辦妥退貨手續並開具紅字增值稅專用發票。

（8）計算本月應交所得稅（結果保留兩位小數）。假定該公司適用的所得稅稅率為25%，本期無任何納稅調整事項。

除上述經濟業務外，東大公司登記2016年9月份發生的其他經濟業務形成的帳戶餘額如下：

帳戶名稱	借方餘額（萬元）	貸方餘額（萬元）
其他業務收入		10
其他業務成本	5	
投資收益		7.65
營業外收入		50
營業外支出	150	
稅金及附加	50	
管理費用	25	
財務費用	5	

要求：

（1）編製東大公司上述（1）~（8）項經濟業務相關的會計分錄。

（2）編製東大公司2016年9月份的利潤表。

利潤表

編製單位：東大公司　　　　　　2016 年 9 月　　　　　　單位：萬元

項　目	本期金額
一、營業收入	
減：營業成本	
稅金及附加	
銷售費用	
管理費用	
財務費用	
資產減值損失	
加：公允價值變動收益（損失以「－」號填列）	
投資收益（損失以「－」號填列）	
其中：對聯營企業和合營企業的投資收益	
二、營業利潤（虧損以「－」號填列）	
加：營業外收入	
減：營業外支出	
其中：非流動資產處置損失	
三、利潤總額（虧損總額以「－」號填列）	
減：所得稅費用	
四、淨利潤（淨虧損以「－」號填列）	

第八章　成本核算

　　財務會計中的成本是由企業會計準則所規範的取得資產的耗費。例如，固定資產的成本是取得固定資產的耗費，存貨的成本是取得存貨的耗費，包括採購成本、加工成本和其他成本。本章所討論的成本核算是存貨成本核算。

第一節　成本核算概述

一、各種成本耗費的界限

　　1. 存貨成本與期間費用的界限

　　存貨成本是在購買材料、生產產品或提供勞務過程中發生的由產品或勞務負擔的耗費。

　　期間費用是企業當期發生的必須從當期收入得到補償的經濟利益的總流出，期間費用不由產品或勞務負擔，不計入產品或勞務成本，直接計入當期損益。

　　2. 各期的成本界限

　　劃清各期產品成本的依據是權責發生制和受益原則。某項耗費是否應計入本月存貨成本以及應計入多少，取決於是否應由本月負擔以及受益量的大小。某項耗費是否應計入本月產品成本，取決於本月產品是否受益。本月產品受益的耗費，就應計入本期產品成本；由本月與以後各月共同受益的耗費，就應在相關期內採用適當方法進行合理分攤。

　　3. 各種產品的成本界限

　　已發生的生產成本中，必須劃清應由哪種產品負擔。劃分的依據是受益原則，哪一種產品受益，就由哪一種產品負擔。凡是能直接確定應由某種產品負擔的直接耗費，就應直接計入該種產品成本。凡是能確定由幾種產品共同負擔的耗費，應採用適當分配方法，合理地分配計入相關產品成本。

　　4. 完工產品和在產品的成本界限

　　確定了各種產品本月應負擔的生產成本后，月末如果某種產品已經全部完工，則本月發生的生產成本全部計入完工產品；如果產品全部尚未完工，則本月發生的生產成本全部計入未完工產品。如果某種產品既有完工產品又有在產品，就需要採用適當的分配方法，將產品應負擔的成本在完工產品和在產品之間進行分配，分別計算出完工產品應負擔的成本和在產品應負擔的成本。

上月末尚未完工的在產品，轉入本月繼續加工，上月末分配負擔的成本即為本月初在產品成本。月初在產品成本、本月生產成本、本月完工產品成本和月末在產品成本四者之間的關係為：月初在產品成本＋本月生產成本＝本月完工產品成本＋月末在產品成本。

二、成本核算使用的主要科目

企業設置「生產成本」「製造費用」科目，按照用途歸集各項成本，正確計算產品成本，進行成本核算。

1.「生產成本」科目

「生產成本」科目核算企業進行工業性生產發生的各項生產成本。「生產成本」科目可按基本生產成本和輔助生產成本進行明細核算。基本生產成本應當分別按照基本生產車間和成本核算對象如產品的品種、類別、訂單、批別、生產階段等設置明細帳。

企業發生的各項直接生產成本，各生產車間應負擔的製造費用，輔助生產車間為基本生產車間、企業管理部門和其他部門提供的勞務和產品，期（月）末按照一定的分配標準分配給各收益對象，記入「生產成本」的借方；企業已經生產完成並已驗收入庫的產成品以及入庫的自制半成品成本，應於期（月）末記入「生產成本」的貸方；「生產成本」的期末借方餘額，反應企業尚未加工完成的在產品成本。

2.「製造費用」科目

「製造費用」科目核算企業生產車間為生產產品和提供勞務而發生的各項間接費用。「製造費用」科目可按不同的生產車間、部門和費用項目進行明細核算。

生產車間發生的機物料消耗、管理人員的工資等職工薪酬、計提的固定資產折舊、支付的辦公費、水電費等、發生季節性的停工損失等記入「製造費用」的借方，製造費用分配計入有關的成本核算對象記入「製造費用」的貸方，「製造費用」科目期末應無餘額。

三、產品生產成本項目

企業可以設立的成本項目有：

（一）直接材料

直接材料是企業在生產產品和提供勞務過程中所消耗的直接用於產品生產並構成產品實體的原料、主要材料、外購半成品以及有助於產品形成的輔助材料等。

（二）直接人工

直接人工是企業在生產產品和提供勞務過程中，直接參加產品生產的工人工資以及其他各種形式的職工薪酬。

（三）製造費用

製造費用是企業為生產產品和提供勞務而發生的各項間接費用，包括生產車間管理人員的工資等職工薪酬、折舊費、辦公費、水電費、機物料消耗、勞動保護費、季

節性和修理期間的停工損失等。

四、成本核算的基礎工作

1. 定額的制定和修訂

產品的消耗定額是編製成本計劃、分析和考核成本水平的依據，也是審核和控制耗費的標準。企業應制定可行的原材料、燃料、動力和工時的消耗定額，據以審核各項耗費是否合理節約，控制耗費降低成本。

2. 材料物資的計量、收發、領退和盤點

要對材料物資的收發、領退和結存進行計量，應建立和健全材料物資的計量、收發、領退和盤點制度。

3. 原始記錄

生產過程中工時和動力的耗費，在產品和半成品的內部轉移，以及產品質量的檢驗結果等，應做出真實、完整的記錄。

五、生產成本核算的一般程序

（1）區分應計入產品成本的成本和不應計入產品成本的費用；

（2）將應計入產品成本的各項成本，區分為應當計入本月的產品成本與應當由其他月份產品負擔的成本；

（3）將應計入本月產品成本的各項成本在各種產品之間進行歸集和分配，計算出各種產品的成本；

（4）對既有完工產品又有在產品的產品，採用一定的方法在完工產品和期末在產品之間進行分配，計算出該種完工產品的總成本和單位成本。

第二節　生產成本的核算

一、基本生產成本的核算

（一）直接材料成本的核算

企業設置「生產成本——基本生產成本」核算直接用於產品生產的各種直接材料成本。企業根據發出材料的成本總額，借記「生產成本——基本生產成本」科目及其各產品成本明細帳「直接材料」成本項目，貸記「原材料」等科目。

基本生產車間發生的直接用於產品生產的直接材料成本，包括直接用於產品生產的燃料和動力成本，應專門設置「直接材料」等成本項目。原料和主要材料分產品領用的，應根據領料憑證直接記入某種產品成本的「直接材料」項目。

如果是幾種產品共同耗用的材料成本，則應採用適當的分配方法，分配計入各有關產品成本的「直接材料」成本項目。在消耗定額比較穩定、準確的情況下，通常採用材料定額消耗量比例或材料定額成本的比例進行分配，計算公式如下：

$$\text{分配率} = \frac{\text{材料實際總消耗量（或實際成本）}}{\text{各種產品材料定額消耗量（或定額成本）之和}}$$

$$\begin{matrix}\text{某種產品應分配的}\\ \text{材料數量（或成本）}\end{matrix} = \begin{matrix}\text{該種產品的材料定額}\\ \text{消耗量（或定額成本）}\end{matrix} \times \text{分配率}$$

原料及主要材料成本還可以採用其他方法分配。比如，不同規格的同類產品，如果產品的結構大小相近，也可以按產量或重量比例分配。

【例8-1】四川鯤鵬有限公司基本生產車間領用某種材料4,000千克，單價100元，材料成本合計400,000元，生產A產品4,000件，B產品2,000件。A產品消耗定額為12千克，B產品消耗定額26千克。分配結果如下：

$$\text{分配率} = \frac{400,000}{4,000 \times 12 + 2,000 \times 26} = \frac{400,000}{48,000 + 52,000} = 4$$

應分配的材料成本：

A產品：48,000×4＝192,000（元）

B產品：52,000×4＝208,000（元） 合計：400,000（元）

材料成本的分配在實際工作中是通過材料成本分配表進行的。材料成本分配表按照材料的用途和材料類別，根據歸類後的領料憑證編製。

【例8-1】四川鯤鵬有限公司基本生產車間材料成本分配表如表8-1。

表8-1　　　　　　　　　　　材料成本分配表

應借科目			共同耗用原材料的分配					直接領用的原材料（元）	耗用原材料總額（元）
總帳及二級科目	明細科目	成本或費用項目	產量（件）	單位消耗定額（千克）	定額消耗用量（千克）	分配率	應分配材料費（元）		
生產成本——基本生產成本	A產品	直接材料	4,000	12	48,000		192,000	408,000	600,000
	B產品	直接材料	2,000	26	52,000		208,000	32,000	240,000
	小　計				100,000	4	400,000	440,000	840,000
生產成本——輔助生產成本	鍋爐車間	直接材料						125,000	125,000
	供電車間	直接材料						75,000	75,000
	小　計							200,000	200,000
製造費用	基本車間	機物料消耗						60,000	60,000
合計							400,000	700,000	1,100,000

四川鯤鵬有限公司根據「材料成本分配表」作會計處理如下：

借：生產成本——基本生產成本——A產品——直接材料　　600,000

　　　　　　　　　　　　　　　——B產品——直接材料　　240,000

　　　　——輔助生產成本　　　　　　　　　　　　　　　200,000

　　製造費用——基本車間　　　　　　　　　　　　　　　60,000

　貸：原材料——某材料　　　　　　　　　　　　　　　　1,100,000

(二) 直接人工成本的核算

企業設置「生產成本——基本生產成本」核算直接用於產品生產的各種直接人工成本。直接進行產品生產的生產工人工資、福利費等職工薪酬，借記「生產成本——基本生產成本」科目及其各產品成本明細帳「直接人工」成本項目，貸記「應付職工薪酬」科目。

如果同時生產幾種產品，發生的直接人工成本，包括工人工資、福利費等職工薪酬，應採用一定方法分配計入各產品成本中。

1. 按計時工資分配直接人工成本

計時工資依據生產工人出勤記錄和月標準工資計算，計算公式如下：

$$直接人工成本分配率 = \frac{本期發生的直接人工成本}{各產品耗用的實際工時（或定額工時）之和}$$

$$某產品應負擔的直接人工成本 = 該產品耗用的實際工時（或定額工時） \times 直接人工成本分配率$$

2. 按計件工資分配直接人工成本

計件工資下直接人工成本的分配可根據產量和每件人工費率，分別產品進行匯總，計算出每種產品應負擔的直接人工成本。

為了進行直接人工成本核算，月末應分生產部門根據工資結算單和有關的生產工時記錄編製工資成本分配表。

【例 8-2】四川鯤鵬有限公司基本生產車間「工資成本分配表」如 8-2。

表 8-2　　　　　　　　　　工資成本分配匯總表　　　　　　　　金額單位：元

應借科目			工資		
總帳及二級科目	明細科目	分配標準(工時)	直接生產人員	管理人員工資	工資合計
生產成本——基本生產成本	A 產品	360,000	180,000		180,000
	B 產品	240,000	120,000		120,000
	小計	600,000	300,000		300,000
生產成本——輔助生產成本	鍋爐車間				80,000
	供電車間				120,000
	小計				200,000
製造費用	基本車間			6,000	6,000
	鍋爐車間			3,500	3,500
	供電車間			2,500	2,500
	小計			12,000	12,000
合計			300,000	12,000	512,000

四川鯤鵬有限公司根據「工資成本分配表」作會計處理如下：
借：生產成本——基本生產成本　　　　　　　　　　　300,000
　　　　　　——輔助生產成本　　　　　　　　　　　200,000
　　製造費用——基本車間　　　　　　　　　　　　　　6,000
　　　　　　——鍋爐車間　　　　　　　　　　　　　　3,500
　　　　　　——供電車間　　　　　　　　　　　　　　2,500
　　貸：應付職工薪酬　　　　　　　　　　　　　　　512,000

二、輔助生產成本的核算

輔助生產是為基本生產服務而進行的產品生產和勞務供應。輔助生產成本是指輔助生產車間發生的成本。

企業設置「生產成本——輔助生產成本」核算直接用於產品生產的各種輔助材料成本。企業根據發出輔助材料的成本總額，借記「生產成本——輔助生產成本」科目及其明細帳「輔助材料」成本項目，貸記「原材料」等科目。

基本生產車間發生的直接用於產品生產的直接材料成本，包括直接用於產品生產的燃料和動力成本，應專門設置「直接材料」等成本項目。原料和主要材料分產品領用的，應根據領料憑證直接記入某種產品成本的「直接材料」項目。

如果是幾種產品共同耗用的材料成本，則應採用適當的分配方法，分配計入各有關產品成本的「直接材料」成本項目。在消耗定額比較穩定、準確的情況下，通常採用材料定額消耗量比例或材料定額成本的比例進行分配，計算方法如下：

歸集在「生產成本——輔助生產成本」科目及其明細帳借方的輔助生產成本，由於所生產的產品和提供的勞務不同，其所發生的成本分配轉出的程序方法也不一樣。提供水、電、氣和運輸、修理等勞務所發生的輔助生產成本，通常按受益單位耗用的勞務數量在各單位之間進行分配。分配時，借記「製造費用」或在結算輔助生產明細帳之前，還應將各輔助車間的製造費用分配轉入各輔助生產明細帳，歸集輔助生產成本。製造工具、模型、備件等產品所發生的成本，應計入完工工具、模型、備件等產品的成本。完工時，作為自制工具或材料入庫，由「生產成本——輔助生產成本」科目及其明細帳的貸方轉入「週轉材料——低值易耗品」或「原材料」等科目的借方。

輔助生產成本的分配，應通過輔助生產成本分配表進行。分配輔助生產成本的方法主要有直接分配法、交互分配法和按計劃成本分配法等。這裡主要介紹分配輔助生產成本的直接分配法和交互分配法。

1. 直接分配法

直接分配法不考慮輔助生產內部相互提供的勞務量，即不經過輔助生產成本的交互分配，直接將各輔助生產車間發生的成本分配給輔助生產以外的各個受益單位或產品。分配計算公式如下：

$$\text{輔助生產的單位成本} = \frac{\text{輔助生產成本總額}}{\text{輔助生產的產品或勞務總量（不包括對輔助生產各車間提供的產品或勞務量）}}$$

$$\text{各受益車間、產品或各部門應分配的成本} = \text{輔助生產的單位成本} \times \text{該車間、產品或部門的耗用量}$$

【例8-3】四川鯤鵬有限公司輔助生產車間的鍋爐和機修兩個輔助車間之間相互提供產品和勞務。鍋爐車間的成本按供汽量比例分配，修理費用按修理工時比例進行分配。四川鯤鵬有限公司2016年7月有關輔助生產成本的資料見表8-3。

表8-3

輔助生產車間名稱		機修車間	鍋爐車間
待分配成本（元）		480,000	45,000
對外供應勞務、產品數量		160,000 小時	10,000 立方米
耗用勞務、產品數量	鍋爐車間	10,000 小時	
	機修車間		1,000 立方米
	一車間	80,000 小時	5,100 立方米
	二車間	70,000 小時	3,900 立方米

根據資料編製直接分配法的輔助生產成本分配表（表8-4）。

表8-4　　　　　　　　　　輔助生產成本分配表
2016年7月

輔助生產車間名稱			機修車間	鍋爐車間	合計
待分配成本（元）			480,000	45,000	525,000
對外供應勞務、產品數量			150,000 小時	9,000 立方米	
單位成本（分配率）			3.2	5	
基本生產車間	一車間	耗用數量	80,000 小時	5,100 立方米	
		分配金額	256,000（元）	25,500（元）	281,500（元）
	二車間	耗用數量	70,000 小時	3,900 立方米	
		分配金額	24,000（元）	19,500（元）	243,500（元）
金額合計（元）			480,000	45,000	525,000

對外供應勞務、產品數量：機修車間＝160,000－10,000＝150,000（小時），鍋爐車間＝10,000－1,000＝9,000（立方米）。會計處理如下：

借：製造費用——一車間　　　　　　　　　　　　　　　281,500
　　　　　　——二車間　　　　　　　　　　　　　　　243,500
　貸：生產成本——輔助生產成本——機修車間　　　　　480,000
　　　　　　　——輔助生產成本——鍋爐車間　　　　　　45,000

2. 交互分配法

交互分配法先根據各輔助生產內部相互供應的數量和交互分配前的成本分配率

(單位成本)，進行一次交互分配；然后再將各輔助生產車間交互分配后的實際成本(即交互分配前的成本加上交互分配轉入的成本，減去交互分配轉出的成本)，按對外提供勞務的數量，在輔助生產以外的各受益單位或產品之間進行分配。

【例8-4】在【例8-3】中，用交互分配法編製的四川鯤鵬有限公司2016年7月輔助生產成本分配表見表8-5。

表8-5　　　　　　　　　　　輔助生產成本分配表
2016年7月

分配方向			交互分配			對外分配		
輔助生產車間名稱			機修	鍋爐	合計	機修	鍋爐	合計
待分配成本（元）			480,000	45,000	525,000	454,500	70,500	525,000
供應勞務數量			160,000	10,000		150,000	9,000	
單位成本（分配率）			3	4.5		3.03	7.833,3	
輔助車間	機修車間	耗用數量		1,000				
		分配金額		4,500	4,500			
	鍋爐車間	耗用數量	10,000					
		分配金額	30,000		30,000			
	金額小計		30,000	4,500	34,500			
基本車間	一車間	耗用數量				80,000	5,100	
		分配金額				242,400	39,949.83	282,349.83
	二車間	耗用數量				70,000	3,900	
		分配金額				212,100	30,550.17	242,650.17
分配金額小計（元）					454,500	70,500	525,000	

分配率的小數保留四位，第五位四舍五入；分配的小數尾差，計入二車間生產成本。

對外分配的輔助生產成本：

機修車間 = 480,000 + 4,500 - 30,000 = 454,500（元）

鍋爐車間 = 45,000 + 30,000 - 4,500 = 70,500（元）

四川鯤鵬有限公司的會計處理如下：

(1) 交互分配：

借：生產成本——輔助生產成本——機修車間　　　　　　　　4,500
　　　　　——輔助生產成本——鍋爐車間　　　　　　　　30,000
　　貸：生產成本——輔助生產成本——機修車間　　　　　　　　30,000
　　　　　——輔助生產成本——鍋爐車間　　　　　　　　4,500

(2) 對外分配：

借：製造費用——一車間　　　　　　　　　　　　　　　　282,349.83

——二車間		242,650.17
貸：生產成本——輔助生產成本——機修車間		454,500
——輔助生產成本——鍋爐車間		70,500

三、製造費用的核算

製造費用是企業為生產產品和提供勞務而發生的各項間接費用，包括生產車間發生的機物料消耗、管理人員的工資、福利費等職工薪酬、折舊費、辦公費、水電費、季節性的停工損失等。製造費用屬於應計入產品成本但不專設成本項目的各項成本。

企業設置「製造費用」科目反應各項製造費用的發生情況和分配轉出情況。基本生產車間和輔助生產車間發生的用於組織和管理生產活動的各種材料成本，借記「製造費用」，貸記「原材料」等科目；基本生產車間和輔助生產車間管理人員的工資、福利費等職工薪酬，借記「製造費用」科目和所屬明細帳的借方，貸記「應付職工薪酬」科目。

生產一種產品時，製造費用可直接計入產品成本。生產多種產品時，要採用合理的分配方法，將製造費用分配計入各種產品成本。分配製造費用的方法有：生產工人工時比例法、生產工人工資比例法、機器工時比例法、耗用原材料的數量或成本比例法、直接成本比例法和產成品產量比例法等。

（一）生產工人工時比例法

生產工人工時比例法是按照各種產品所用生產工人實際工時數的比例分配製造費用。計算公式如下：

$$製造費用分配率 = \frac{製造費用總額}{車間生產工人實際工時總數}$$

$$某產品應負擔的製造費用 = 該產品的生產工人實際工時數 \times 製造費用分配率$$

（二）生產工人工資比例法

生產工人工資比例法是按照計入各種產品成本的生產工人實際工資的比例分配製造費用的方法。計算公式如下：

$$製造費用分配率 = \frac{製造費用總額}{車間生產工人實際工資總額}$$

（三）機器工時比例法

機器工時比例法是按照生產各種產品所用機器設備運轉時間的比例分配製造費用的方法。計算公式如下：

$$製造費用分配率 = \frac{製造費用總額}{機器運轉總時數}$$

某產品應負擔的製造費用 = 該產品的機器運轉時數 × 製造費用分配率

（四）耗用原材料的數量或成本比例法

耗用原材料的數量或成本比例法是按照各種產品所耗用的原材料的數量或成本的

比例分配製造費用的方法。計算公式如下：

$$製造費用分配率 = \frac{製造費用總額}{耗用原材料的數量（或成本）總數}$$

$$\begin{matrix}某產品應負擔\\的製造費用\end{matrix} = \begin{matrix}該產品所耗用的原材\\料的數量(或成本)\end{matrix} \times \begin{matrix}製造費用\\分配率\end{matrix}$$

（五）直接成本比例法

直接成本比例法是按照計入各種產品的直接成本（材料、生產工人工資等職工薪酬之和）的比例分配製造費用的方法。計算公式如下：

$$製造費用分配率 = \frac{製造費用總額}{各種產品的直接成本總額}$$

某產品應負擔的製造費用＝該產品的直接成本×製造費用分配率

（六）產成品產量比例法

產成品產量比例法是按各種產品的實際產量的比例分配製造費用的方法。計算公式如下：

$$製造費用分配率 = \frac{製造費用總額}{各種產品的實際產量（或標準產量）}$$

某產品應負擔的製造費用＝該產品的實際產量(或標準產量)×製造費用分配率

【例8-5】四川鯤鵬有限公司基本生產車間 M 產品機器工時為 40,000 小時，N 產品機器工時為 30,000 小時，本月發生製造費用 630,000 元。

製造費用分配率＝630,000／（40,000＋70,000）＝9

M 產品應負擔的製造費用＝40,000×9＝360,000（元）

N 產品應負擔的製造費用＝30,000×9＝270,000（元）

按機器工時比例法編製製造費用分配表，如表8-6所示。

表8-6　　　　　　　　　製造費用分配表　　　　　　　金額單位：元

借方科目	機器工時	分配金額（分配率：9）
生產成本——基本生產成本——M 產品	40,000	360,000
——N 產品	30,000	270,000
合計	70,000	630,000

借：生產成本——基本生產成本——M 產品　　　　　360,000
　　　　　　　　　　　　　　——N 產品　　　　　270,000
　　貸：製造費用　　　　　　　　　　　　　　　　630,000

第三節　生產成本在完工產品和在產品之間的分配

　　計算本月完工產品的成本，要將本月發生的生產成本，加上月初在產品成本，在本月完工產品和月末在產品之間進行分配，求得本月完工產品成本。

　　本月發生的生產成本和月初、月末在產品及本月完工產品成本的關係可用下列公式表達：

　　月初在產品成本＋本月發生生產成本＝本月完工產品成本＋月末在產品成本

　　在完工產品和在產品之間分配生產成本的方法有多種：

一、不計算在產品成本法

　　不計算在產品成本法是在月末雖有在產品，但不計算成本。也就是說，產品每月發生的成本，全部由完工產品負擔，每月發生的成本之和即為每月完工產品成本。這種方法適用於月末在產品數量很小的產品。

二、在產品按固定成本計價法

　　在產品按固定成本計價法是除年末外的各月末在產品的成本固定不變，某種產品本月發生的生產成本就是本月完工產品的成本。年末，在產品成本不再按固定不變的金額計價，是根據實際盤點的在產品數量計算在產品成本。這種方法適用於月末在產品數量較多，但各月變化不大的產品或月末在產品數量很小的產品。

三、在產品按所耗直接材料成本計價法

　　在產品按所耗直接材料成本計價法是月末在產品只計算其所耗直接材料成本，不計算直接人工等加工成本。也就是說，產品的直接材料成本（月初在產品的直接材料成本與本月發生的直接材料成本之和）需要在完工產品和月末在產品之間進行分配，而生產產品本月發生的加工成本全部由完工產品成本負擔。這種方法適用於各月月末在產品的數量較多且各月在產品數量變化較大、直接材料成本在生產成本中所占比重較大且材料在生產開始時一次就全部投入的產品。

四、約當產量比例法

　　約當產量比例法是將月末在產品數量按照完工程度折算為相當於完工產品的產量，然后將產品應負擔的全部成本按照完工產品數量和月末在產品約定產量的比例分配計算完工產品成本和月末在產品成本。這種方法適用於月末在產品數量較多，各月在產品數量變化也較大，且生產成本中直接材料成本和直接人工等加工成本的比重相差不大的產品。計算公式如下：

　　在產品約當產量＝在產品數量×完工程度

$$單位成本 = \frac{月初在產品成本 + 本月發生生產成本}{產成品產量 + 月末在產品約當產量}$$

產成品成本 = 單位成本 × 產成品產量

月末在產品成本 = 單位成本 × 月末在產品約當產量

【例 8-6】四川鯤鵬有限公司的 A 產品本月完工 370 臺，在產品 100 臺，平均完工程度為 30%，發生生產成本合計為 800,000 元。分配結果如下：

$$單位成本 = \frac{800,000}{370 + 100 \times 30\%} = 2,000（元/臺）$$

完工產品成本 = 370 × 2,000 = 740,000（元）

在產品成本 = 100 × 30% × 2,000 = 60,000（元）

五、在產品按定額成本計價法

在產品按定額成本計價法是月末在產品成本按定額成本計算，產品的全部成本減去按定額成本計算的月末在產品成本的餘額是完工產品成本。這種方法適用於各項消耗定額或成本定額比較準確、穩定，而且各月末在產品數量變化不是很大的產品。

這種方法的計算公式如下：

月末在產品成本 = 月末在產品數量 × 在產品單位定額成本

完工產品總成本 = (月初在產品成本 + 本月發生生產成本) − 月末在產品成本

$$完工成品單位成本 = \frac{完工產品總成本}{產成品產量}$$

【例 8-7】四川鯤鵬有限公司 C 產品本月完工產品產量 3,000 個，在產品數量 400 個；在產品單位定額成本為：直接材料 400 元，直接人工 100 元，製造費用 150 元。C 產品本月月初在產品和本月耗用直接材料成本共計 1,360,000 元，直接人工成本 640,000 元，製造費用 960,000 元。

表 8-7　　　　　　　　　　　　　　　　　　　　　　　　　　金額單位：元

項　目	在產品定額成本	完工產品成本
直接材料	400 × 400 = 160,000	1,360,000 − 160,000 = 1,200,000
直接人工	100 × 400 = 40,000	640,000 − 40,000 = 600,000
製造費用	150 × 400 = 60,000	960,000 − 60,000 = 900,000
合計	260,000	2,700,000

借：庫存商品——C 產品　　　　　　　　　　　　　　　2,700,000
　　貸：生產成本——基本生產成本　　　　　　　　　　2,700,000

六、定額比例法

定額比例法是產品的生產成本在完工產品和月末在產品之間按照兩者的定額消耗量或定額成本比例分配。其中直接材料成本，按直接材料的定額消耗量或定額成本比

例分配。直接人工等加工成本，可以按各該定額成本的比例分配，也可按定額工時比例分配。這種方法適用於各項消耗定額或成本定額比較準確、穩定，但各月末在產品數量變動較大的產品。計算公式如下：

$$直接材料成本分配率 = \frac{月初在產品實際材料成本 + 本月投入的實際材料成本}{完工產品定額材料成本 + 月末在產品定額材料成本}$$

完工產品應負擔的直接材料成本 = 完工產品定額材料成本 × 材料成本分配率

月末在產品應負擔的直接材料成本 = 月末在產品定額材料成本 × 直接材料成本分配率

$$直接人工成本分配率 = \frac{月初在產品實際人工成本 + 本月投入的實際人工成本}{完工產品定額工時 + 月末在產品定額工時}$$

完工產品應負擔的直接人工成本 = 完工產品定額工時 × 直接人工成本分配率

月末在產品應負擔的直接人工成本 = 月末在產品定額工時 × 直接人工成本分配率

【例8-8】四川鯤鵬有限公司D產品本月完工產品產量300個，在產品數量40個；單位產品定額消耗為：材料400千克/個，100工時/個。單位在產品材料定額400千克，工時定額材料50小時。有關成本資料如表8-8所示。要求按定額比例法計算在產品成本及完工產品成本。

表8-8   單位：元

項目	直接材料	直接人工	製造費用	合計
期初在產品成本	400,000	40,000	60,000	500,000
本期發生成本	960,000	600,000	900,000	2,460,000
合計	1,360,000	640,000	960,000	2,960,000

按完工產品定額與在產品定額各占總定額的比例分配成本：

（1）完工產品直接材料定額消耗 = 400 × 300 = 120,000（千克），完工產品直接人工定額消耗 = 100 × 300 = 30,000（小時），完工產品製造費用定額消耗 = 100 × 300 = 30,000（小時）

（2）在產品直接材料定額消耗 = 400 × 40 = 16,000（千克），在產品直接人工定額消耗 = 50 × 40 = 2,000（小時），在產品製造費用定額消耗 = 50 × 40 = 2,000（小時）

（3）計算定額比例：

$$在產品直接材料定額消耗比例 = \frac{16,000}{120,000 + 16,000} \times 100\% \approx 11.76\%$$

$$在產品直接人工定額消耗比例 = \frac{2,000}{30,000 + 2,000} \times 100\% \approx 6.25\%$$

$$在產品製造費用定額消耗比例 = \frac{2,000}{30,000 + 2,000} \times 100\% \approx 6.25\%$$

$$完工產品直接材料定額消耗比例 = \frac{120,000}{120,000 + 16,000} \times 100\% \approx 88.24\%$$

完工產品直接人工定額消耗比例 = $\dfrac{30,000}{30,000+2,000} \times 100\% \approx 93.75\%$

完工產品製造費用定額消耗比例 = $\dfrac{30,000}{30,000+2,000} \times 100\% \approx 93.75\%$

(4) 分配成本：

完工產品應負擔的直接材料成本 = 1,360,000 × 88.24% = 1,200,064（元）

在產品應負擔的直接材料成本 = 1,360,000 × 11.76% = 159,936（元）

完工產品應負擔的直接人工成本 = 640,000 × 93.75% = 600,000（元）

在產品應負擔的直接人工成本 = 640,000 × 6.25% = 40,000（元）

完工產品應負擔的製造費用 = 960,000 × 93.75% = 900,000（元）

在產品應負擔的製造費用 = 960,000 × 6.25% = 60,000（元）

D 產品本月完工產品成本 = 1,200,064 + 600,000 + 900,000 = 2,700,064（元）

D 產品本月在產品成本 = 159,936 + 40,000 + 60,000 = 259,936（元）

借：庫存商品——D 產品　　　　　　　　　　　　2,700,064
　　貸：生產成本——基本生產成本　　　　　　　　　　2,700,064

練　習　題

一、單項選擇題

1. 不計算在產品成本法適用於（　　）。

　A. 各月月末在產品數量很大

　B. 各月月末在產品數量很小

　C. 各月月末在產品數量變化不大

　D. 各月月末在產品數量變化很大

2. 某產品本月完工 50 件，月末在產品 60 件，在產品平均完工程度為 50%，累計發生產品費用 100,000 元，採用約當產量比例法計算在產品成本時，本月完工產品的成本是（　　）元。

　A. 37,500　　　B. 45,455　　　C. 62,500　　　D. 54,545

3. 下列各項中，不屬於生產費用在完工產品與在產品之間分配的方法的有（　　）。

　A. 直接分配法　　　　　　　B. 約當產量比例法

　C. 不計算在產品成本法　　　D. 定額比例法

4. 企業產品成本中原材料費用所占比重較大時，月末可採用的在產品和完工產品之間分配的方法是（　　）。

　A. 在產品成本按年初固定成本計算法

　B. 在產品按所耗直接材料成本計價法

　C. 定額比例法

D. 約當產量法

5. 某企業只生產一種產品，2016年4月1日期初在產品成本3.5萬元；4月份發生如下費用：生產領用材料6萬元，生產工人工資2萬元，製造費用1萬元，管理費用1.5萬元，廣告費0.8萬元；月末在產品成本3萬元。該企業4月份完工產品的生產成本為（　　）萬元。

  A. 8.3　　　　B. 9　　　　C. 9.5　　　　D. 11.8

6. 順序分配法的特點是（　　）。

  A. 受益多的先分配，受益少的後分配
  B. 受益少的先分配，受益多的後分配
  C. 耗用多的先分配，耗用少的後分配
  D. 耗用少的先分配，耗用多的後分配

7. 某工業企業下設供水、供電兩個輔助生產車間，採用交互分配法進行輔助生產費用的分配。2016年4月，供水車間交互分配前實際發生的生產費用為45,000元，應負擔供電車間的電費為13,500元；供水總量為250,000噸（其中：供電車間耗用25,000噸，基本生產車間耗用175,000噸，行政管理部門耗用50,000噸）。供水車間2016年4月對輔助生產車間以外的受益單位分配水費的總成本為（　　）元。

  A. 9,000　　　B. 585,000　　　C. 105,300　　　D. 54,000

8. 某公司生產甲產品和乙產品，甲產品和乙產品為聯產品。6月份發生加工成本900萬元。甲產品和乙產品在分離點上的數量分別為300個和200個。採用實物數量分配法分配聯合成本，甲產品應分配的聯合成本為（　　）萬元。

  A. 540　　　　B. 240　　　　C. 300　　　　D. 450

9. 按計劃成本分配法的特點是（　　）。

  A. 直接將輔助生產車間發生的費用分配給輔助生產車間以外的各個受益單位或產品
  B. 輔助生產車間生產的產品或勞務按照計劃單位成本計算、分配
  C. 根據各輔助生產車間相互提供的產品或勞務的數量和成本分配率，在各輔助生產車間之間進行一次交互分配
  D. 按照輔助生產車間受益多少的順序分配費用

10. 下列各項中，不屬於輔助生產費用分配方法的是（　　）。

  A. 按計劃成本分配法　　　　B. 交互分配法
  C. 直接分配法　　　　　　　D. 約當產量比例法

11. 假設某基本生產車間採用按年度計劃分配率分配製造費用。車間全年製造費用計劃為4,800元。全年各種產品的計劃產量為：甲產品200件，乙產品300件；單件產品的工時定額為：甲產品5小時，乙產品2小時。則該基本車間製造費用年度計劃分配率是（　　）。

  A. 6.5　　　　B. 5.6　　　　C. 4.8　　　　D. 3.0

12. A、B兩種產品共同消耗的燃料費用為8,000元，A、B兩種產品的定額消耗量分別為150千克和250千克。則按燃料定額消耗量比例分配計算的A產品應負擔的

燃料費用為（　　）元。
　　A. 2,000　　　　B. 3,000　　　　C. 4,000　　　　D. 8,000
13. 下列事項中，不屬於成本項目的有（　　）。
　　A. 直接材料　　B. 折舊費　　C. 製造費用　　D. 直接人工

二、多項選擇題

1. 下列各項費用中，不應計入產品生產成本的有（　　）。
　　A. 銷售費用　　B. 管理費用　　C. 財務費用　　D. 製造費用
2. 下列關於生產成本的說法中，正確的是（　　）。
　　A. 生產成本科目核算企業進行工業性生產發生的各項生產成本
　　B. 生產成本科目核算企業發生的各項間接費用
　　C. 生產成本科目可按基本生產成本和輔助生產成本進行明細核算
　　D. 餘額反應企業尚未加工完成的在產品成本
3. 採用代數分配法分配輔助生產費用（　　）。
　　A. 能夠簡化費用的分配計算工作
　　B. 能夠提供正確的分配計算結果
　　C. 計算輔助生產勞務或產品的單位成本
　　D. 適用於實現電算化的企業
4. 下列各項中，屬於輔助生產成本分配方法的有（　　）。
　　A. 直接分配法　　　　　　B. 約當產量法
　　C. 交互分配法　　　　　　D. 定額比例法
5. 聯產品的成本分配法有（　　）。
　　A. 售價法　　　　　　　　B. 產成品產量比例法
　　C. 實物數量法　　　　　　D. 定額比例法
6. 下列各項中，應計入製造費用的有（　　）。
　　A. 生產用固定資產的折舊費
　　B. 管理用固定資產的折舊費
　　C. 生產工人的工資
　　D. 生產車間的勞動保護費
7. 職工薪酬包括（　　）。
　　A. 計時工資　　　　　　　B. 計件工資
　　C. 獎金、津貼　　　　　　D. 補貼
8. 不可修復廢品損失的生產成本，可以按（　　）計算。
　　A. 廢品所耗實際費用　　　B. 廢品所耗定額費用
　　C. 修復人員工資　　　　　D. 廢品數量
9. 下列各項中，屬於成本項目的有（　　）。
　　A. 直接材料　　　　　　　B. 直接人工
　　C. 製造費用　　　　　　　D. 燃料及動力
10. 成本核算的一般程序包括（　　）。

A. 確定成本核算對象　　　　B. 確定成本項目
C. 歸集所發生的全部費用　　D. 結轉產品銷售成本

三、判斷題

1. 成本一般以生產過程中取得的各種原始憑證為計算依據。（　）
2. 約當產量就是將月末在產品數量按照完工程度折算為相當於完工產品的產量。
（　）
3. 假設企業只生產一種產品，那麼直接生產成本和間接生產成本都可以直接計入該種產品成本。（　）
4. 輔助生產車間發生的各項成本中，直接用於輔助生產並專設成本項目的成本，應單獨直接記入「生產成本——輔助生產成本」科目和所屬有關明細帳的借方。
（　）
5. 採用直接分配法，可以直接將各輔助生產車間發生的成本分配給輔助生產車間以外的各個受益單位或產品。（　）
6. 車間管理人員的工資和福利費不屬於直接工資，因而不能計入產品成本，應計入管理費用。（　）
7. 採用年度計劃分配率分配法分配製造費用，「製造費用」科目及所屬明細帳都應沒有年末餘額。（　）
8. 應計入產品成本，但不能分清應由何種產品負擔的費用，應計入生產成本。
（　）
9. 費用中的產品生產費用是構成產品成本的基礎，而期間費用直接計入當期損益，不計入產品成本。費用是按時期歸集的，而產品成本是按產品對象歸集的。
（　）
10. 企業應對發生的所有因停工造成的損失予以計算。（　）

四、計算題

1. 某公司 D 產品本月完工產品產量 300 個，在產品數量 40 個；單位產品定額消耗為：材料 400 千克/個，100 工時/個。單位在產品材料定額 400 千克。工時定額 50 小時。每千克定額材料成本 20 元。實際發生的直接材料、直接人工的相關資料如下表所示。(假設該公司未發生製造費用。)

單位：元

項目	直接材料	直接人工	合計
期初在產品成本	400,000	40,000	440,000
本期發生成本	960,000	600,000	1,560,000
合計	1,360,000	640,000	2,000,000

要求：按定額比例法計算以下項目：
(1) 計算完工產品定額材料成本、月末在產品定額材料成本；
(2) 計算完工產品定額工時、月末在產品定額工時；

(3) 計算直接材料成本分配率、直接人工成本分配率；
(4) 計算完工產品應負擔的直接材料成本和直接人工成本；
(5) 計算月末在產品應負擔的直接材料成本和直接人工成本。

2. 某企業生產的丁產品需經過兩道工序製造完成，假定各工序內在產品完工程度平均為50%。該產品各工序的工時定額和月末在產品數量如下：

工序	各工序工時定額	月末在產品數量
1	90	500
2	60	300
合計	150	800

該企業本月份完工600件，月初在產品和本月發生的工資及福利費累計7,128元。

要求：根據以上資料，採用約當產量比例法分配計算以下指標完工產品和月末在產品的工資及福利費。

(1) 各工序的產品的完工率；
(2) 各工序在產品約當產量；
(3) 工資及福利費分配率；
(4) 完工產品工資及福利費；
(5) 月末在產品工資及福利費。

3. 某工業加工廠第一生產車間生產A零件，需要甲、乙兩種原材料，2008年12月份生產過程中領用甲材料30,000元，乙材料45,000元；需要支付給第一車間工人的工資共22,000元，車間管理人員工資9,000元；生產A零件的設備在當月計提的折舊為6,000元，假定A零件本月無其他耗費，均在12月完工並驗收入庫，並且無月初在產品成本和月末在產品成本。要求：編製相關會計分錄，結轉完工產品成本。

4. 某工業企業下設供水和供電兩個輔助生產車間，輔助生產車間的製造費用不通過「製造費用」科目核算。基本生產成本明細帳設有「原材料」「直接人工」和「製造費用」3個成本項目。2016年4月份各輔助生產車間發生的費用如下：

輔助車間名稱		供水車間	供電車間
待分配費用		88,000元	90,000元
提供產品和勞務數量		115,000噸	175,000度
耗用量	供水車間耗用動力電		20,000度
	供水車間耗用照明電		5,000度
	供電車間耗用水	5,000噸	
	基本車間耗用動力電		100,000度
	基本車間耗用水及照明電	100,000噸	30,000度
	行政部門耗用水及照明電	10,000噸	20,000度

要求：

(1) 採用直接分配法，分別計算水費分配率和電費分配率。

(2) 根據水費分配率，計算分配水費。

(3) 根據電費分配率，計算分配電費。

(4) 編製輔助生產費用分配的會計分錄。

5. 假設某基本生產車間甲產品生產工時為1,120小時，乙產品生產工時為640小時，本月發生製造費用7,216元。

要求：按生產工人工時比例法在甲、乙產品之間分配製造費用，並編製會計分錄。(列出計算過程，金額單位以元表示)

附錄　初級會計實務實訓

一、資料

1. 四川鯤鵬有限公司為一般納稅人，適用增值稅稅率為17%，所得稅稅率為33%；原材料採用計劃成本進行核算。該公司2016年12月31日的資產負債表如表附-1所示。其中，「應收帳款」科目的期末餘額為4,000,000元，「壞帳準備」科目的期末餘額為9,000元。其他諸如存貨、長期股權投資、固定資產、無形資產等資產都沒有計提資產減值準備。

表附-1　　　　　　　　　　　資　產　負　債　表

編製單位：四川鯤鵬有限公司　　　2016年12月31日　　　　　　　單位：元

資　產	金額	負債和所有者權益	金額
流動資產：		流動負債：	
貨幣資金	14,063,000	短期借款	3,000,000
交易性金融資產	150,000	交易性金融負債	0
應收票據	2,460,000	應付票據	200,000
應收帳款	3,991,000	應付帳款	9,548,000
預付款項	1,000,000	預收款項	0
應收利息	0	應付職工薪酬	1,100,000
		應交稅費	366,000
其他應收款	3,050,000	應付利息	0
存貨	25,800,000		
一年內到期的非流動資產	0	其他應付款	500,000
其他流動資產	0	一年內到期的非流動負債	10,000,000
流動資產合計	47,514,000	其他流動負債	0
非流動資產：		流動負債合計	26,514,000
可供出售金融資產	0	非流動負債：	
持有至到期投資	0	長期借款	6,000,000
長期應收款	0	應付債券	0

表附-1(續)

資　產	金額	負債和所有者權益	金額
長期股權投資	2,500,000	長期應付款	0
投資性房地產		專項應付款	0
固定資產	8,000,000	預計負債	0
在建工程	15,000,000	遞延所得稅負債	0
工程物資	0	其他非流動負債	0
固定資產清理	0	非流動負債合計	6,000,000
		負債合計	32,514,000
		所有者權益：	
無形資產	6,000,000	實收資本	50,000,000
開發支出	0	資本公積	0
長期待攤費用	0	減：庫存股	
遞延所得稅資產	0	盈餘公積	1,000,000
其他非流動資產	2,000,000	未分配利潤	500,000
非流動資產合計	36,500,000	所有者權益合計	51,500,000
資產總計	84,014,000	負債和所有者權益總計	84,014,000

2. 2016年，四川鯤鵬有限公司共發生如下經濟業務：

(1) 收到銀行通知，用銀行存款支付到期的商業承兌匯票1,000,000。

(2) 購入原材料一批，收到的增值稅專用發票上註明的原材料價款為1,500,000元，增值稅進項稅額為255,000元，款項已通過銀行轉帳支付，材料尚未驗收入庫。

(3) 收到原材料一批，實際成本1,000,000元，計劃成本950,000元，材料已驗收入庫，貨款已於上月支付。

(4) 用銀行匯票支付材料採購價款，公司收到開戶銀行轉來銀行匯票多餘款收帳通知，通知上填寫的多餘款為2,340元，購入材料及運費998,000元，支付的增值稅進項稅額169,660元，材料已驗收入庫，該批原材料計劃價格1,000,000元。

(5) 銷售產品一批，開出的增值稅專用發票上註明價款為3,000,000元，增值稅銷項稅額為510,000元，貨款尚未收到。該批產品實際成本1,800,000元，產品已發出。

(6) 公司將交易性金融資產（股票投資）兌現165,000元，該投資的成本為130,000元，公允價值變動為增值20,000元，處置收益為15,000元，均存入銀行。

(7) 購入不需安裝的設備一臺，收到增值稅專用發票上註明的設備價款為854,700元，增值稅進項稅額為145,300元，支付包裝費、運費10,000元。價款及包裝費、運費均以銀行存款支付，設備已交付使用。

(8) 購入工程物資一批，收到增值稅專用發票上註明的物資價款和增值稅進項稅

額合計為 1,500,000 元，款項已通過銀行轉帳支付。

（9）工程應付薪酬 2,280,000 元。

（10）一項工程完工，交付生產使用，已辦理竣工手續，固定資產價值 14,000,000 元。

（11）基本生產車間一臺機床報廢，原價 2,000,000 元，已提折舊 1,800,000 元，清理費用 5,000 元，殘值收入 8,000 元，均通過銀行存款收支。該項固定資產已清理完畢。

（12）從銀行借入 3 年期借款 10,000,000 元，借款已存入銀行帳戶。

（13）銷售產品一批，開出的增值稅專用發票上註明的銷售價款為 7,000,000 元，增值稅銷項稅額為 1,190,000 元，款項已存入銀行。銷售產品的實際成本為 4,200,000 元。

（14）公司將要到期的一張面值為 2,000,000 元的無息銀行承兌匯票（不含增值稅），連同解訖通知和進帳單交銀行辦理轉帳。收到銀行蓋章退回的進帳單一聯。款項銀行已收妥。

（15）公司出售一臺不需用設備，收到價款 3,000,000 元，該設備原價 4,000,000 元，已提折舊 1,500,000 元。該項設備已由購入單位運走。

（16）取得交易性金融資產（股票投資），價款 1,030,000 元，交易費用 20,000 元，已用銀行存款支付。

（17）支付工資 5,000,000 元，其中包括支付在建工程人員的工資 2,000,000 元。

（18）分配應支付的職工工資 3,000,000 元（不包括在建工程應負擔的工資），其中生產人員薪酬 2,750,000 元，車間管理人員薪酬 100,000 元，行政管理部門人員薪酬 150,000 元。

（19）提取職工福利費 420,000 元（不包括在建工程應負擔的福利費 280,000 元），其中生產工人福利費 385,000 元，車間管理人員福利費 14,000 元，行政管理部門福利費 21,000 元。

（20）基本生產領用原材料，計劃成本為 7,000,000 元，領用低值易耗品，計劃成本 500,000 元，採用一次攤銷法攤銷。

（21）結轉領用原材料應分攤的材料成本差異。材料成本差異率為 5%。

（22）計提無形資產攤銷 600,000 元，以銀行存款支付基本生產車間水電費 900,000 元。

（23）計提固定資產折舊 1,000,000 元，其中計入製造費用 800,000 元、管理費用 200,000 元。計提固定資產減值準備 300,000 元。

（24）收到應收帳款 510,000 元，存入銀行。計提應收帳款壞帳準備 9,000 元。

（25）用銀行存款支付產品展覽費 100,000 元。

（26）計算並結轉本期完工產品成本 12,824,000 元。期末沒有在產品，本期生產的產品全部完工入庫。

（27）廣告費 100,000 元，已用銀行存款支付。

（28）公司採用商業承兌匯票結算方式銷售產品一批，開出的增值稅專用發票上註

明的銷售價款為 2,500,000 元，增值稅銷項稅額為 425,000 元，收到 2,925,000 元的商業承兌匯票一張，產品實際成本為 1,500,000 元。

（29）公司將上述承兌匯票到銀行辦理貼現，貼現息為 200,000 元。

（30）公司本期產品銷售應交納的教育費附加為 20,000 元。

（31）用銀行存款交納增值稅 1,000,000 元；教育費附加 20,000 元。

（32）本期在建工程應負擔的長期借款利息費用 2,000,000 元，長期借款為分期付息。

（33）提取應計入本期損益的長期借款利息費用 100,000 元，長期借款為分期付息。

（34）歸還短期借款本金 2,500,000 元。

（35）支付長期借款利息 2,100,000 元。

（36）償還長期借款 10,000,000 元。

（37）上年度銷售產品一批，開出的增值稅專用發票上註明的銷售價款為 100,000 元，增值稅銷項稅額為 17,000 元，購貨方開出商業承兌匯票。本期由於購貨方發生財務困難，無法按合同規定償還債務，經雙方協議，四川鯤鵬有限公司同意購貨方用產品抵償該應收票據。用於抵債的產品市價為 80,000 元，增值稅稅率為 17%。

（38）持有的交易性金融資產的公允價值為 1,050,000 元。

（39）結轉本期產品銷售成本 7,500,000 元。

（40）假設本例中，除計提固定資產減值準備 300,000 元造成固定資產帳面價值與其計稅基礎存在差異外，不考慮其他項目的所得稅影響。企業按照稅法規定計算確定的應交所得稅為 1,252,218 元，遞延所得稅資產為 99,000 元。

（41）將各收支科目結轉本年淨利潤。

（42）按照淨利潤的 10% 提取法定盈餘公積金。

（43）將利潤分配各明細科目的餘額轉入「未分配利潤」明細科目，結轉本年利潤。

（44）用銀行存款交納當年應交所得稅。

要求：編製四川鯤鵬有限公司 2016 年度經濟業務的會計分錄，並在此基礎上編製資產負債表、利潤表和現金流量表。

二、根據上述資料編製會計分錄

（1）借：應付票據　　　　　　　　　　　　　　　　1,000,000
　　　　貸：銀行存款　　　　　　　　　　　　　　　　1,000,000
（2）借：材料採購　　　　　　　　　　　　　　　　1,500,000
　　　　應交稅費——應交增值稅（進項稅額）　　　　255,000
　　　　貸：銀行存款　　　　　　　　　　　　　　　　1,755,000
（3）借：原材料　　　　　　　　　　　　　　　　　950,000
　　　　材料成本差異　　　　　　　　　　　　　　　50,000
　　　　貸：材料採購　　　　　　　　　　　　　　　　1,000,000

(4) 借：材料採購　　　　　　　　　　　　　　　998,000
　　　　銀行存款　　　　　　　　　　　　　　　　2,340
　　　　應交稅費——應交增值稅（進項稅額）　　169,660
　　　貸：其他貨幣資金　　　　　　　　　　　1,170,000
　　　借：原材料　　　　　　　　　　　　　　1,000,000
　　　貸：材料採購　　　　　　　　　　　　　　998,000
　　　　　材料成本差異　　　　　　　　　　　　　2,000
(5) 借：應收帳款　　　　　　　　　　　　　　3,510,000
　　　貸：主營業務收入　　　　　　　　　　　3,000,000
　　　　　應交稅費——應交增值稅（銷項稅額）　510,000
(6) 借：銀行存款　　　　　　　　　　　　　　　165,000
　　　貸：交易性金融資產——成本　　　　　　　130,000
　　　　　　　　　　　——公允價值變動　　　　20,000
　　　　　投資收益　　　　　　　　　　　　　　15,000
　　　借：公允價值變動損益　　　　　　　　　　20,000
　　　貸：投資收益　　　　　　　　　　　　　　20,000
(7) 借：固定資產　　　　　　　　　　　　　　1,010,000
　　　貸：銀行存款　　　　　　　　　　　　　1,010,000
(8) 借：工程物資　　　　　　　　　　　　　　1,500,000
　　　貸：銀行存款　　　　　　　　　　　　　1,500,000
(9) 借：在建工程　　　　　　　　　　　　　　2,280,000
　　　貸：應付職工薪酬　　　　　　　　　　　2,280,000
(10) 借：固定資產　　　　　　　　　　　　　14,000,000
　　　貸：在建工程　　　　　　　　　　　　14,000,000
(11) 借：固定資產清理　　　　　　　　　　　　200,000
　　　　累計折舊　　　　　　　　　　　　　　1,800,000
　　　貸：固定資產　　　　　　　　　　　　　2,000,000
　　　借：固定資產清理　　　　　　　　　　　　　5,000
　　　貸：銀行存款　　　　　　　　　　　　　　　5,000
　　　借：銀行存款　　　　　　　　　　　　　　　8,000
　　　貸：固定資產清理　　　　　　　　　　　　　8,000
　　　借：營業外支出——處置固定資產淨損失　　197,000
　　　貸：固定資產清理　　　　　　　　　　　　197,000
(12) 借：銀行存款　　　　　　　　　　　　　10,000,000
　　　貸：長期借款　　　　　　　　　　　　10,000,000
(13) 借：銀行存款　　　　　　　　　　　　　　8,190,000
　　　貸：主營業務收入　　　　　　　　　　　7,000,000
　　　　　應交稅費——應交增值稅（銷項稅額）1,190,000

（14）借：銀行存款　　　　　　　　　　　　　　　　　　　2,000,000
　　　　　貸：應收票據　　　　　　　　　　　　　　　　　　2,000,000
（15）借：固定資產清理　　　　　　　　　　　　　　　　　　2,500,000
　　　　　　累計折舊　　　　　　　　　　　　　　　　　　　1,500,000
　　　　　貸：固定資產　　　　　　　　　　　　　　　　　　4,000,000
　　　　借：銀行存款　　　　　　　　　　　　　　　　　　　3,000,000
　　　　　貸：固定資產清理　　　　　　　　　　　　　　　　3,000,000
　　　　借：固定資產清理　　　　　　　　　　　　　　　　　　500,000
　　　　　貸：營業外收入——處置固定資產淨收益　　　　　　　500,000
（16）借：交易性金融資產　　　　　　　　　　　　　　　　　1,030,000
　　　　　　投資收益　　　　　　　　　　　　　　　　　　　　20,000
　　　　　貸：銀行存款　　　　　　　　　　　　　　　　　　1,050,000
（17）借：應付職工薪酬　　　　　　　　　　　　　　　　　　5,000,000
　　　　　貸：銀行存款　　　　　　　　　　　　　　　　　　5,000,000
（18）借：生產成本　　　　　　　　　　　　　　　　　　　　2,750,000
　　　　　　製造費用　　　　　　　　　　　　　　　　　　　　10,000
　　　　　　管理費用　　　　　　　　　　　　　　　　　　　　15,000
　　　　　貸：應付職工薪酬　　　　　　　　　　　　　　　　3,000,000
（19）借：生產成本　　　　　　　　　　　　　　　　　　　　　385,000
　　　　　　製造費用　　　　　　　　　　　　　　　　　　　　14,000
　　　　　　管理費用　　　　　　　　　　　　　　　　　　　　21,000
　　　　　貸：應付職工薪酬　　　　　　　　　　　　　　　　　420,000
（20）借：生產成本　　　　　　　　　　　　　　　　　　　　7,000,000
　　　　　貸：原材料　　　　　　　　　　　　　　　　　　　7,000,000
　　　　借：製造費用　　　　　　　　　　　　　　　　　　　　500,000
　　　　　貸：週轉材料　　　　　　　　　　　　　　　　　　　500,000
（21）借：生產成本　　　　　　　　　　　　　　　　　　　　　350,000
　　　　　　製造費用　　　　　　　　　　　　　　　　　　　　25,000
　　　　　貸：材料成本差異　　　　　　　　　　　　　　　　　375,000
（22）借：管理費用——無形資產攤銷　　　　　　　　　　　　　600,000
　　　　　貸：累計攤銷　　　　　　　　　　　　　　　　　　　600,000
　　　　借：製造費用——水電費　　　　　　　　　　　　　　　900,000
　　　　　貸：銀行存款　　　　　　　　　　　　　　　　　　　900,000
（23）借：製造費用——折舊費　　　　　　　　　　　　　　　　800,000
　　　　　　管理費用——折舊費　　　　　　　　　　　　　　　200,000
　　　　　貸：累計折舊　　　　　　　　　　　　　　　　　　1,000,000
　　　　借：資產減值損失——計提的固定資產減值　　　　　　　300,000
　　　　　貸：固定資產減值準備　　　　　　　　　　　　　　　300,000

(24)	借：銀行存款	510,000
	貸：應收帳款	510,000
	借：資產減值損失——壞帳準備	9,000
	貸：壞帳準備	9,000
(25)	借：銷售費用——展覽費	100,000
	貸：銀行存款	100,000
(26)	借：生產成本	2,339,000
	貸：製造費用	2,339,000
	借：庫存商品	12,824,000
	貸：生產成本	12,824,000
(27)	借：銷售費用——廣告費	100,000
	貸：銀行存款	100,000
(28)	借：應收票據	2,925,000
	貸：主營業務收入	2,500,000
(29)	借：財務費用	200,000
	銀行存款	2,725,000
	貸：應收票據	2,925,000
(30)	借：稅金及附加	20,000
	貸：應交稅費——應交教育附加	20,000
(31)	借：應交稅費——應交增值稅（已交稅金）	1,000,000
	——已交教育附加	20,000
	貸：銀行存款	1,020,000
(32)	借：在建工程	2,000,000
	貸：應付利息	2,000,000
(33)	借：財務費用	100,000
	貸：應付利息	100,000
(34)	借：短期借款	2,500,000
	貸：銀行存款	2,500,000
(35)	借：應付利息	2,100,000
	貸：銀行存款	2,100,000
(36)	借：長期借款	10,000,000
	貸：銀行存款	10,000,000
(37)	借：庫存商品	80,000
	應交稅費——應交增值稅（進項稅額）	13,600
	營業外支出——債務重組損失	23,400
	貸：應收票據	117,000
(38)	借：交易性金融資產——公允價值變動	20,000
	貸：公允價值變動損益	20,000

（39）借：主營業務成本　　　　　　　　　　　　　　　7,500,000
　　　　貸：庫存商品　　　　　　　　　　　　　　　　　7,500,000
（40）借：所得稅費用——當期所得稅費用　　　　　　　1,252,218
　　　　貸：應交稅費——應交所得稅　　　　　　　　　　1,252,218
　　　借：遞延所得稅資產　　　　　　　　　　　　　　　99,0,000
　　　　貸：所得稅費用——遞延所得稅費用　　　　　　　99,000
（41）借：主營業務收入　　　　　　　　　　　　　　　12,500,000
　　　　　營業外收入　　　　　　　　　　　　　　　　　500,000
　　　　　投資收益　　　　　　　　　　　　　　　　　　15,000
　　　　貸：本年利潤　　　　　　　　　　　　　　　　13,015,000
　　　借：本年利潤　　　　　　　　　　　　　　　　　9,520,400
　　　　貸：主營業務成本　　　　　　　　　　　　　　7,500,000
　　　　　　稅金及附加　　　　　　　　　　　　　　　　20,000
　　　　　　銷售費用　　　　　　　　　　　　　　　　　200,000
　　　　　　管理費用　　　　　　　　　　　　　　　　　971,000
　　　　　　財務費用　　　　　　　　　　　　　　　　　300,000
　　　　　　資產減值損失　　　　　　　　　　　　　　　309,000
　　　　　　營業外支出　　　　　　　　　　　　　　　　220,400
　　　借：本年利潤　　　　　　　　　　　　　　　　　1,153,218
　　　　貸：所得稅費用　　　　　　　　　　　　　　　1,153,218
（42）借：利潤分配——提取法定盈餘公積　　　　　　　234,138.2
　　　　貸：盈餘公積——法定盈餘公積　　　　　　　　234,138.2
提取法定盈餘公積數額為：（13,015,000 - 9,520,400 - 1,153,218）× 10% = 234,138.2（元）
（43）借：利潤分配——未分配利潤　　　　　　　　　234,138.2
　　　　貸：利潤分配——提取法定盈餘公積　　　　　　234,138.2
　　　借：本年利潤　　　　　　　　　　　　　　　　2,341,382
　　　　貸：利潤分配——未分配利潤　　　　　　　　　2,341,382
（44）借：應交稅費——應交所得稅　　　　　　　　　1,252,218
　　　　貸：銀行存款　　　　　　　　　　　　　　　1,252,218

三、根據年初資產負債表和上述會計分錄編製年末四川鯤鵬有限公司資產負債表（表附-2）

表附-2　　　　　　　　　　　資產負債表
編製單位：四川鯤鵬有限公司　　2016年12月31日　　　　　　　　　單位：元

資產	年末餘額	年初餘額	負債及所有者權益	年末餘額	年初餘額
流動資產			流動負債		

表附－2(續)

資產	年末餘額	年初餘額	負債及所有者權益	年末餘額	年初餘額
貨幣資金	10,201,122	14,063,000	短期借款	500,000	3,000,000
交易性金融資產	1,050,000	150,000	交易性金融負債	0	0
應收票據	343,000	2,460,000	應付票據	1,000,000	2,000,000
應收帳款	6,982,000	3,991,000	應付帳款	9,548,000	9,548,000
預售款項	1,000,000	1,000,000	預收款項	0	0
應收利息	0	0	應付職工薪酬	1,800,000	1,100,000
			應交稅費	1,052,740	366,000
其他應收款	3,050,000	3,050,000	應付利息	0	0
存貨	25,827,000	25,800,000			
一年內到期的非流動資產	0	0	其他應付款	500,000	500,000
其他流動資產	0	0	一年內到期的非流動負債	10,000,000	10,000,000
流動資產合計	48,453,122	50,514,000	其他流動負債	0	0
非流動資產			流動負債合計	24,400,740	26,514,000
可供出售金融資產	0	0	非流動負債		
持有至到期投資	0	0	長期借款	6,000,000	6,000,000
長期應收款	0	0	應付債券	0	0
長期股權投資	2,500,000	2,500,000			
投資性房地產			長期應付款		
固定資產	19,010,000	8,000,000	專項應付款	0	0
在建工程	5,280,000	15,000,000	預計負債	0	0
工程物資	1,500,000	0	遞延所得稅負債	0	0
固定資產清理	0	0	其他非流動負債		
			非流動負債合計	6,000,000	6,000,000
油氣資產			負債合計	30,400,740	32,514,000
無形資產	5,400,000	6,000,000	所有者權益（或股東權益）：		
開發支出	0	0	實收資本(或股本)	50,000,000	50,000,000
商譽	0	0	資本公積	0	0
長期待攤費用	0	0	減：庫存股		
遞延所得稅資產	99,000	0	盈餘公積	1,234,138.20	1,000,000
其他非流動資產	2,000,000	2,000,000	未分配利潤	2,607,243.80	500,000
流動資產合計	35,789,000	33,500,000	所有者權益（或股東權益）合計	53,841,382	51,500,000

表附-2(續)

資產	年末餘額	年初餘額	負債及所有者權益	年末餘額	年初餘額
資產總計	84,242,122	84,014,000	負債和所有者權益（或股東權益）總計	84,242,122	84,014,000

註：「應收帳款」科目的年末餘額為7,000,000元，「壞帳準備」科目的年末餘額為18,000元。

四、編製年度利潤表

1. 根據對前述業務的上述會計處理，四川鯤鵬有限公司2016年度利潤表科目本年累計發生額如表附-3所示。

表附-3　　　　2016年度利潤表科目本年累計發生額　　　　單位：元

科目名稱	借方發生額	貸方發生額
營業收入		12,500,000
營業成本	7,500,000	
稅金及附加	20,000	
銷售費用	200,000	
管理費用	971,000	
財務費用	300,000	
資產減值損失	309,000	
投資收益		15,000
營業外收入		500,000
營業外支出	220,400	
所得稅費用	1,153,218	

2. 根據本年相關科目發生額編製四川鯤鵬有限公司利潤表如表附-4所示。

表附-4　　　　　　　　　利　潤　表
編製單位：四川鯤鵬有限公司　　　2016年度　　　　　　　單位：元

項　目	本期金額
一、營業收入	12,500,000
減：營業成本	7,500,000
稅金及附加	20,000
銷售費用	200,000
管理費用	971,000
財務費用	300,000
資產減值損失	309,000

表附-4(續)

項　　　目	本期金額
加：公允價值變動收益（損失以「-」號填列）	0
投資收益（損失以「-」號填列）	15,000
其中：對聯營企業和合營企業的投資收益	
二、營業利潤（虧損以「-」號填列）	3,215,000
加：營業外收入	500,000
減：營業外支出	220,400
其中：非流動資產處置損失	
三、利潤總額（虧損總額以「-」號填列）	3,494,600
減：所得稅費用	1,153,218
四、淨利潤（淨虧損以「一」號填列）	2,341,382
五、每股收益：	
（一）基本每股收益	
（二）稀釋每股收益	

練　習　題

南方公司12月份發生下列經濟業務：

（1）南方公司收到投資者投入資金3,000,000元，其中，國家投入資本金700,000元，國興公司投入資本金1,300,000元，程娜投入資本金1,000,000元。款項均存入銀行。

（2）南方公司收到信陽公司投資轉入專有技術和原材料一批。其中，原材料雙方確認價值為50,000元（實際成本），投入的專有技術雙方確認價值為80,000元。

（3）南方公司委託甲證券公司代理發行普通股100,000股，每股票面值4元，每股發行價4.2元。假定發行費用為0元。甲證券公司代理發行成功，將股款420,000元全部劃入南方股份有限公司。

（4）南方公司於2006年1月1日向銀行取得借款800,000元，6個月後償還。

（5）南方公司以土地使用權作為抵押向銀行貸款5,000,000元，用於建造廠房。該筆貸款年利率6%，貸款期限2年。

（6）南方公司購進全新不需要安裝的設備1臺，專用發票上註明買價100,000元，增值稅17,000元，運雜費3,000元，調試費500元。全部款項通過銀行支付。

（7）南方公司購入需要安裝的車床5臺，買價100,000元，增值稅額為17,000元，支付的運費為2,000元，均用銀行存款支付。在安裝車床時，領用的材料物資價

值 1,500 元，應付職工薪酬 2,500 元，安裝完畢后交付使用。

（8）南方公司向大容公司購入甲材料 1,000 千克，單價 30 元；向宏大公司購入甲材料 1,500 千克，單價 30 元。貨款、稅款均未支付（增值稅率 17%）。

（9）用銀行存款支付上述購入甲材料的採購費用 900 元。

（10）採購員鄭青借支差旅費 800 元，用現金支付。

（11）按購貨合同向飛天公司購乙材料、丙材料兩種，用銀行存款預付貨款 20,000 元。

（12）飛天公司按購貨合同要求將下列材料運到，南方公司驗貨后，將預付款衝銷后的剩餘貨款、稅款用銀行存款結清。（乙材料 3,000 千克，單價 20 元；丙材料 5,000 千克，單價 40 元。）

（13）購入上述乙、丙材料過程中，共發生運雜費 400 元，已用現金支付。假設運雜費按材料重量比例作為分配標準。

（14）用銀行存款償還前欠大容公司的貨款、稅款 35,100 元，宏達公司的貨款、稅款。

（15）採購員鄭青報銷差旅費 640 元，餘款以現金交回。

（16）本月購入的甲、乙、丙材料均已驗收入庫，月末按材料的實際成本結轉入庫。

（17）月末，總計：生產 A 產品耗用甲材料 600 千克，乙材料 1,000 千克；生產 B 產品耗用甲材料 1,000 千克，丙材料 2,000 千克；車間一般耗用乙材料 500 千克，丙材料 1,000 千克；行政管理部門耗用丙材料 1,500 千克。

（18）根據有關工資結算憑證，本月一共發生應付工資 40,000 元，按用途匯總：生產 A 產品工人工資 14,000 元，生產 B 產品工人工資 16,000 元，車間管理人員工資 4,000 元，廠部行政管理人員工資 6,000 元。

（19）銀行提取現金 40,000 元，備發工資。

（20）以現金發放工資 40,000 元。

（21）月末，按本月工資總額的 14% 提取職工福利。

（22）月末，按照規定的折舊率，計算本月份固定資產折舊額。其中：生產車間使用的固定資產折舊 3,900 元，廠部行政管理部門機器折舊 7,000 元。

（23）月末，企業用銀行存款預付下一年度財產保險費 24,000 元。

（24）用銀行存款支付應由本月負擔的固定資產保養費 3,500 元。其中：車間應承擔的固定資產保養費 1,000 元，廠部應承擔的固定資產保養費 2,500 元。

（25）用現金購買辦公用品 890 元並交付使用。其中：車間辦公用品費 540 元，廠部行政管理部門辦公費 350 元。

（26）廠部行政管理人員王平出差，借支差旅費 2,000 元，以現金付訖。

（27）王平出差回來到企業報銷差旅費 1,400 元，餘款以現金交回。

（28）月末，將本月的製造費用按工人的工時進行分配，A 產品消耗的工時為 5,000 工時，B 產品消耗的工時為 7,500 工時。

（29）結轉本月完工入庫 A、B 產品的製造成本。其中：A 產品完工入庫 1,000 件，

B產品完工入庫500件，按A、B產品的實際成本進行結轉。

（30）南方公司銷售A商品500件給M公司，每件售價80元，銷售B產品50件給N公司，每件售價100元。M公司的貨款稅款已收存銀行，N公司的貨款暫欠。

（31）南方公司收到P公司準備購買B商品預付的訂金30,000元，存入銀行。

（32）南方公司按合同向預付貨款的P公司發出B商品400件，每件售價100元，並結清餘款。

（33）南方公司將成本為6,000元的庫存閒置的原材料一批進行出售，售價8,000元，貨款通過銀行收訖。

（34）南方公司一銀行存款支付銷售商品廣告費6,000元，展覽費2,000元，銀行手續費400元，用現金支付業務招待費610元。

（35）月末，匯總12月份已售A產品500件、B產品450件的成本。

（36）經計算本月應交消費稅2,000元，城市維護建設稅140元，教育費附加80元。

（37）月末，將結轉本月發生的收入、費用、成本、稅金。

南方公司經匯總12月份取得投資收益8,116元，營業外收入4,000元，營業外支出3,000元，1月份~11月份已累計實現利潤90,000元，已預交所得稅29,700元，若該年度應納稅所得額恰好為該年度會計利潤總額。

（38）南方公司本年度實現淨利潤74,041.7元，按本年實現的淨利潤10%提取法定公積金，按本年度實現淨利潤的5%提取任意盈餘公積金，宣布分配投資者利潤30,000元。

要求：（1）根據以上業務編製會計分錄。

（2）填列南方公司2016年12月31日的資產負債表（不需列出計算過程）。

（3）填列南方公司2016年12月31日的利潤表（不需列出計算過程）。

國家圖書館出版品預行編目(CIP)資料

初級會計實務 ／ 許仁忠、李麗娟、楊洋、劉婷 主編. -- 第二版.
-- 臺北市：崧博出版：崧燁文化發行, 2018.09
　面；　公分

ISBN 978-957-735-473-0(平裝)

1.初級會計

495.1　　　　　107015216

書　名：初級會計實務
作　者：許仁忠、李麗娟、楊洋、劉婷 主編
發行人：黃振庭
出版者：崧博出版事業有限公司
發行者：崧燁文化事業有限公司
E-mail：sonbookservice@gmail.com
粉絲頁　　　　　網　址：
地　址：台北市中正區重慶南路一段六十一號八樓 815 室
8F.-815, No.61, Sec. 1, Chongqing S. Rd., Zhongzheng
Dist., Taipei City 100, Taiwan (R.O.C.)
電　話：(02)2370-3310　傳　真：(02) 2370-3210
總經銷：紅螞蟻圖書有限公司
地　址：台北市內湖區舊宗路二段 121 巷 19 號
電　話：02-2795-3656　傳真：02-2795-4100　網址：
印　刷：京峯彩色印刷有限公司（京峰數位）

　本書版權為西南財經大學出版社所有授權崧博出版事業有限公司獨家發行
電子書繁體字版。若有其他相關權利及授權需求請與本公司聯繫。

定價：350 元

發行日期：2018 年 9 月第二版

◎ 本書以POD印製發行